Unity 3D NGUI 实战教程

高雪峰 编著

人民邮电出版社
北京

图书在版编目（ＣＩＰ）数据

Unity 3D NGUI实战教程 / 高雪峰编著. -- 北京 : 人民邮电出版社，2015.3
ISBN 978-7-115-38546-8

Ⅰ. ①U… Ⅱ. ①高… Ⅲ. ①游戏程序－程序设计－教材 Ⅳ. ①TP311.5

中国版本图书馆CIP数据核字(2015)第036349号

内 容 提 要

NGUI 是专门针对 Unity 引擎、用 C#语言编写的一套插件，它已经成为了目前世界上应用最广、最成熟的 Unity 制作 UI 的插件，完美地弥补了 Unity 引擎原生 GUI 系统和 NewGUI 系统的各种不足。程序员可以利用它提供的一整套 UI 框架和事件通知系统来进行自己项目的 UI 设计和制作。本书不仅讲解了必知必会的 NGUI 的基础知识，更是以项目实战为目的，涵盖了大量的项目实战中的经验之谈和技巧总结，用以帮助读者达到学以致用的目的。

本书的主要内容：初识 NGUI、UI 开发的流程、NGUI 强大优势、制作第一个 UI 图集、创建一个 3D UI、查看和管理 UI 的深度、制作基础的 UI 控件、让 UI 动起来——UI 动画、NGUI 进阶、使用 Panel 管理面板、NGUI 实战进阶、UI 开发核心问题——UI 随屏幕自适应、实战开发中 UI 资源制作标准、跨平台制作 UI 资源、UI 结构设计、UI 代码的设计和优化、项目案例实战分析、背包界面的制作等核心技术，最后用一章归纳了 NGUI 常见疑难问题，以便读者遇到问题时可以随时参考。

本书适合新上手的 Unity 客户端程序员、需要做 UI 的 Unity 程序员、想自学 Unity 做独立游戏开发的人员，以及大专院校相关专业的师生学习用书和培训学校的教材。

◆ 编　　著　高雪峰
　责任编辑　张　涛
　责任印制　张佳莹　焦志炜

◆ 人民邮电出版社出版发行　　北京市丰台区成寿寺路 11 号
　邮编　100164　　电子邮件　315@ptpress.com.cn
　网址　http://www.ptpress.com.cn
　固安县铭成印刷有限公司印刷

◆ 开本：800×1000　1/16
　印张：15　　　　　　2015 年 3 月第 1 版
　字数：358 千字　　　2024 年 7 月河北第 10 次印刷

定价：49.00 元

读者服务热线：(010)81055410　印装质量热线：(010)81055316
反盗版热线：(010)81055315

前　言

在手机游戏开发兴起的当下，Unity 3D 引擎依靠其良好的跨平台特性，一跃成为全球第一大引擎，被广泛地使用。越来越多的游戏开发者开始关注和使用 Unity 3D 引擎。Unity 3D 引擎最大的短板在于其原生的 GUI 系统有很大的缺陷，例如，性能和方便程度等都不适合进行商业开发，所以，大部分开发者都开始使用 NGUI。NGUI 的 GUI 以良好的性能优化、方便的开发模式、成熟稳定等特点，已经成为全球 Unity 游戏开发者的 UI 制作首选插件。因为 NGUI 是一个插件的缘故，网上很难有成熟的资料，即便要查找一些基本的资料也得连入国外的网站，而且是英文的资料，这给开发者带来了很大的苦恼。由于 UI 开发是游戏开发中客户端的重头工作，具有责任大、工作量多、修改频繁等诸多特性，一直是客户端程序员的一个疑难问题。现在市面上还没有 NGUI 的书，为了让读者能够学会 NGUI 的用法和技巧，并且能够直接运用于正式的商业项目开发中，作者结合自己的实践经验特意撰写了本书。

本书的特点

本书不仅讲解了必知必会的基础知识，更是以项目实战为目的，书中涵盖了大量的项目实战中的经验之谈和技巧总结，这对于一个客户端程序员来说，不管他用什么引擎、用什么 UI 工具来开发 UI 系统，本书都能给他提供帮助，达到学以致用的目的。

本书的主要内容

本书全面讲解了 NGUI 的实战知识，主要内容为：初识 NGUI、UI 开发的流程、NGUI 强大优势、导入 NGUI 插件、认识 UI 的基本资源、制作第一个 UI 图集、用 AtlasMaker 制作图集、制作第一个 UI 字体、创建一个 3D UI、3D UI 的工作原理、查看和管理 UI 的深度、制作基础的 UI 控件、精灵的创建、制作 UI 纹理、制作按钮、制作进度条、制作滑动条、制作输入框、制作滚动视图、制作复选框、让 UI 动起来——UI 动画、颜色变化动画、位置变化动画、旋转变化动画、大小变化动画、组件整体变换、音量变化动画、在 UI 中使用 Animation 动画、动画控制——UIPlayTween 组件、NGUI 进阶、使用 Panel 管理面板、使用 Grid 排列元素、使用 Toggle 制作页签、使用 DragCamera 直接拖动摄像机、使用 DragObject 直接拖动物体、拖动改变 UI 元素的尺寸、按钮绑定快捷键、制作列表、打字机慢慢出字的效果、NGUI 实战进阶、UI 开发核心问题——UI 随屏幕自适应、背景图的适配、UI 元素的相对自适应、多个摄像机同时协作运行、实战开发中 UI 资源制作标准、跨平台制作 UI 资源、巧用九宫格减少 UI 资源量、UI 事件监听的遮挡、NGUI 和模型、特效在同一层中混用、UI 结构设计、用代码操作 NGUI 的类、获取 NGUI 的组件、迅速判断类中可读写的成员、动态创建 UI 元素、Sprite 的常用操作、动态对 Button 设置单击事件、网格动态增减成员和刷新排列、手动控制动画随意播放、调用进度条、巧用 EventTrigger 监听各种事件、UI 代码的设计和优化、项目案例实战分析、场景加载的进度条界面制作、RPG 游戏中人物头像状态栏的制作、技能快捷栏的制作、RPG 角色头顶跟随血条的制作、背包界面的制作等核心技术，最后用一章归纳了 NGUI 常见疑难问题，以便读者遇到问题时可以随时参考。

本书作者

高雪峰，现为游戏制作人，曾经担任游戏主策划、游戏运营、Unity 程序员等职位，开发过端游、页游、手游等项目，带团队做过多个商业项目，对游戏的研发过程具有丰富的经验和实战技能。对 NGUI 有深入的研究，并且全部应用于项目实战，本书是作者多年实战经验的总结，定会给读者带来很多有益的实战启示。

本书读者对象

本书适合新上手的 Unity 客户端程序员、需要做 UI 的 Unity 程序员、想自学 Unity 做独立游戏开发的人员阅读，也适合用作大专院校相关专业的师生学习用书和培训学校的教材。

编辑联系邮箱：zhangtao@ptpress.com.cn。

目　录

第 1 章　初识 NGUI ……1
1.1　游戏 UI 开发介绍 ……1
1.1.1　什么是游戏 UI ……1
1.1.2　UI 为何如此重要 ……1
1.1.3　UI 开发的流程 ……2
1.1.4　UI 开发的难点 ……2
1.2　什么是 NGUI ……3
1.2.1　NGUI 插件介绍 ……3
1.2.2　NGUI 的强大优势 ……3

第 2 章　NGUI 基础 ……5
2.1　导入 NGUI 插件 ……5
2.1.1　NGUI 版本介绍 ……5
2.1.2　NGUI 的下载和购买 ……5
2.1.3　导入 NGUI 插件应用 ……6
2.1.4　导入常见问题 ……9
2.2　认识基本的 UI 资源 ……10
2.2.1　什么是 UI 精灵（Sprite）……10
2.2.2　什么是 UI 图集（Atlas）……10
2.2.3　什么是 UI 贴图（Texture）……10
2.2.4　什么是 UI 标签（Label）……12
2.2.5　什么是 UI 字体（Font）……12
2.3　制作第一个 UI 图集 ……13
2.3.1　学会解剖 UI 的资源结构 ……13
2.3.2　如何导入切好的美术资源 ……15
2.3.3　用 Atlas Maker 制作图集 ……16
2.4　制作第一个 UI 字体 ……20
2.4.1　为什么要制作 UI 字体 ……20
2.4.2　静态字体和动态字体 ……20
2.4.3　制作静态字体介绍 ……21
2.4.4　制作动态字体介绍 ……22
2.5　创建第一个 UI ……22
2.5.1　创建一个 2D UI ……22
2.5.2　创建一个 3D UI ……24
2.5.3　了解 UIRoot、UIPanel 和 UICamera 组件 ……24
2.6　2DUI 和 3DUI 的工作原理 ……28
2.6.1　2DUI 的工作原理 ……28
2.6.2　3DUI 的工作原理 ……30
2.6.3　如何判断该选择哪一种 UI ……31
2.7　深度（Depth）概念 ……31
2.7.1　强化对深度的理解 ……31
2.7.2　小心相机的深度 ……32

心法列表
心法角色
角色
技能
天赋
背包
丹药
当前修为: 1450
攻击心法
阶数: 14
内功攻击+123
消耗: 14
修炼
男性
女性

Lv.12
玩家名字哀木涕
3000
145000000
升级
进化
技能
置换
英雄刷新
icon
All rivers run into sea

第 3 章　核心组件

第 3 章　核心组件……34

3.1　什么是 UI 控件……34

3.2　制作精灵（UISprite）……34

3.2.1　怎样判断是否应该使用精灵……34

3.2.2　创建精灵……35

3.2.3　Sprite 组件的设置……37

3.3　制作标签（Label）……43

3.3.1　怎样判断是否应当使用标签……43

3.3.2　创建标签……43

3.3.3　Label 的文字设置……43

3.4　制作 UI 纹理（UITexture）……46

3.4.1　什么情况下使用 UITexture……46

3.4.2　创建纹理……46

3.4.3　纹理的设置……46

3.5　制作按钮（Button）……48

3.5.1　怎样判断应该使用按钮……48

3.5.2　创建按钮……49

3.5.3　核心组件 BoxCollider……49

3.5.4　核心组件 UIButton……52

3.5.5　制作按钮的放缩动画……54

3.5.6　制作按钮的偏移动画……55

3.5.7　制作按钮的旋转动画……56

3.5.8　添加按钮单击音效……56

3.5.9　任何事物都可以变成按钮，不仅仅是 UI……57

3.6　制作进度条（UISlider）……58

3.6.1　怎样判断是否应当使用进度条……58

3.6.2　创建进度条……59

3.6.3　核心组件 UISlider 设置……60

3.6.4　进度条的 BoxCollider 说明……62

3.7　制作输入框（Input）……63

3.7.1　怎样判断是否应当使用输入框……63

3.7.2　创建输入框……63

3.7.3　核心组件 Input 设置……64

3.7.4　输入框使用的一些注意事项……67

3.8　制作滚动视图（ScrollView）……68

3.8.1　怎样判断是否应当使用滚动视图……68

3.8.2　创建滚动视图……69

3.8.3　滚动视图核心组件 UIPanel……69

3.8.4　滚动视图核心组件 UIScrollView……72

3.8.5　创建一个拖动条……75

3.8.6　拖动条说明……76

3.8.7　让视图内的内容可以被拖动……77

3.8.8　制作滚动视图时的注意事项……78

3.9　制作复选框（Toggle）……79

3.9.1　怎样判断是否应当使用复选框……79

3.9.2　创建复选框……79

3.9.3　复选框的核心组件 UIToggle……80

3.10　制作下拉菜单（PopupList）……82

3.10.1　怎样判断是否应当使用下拉菜单……82

3.10.2　创建下拉菜单……82

3.10.3　显示当前选中的选项……84

3.10.4　下拉菜单核心组件 PopupList……85

3.10.5　制作下拉菜单的注意事项……87

战斗胜利
西门吹雪
乱舞春秋
68%
获得战利品
2356
银两
2356
经验值
lv10
霓裳羽衣
确定

VIP
半年VIP
298
1.所有购买打折
2.次月充值返还金币抽卡
3.自动战斗，加速战斗
4.免费体力恢复50一天
5.副本次数增加
开通
Lv40
射手约克
返回
升级
转职
训练

第 4 章 UI 动画

第 4 章 UI 动画 ······ 88

4.1 常见的两种 UI 动画介绍 ······ 88
4.1.1 要区分 UI 动画和 UI 特效两个概念 ······ 88
4.1.2 关于 Tween 动画 ······ 88
4.1.3 关于 Animation 动画 ······ 89
4.2 渐隐渐现动画（透明度动画） ······ 89
4.2.1 透明度动画的介绍和应用 ······ 89
4.2.2 使用透明度动画 TweenAlpha ······ 90
4.2.3 使用透明度动画的注意点 ······ 94
4.3 颜色变化动画（变色动画） ······ 95
4.3.1 变色动画的介绍和应用 ······ 95
4.3.2 使用颜色动画 TweenColor ······ 96
4.3.3 使用颜色动画的注意点 ······ 96
4.4 位置变换动画（位移动画） ······ 97
4.4.1 位移动画的介绍和应用 ······ 97
4.4.2 使用位移动画 TweenPosition ······ 98
4.4.3 使用位移动画的注意点 ······ 98
4.5 旋转变化动画（旋转动画） ······ 99
4.5.1 旋转动画的介绍和应用 ······ 99
4.5.2 使用旋转动画 TweenRotation ······ 99
4.5.3 使用旋转动画的注意点 ······ 100
4.6 大小变化动画（放缩动画） ······ 100
4.6.1 放缩动画的介绍和应用 ······ 100
4.6.2 使用放缩动画 TweenScale ······ 101
4.6.3 使用放缩动画的注意点 ······ 101
4.7 Tween 动画总结 ······ 102
4.8 动画控制组件 UIPlayTween ······ 102
4.8.1 为什么要用 UIPlayTween ······ 102
4.8.2 动画核心组件 UIPlayTween 讲解 ······ 103
4.8.3 使用 UIPlayTween 的注意事项 ······ 106
4.9 动画控制组件 UIPlayAnimation ······ 107
4.9.1 为什么要用 UIPlayAnimation ······ 107
4.9.2 为 UI 添加 Animation 组件 ······ 107
4.9.3 动画核心组件 UIPlayAnimation 讲解 ······ 108
4.9.4 使用 UIPlayAnimation 注意事项 ······ 110

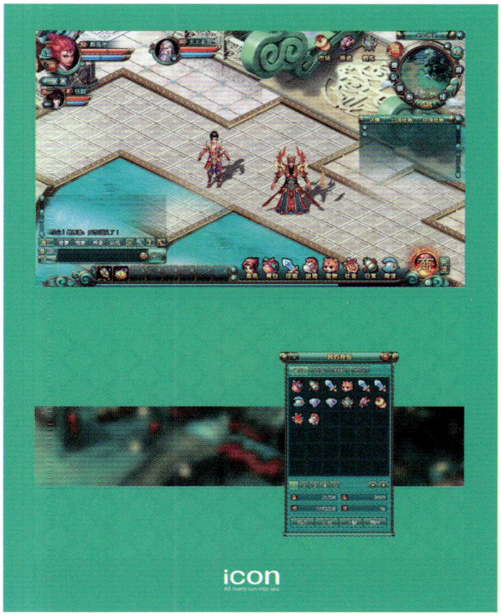

第 5 章 其他组件

第 5 章 其他组件 ······ 111

5.1 使用 Toggle 制作页签 ······ 111
5.1.1 页签的工作原理 ······ 111
5.1.2 一个完整的页签界面 ······ 111
5.1.3 制作两个页签按钮 ······ 111

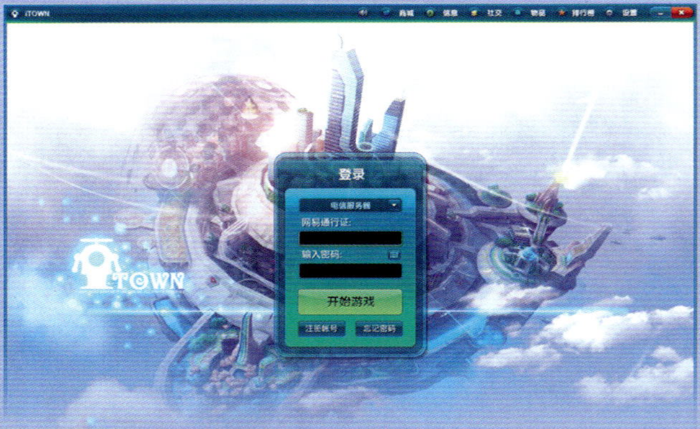

icon
All rivers run into sea

5.1.4 使用 ToggleObjects 来记录页签内容……114
5.1.5 制作页签注意事项……115
5.2 拖动摄像机来浏览超大界面……115
5.2.1 拖动相机功能的介绍和应用……115
5.2.2 核心原理和组件介绍……117
5.2.3 拖动相机浏览超大界面的注意事项……119
5.3 使用 Grid 自动排列 UI……120
5.3.1 自动排列 UI 的应用……120
5.3.2 自动排列 UI 核心组件 Grid 介绍……120
5.4 使用 DragObject 直接拖动物体……122
5.5 让玩家通过拖动自由改变控件大小……124
5.6 制作序列帧精灵动画（SpriteAnimation）……125
5.6.1 什么是序列帧精灵动画……125
5.6.2 SpriteAnimation 组件……125

第 6 章 NGUI 实战进阶……127
6.1 UI 开发核心问题——UI 随屏幕自适应……127
6.1.1 屏幕分辨率对 UI 适配的影响……127
6.1.2 主流设备的屏幕分辨率……129
6.1.3 自适应核心组件 Anchor 的使用……130
6.1.4 使用 Anchor 的注意事项……133
6.1.5 正式开发 UI 之前必须明确的几个问题……134
6.2 UI 元素的相对自适应……134
6.2.1 什么是 UI 元素的相对自适应……134
6.2.2 Anchors 的介绍及使用……134
6.2.3 使用 Anchors 的范例：背景图的全屏适配……137
6.2.4 使用 Anchors 的注意事项……138
6.3 多摄像机同时协作运行……139
6.3.1 摄像的渲染层的概念……139
6.3.2 多摄像机协作的应用范围……140
6.3.3 如何创建多个 UI 摄像机……140
6.3.4 多摄像机协作的注意事项……142
6.4 巧用九宫格以减少 UI 资源量……142
6.4.1 项目安装包大小对项目的影响……142
6.4.2 UI 资源量对资源包大小和内存的影响……143
6.4.3 什么是九宫格 UI……143
6.4.4 如何让美术提供合适的九宫格 UI 资源……144
6.4.5 如何在 NGUI 中划分九宫格……144
6.4.6 如何使用九宫格 UI……147
6.4.7 去掉 Mipmap 以进一步降低资源包大小和内存占用……148
6.5 实战开发中 UI 资源制作标准……148
6.5.1 为什么要设定 UI 资源制作标准……148
6.5.2 资源制作标准设定建议……149
6.5.3 程序如何保证 UI 资源的分辨率不失真……150
6.5.4 针对各大平台设置单独的尺寸和格式……150
6.6 UI 事件监听的击穿……151
6.6.1 什么是 UI 事件监听的击穿……151

情侣武侠
账号：
请输入账号
密码：
请输入密码
登 陆
注 册

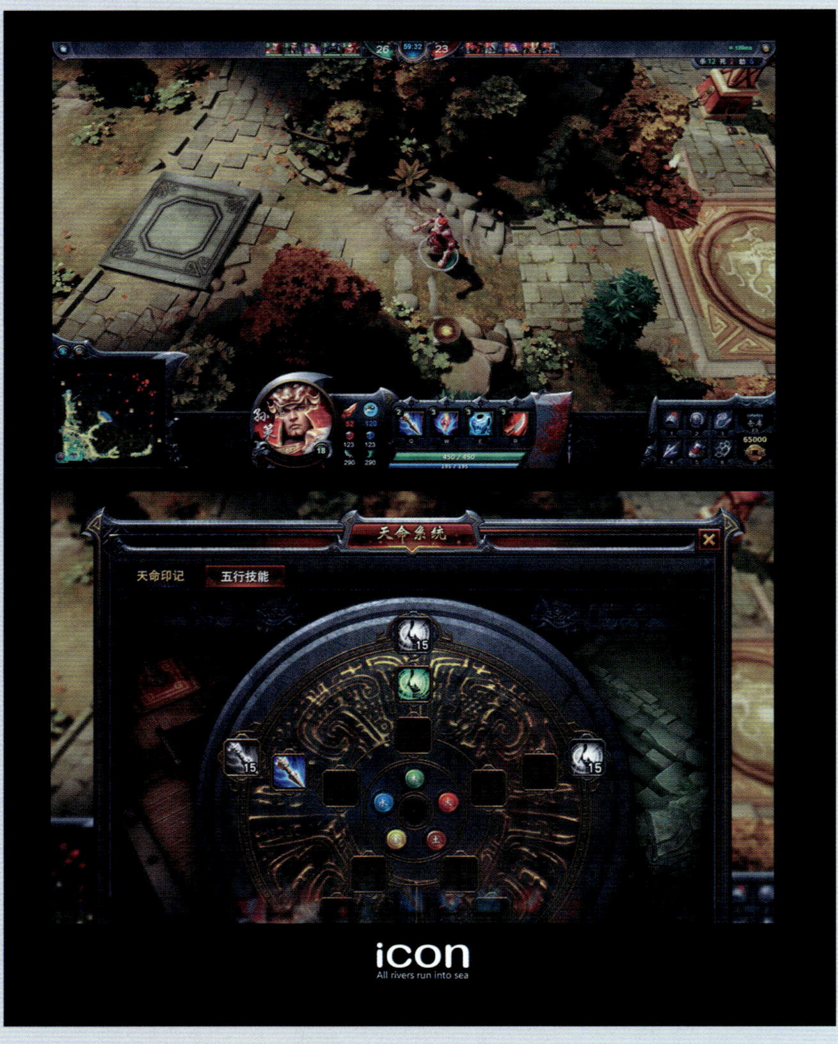
天命系统
天命印记
五行技能
icon
All rivers run into sea

6.6.2 如何避免和解决 UI 事件监听的击穿……152
6.6.3 事件监听遮挡的妙用……153
6.7 开发之前的思考——UI 结构设计……153
6.7.1 什么是 UI 结构设计……153
6.7.2 UI 结构设计遵循的一些要点……153
6.7.3 需要的时候，分场景以减轻内存负担……154

第 7 章 用代码深度控制 UI……155
7.1 代码操作 NGUI 的原理……155
7.1.1 物体与组件的概念……155
7.1.2 怎样用代码操作 NGUI……155
7.1.3 获取组件的几种方法……158
7.1.4 迅速判断可以修改的成员……160
7.2 动态加载 UI 元素……161
7.2.1 为什么游戏中会用到动态加载 UI 元素……161
7.2.2 擅用 UI 元素的 Prefab……161
7.2.3 将一个物体设置为另一个物体的子物体——NGUITools.AddChild()方法……162
7.2.4 NGUITools.AddChild()和 Instantiate 的区别……163
7.3 擅用 EventDelegate 事件委托……164
7.3.1 什么是 EventDelegate 事件委托……164
7.3.2 事件委托的用法……164
7.3.3 哪些地方可以使用事件委托……166
7.4 巧用 EventTrigger 组件……167
7.4.1 什么是 EventTrigger 组件……167
7.4.2 EventTrigger 用法……168
7.5 常用组件的功能调用……168
7.5.1 UILabel……168
7.5.2 UISprite……169
7.5.3 UITexture……170
7.5.4 UIButton……170
7.5.5 UIGrid……171
7.5.6 UISlider……171
7.5.7 UIToggle……172
7.5.8 UIInput……172
7.5.9 UIPanel……173
7.5.10 UICamera……173
7.6 动画的控制……174
7.6.1 为什么要把动画单独提取出来……174
7.6.2 控制 Tween 动画……174
7.6.3 关于 PlayTween 和 PlayAnimation……176

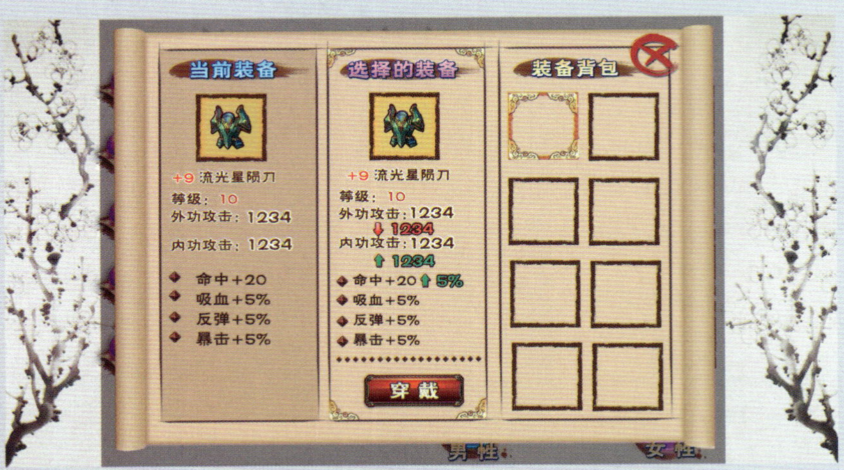
当前装备
选择的装备
装备背包
+9 流光星陨刀
等级：10
外功攻击：1234
内功攻击：1234
命中+20
吸血+5%
反弹+5%
暴击+5%
+9 流光星陨刀
等级：10
外功攻击：1234
1234
内功攻击：1234
1234
命中+20
5%
吸血+5%
反弹+5%
暴击+5%
穿戴

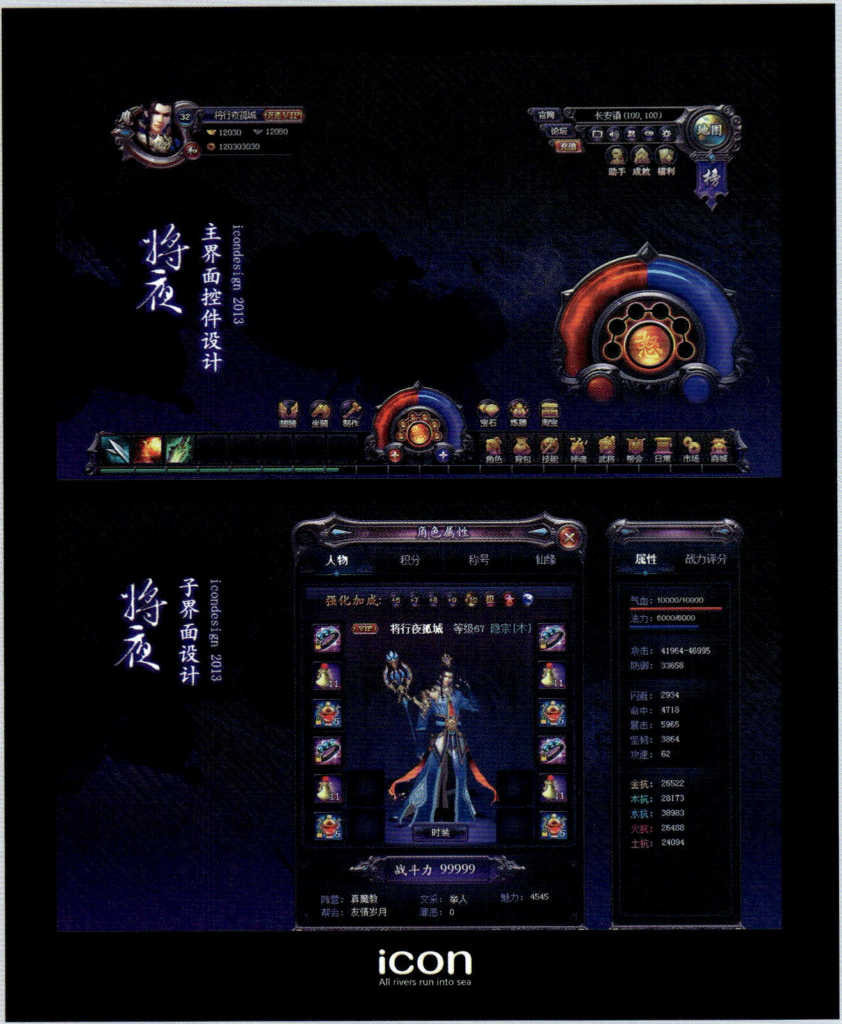
将夜
主界面控件设计
icondesign 2013
将夜
子界面设计
icondesign 2013
角色属性
人物
积分
称号
仙缘
属性
战力评分
强化加成：
将行夜孤城
等级67
战斗力 99999
icon
All rivers run into sea

第 8 章　实用案例演示……177

8.1　角色头像状态栏制作……177
8.1.1　示意图和需求分析……177
8.1.2　设计并制作 UI……178
8.1.3　设计并编写代码……181
8.2　场景加载的进度条界面制作……187
8.2.1　为什么要做这个界面……187
8.2.2　异步加载的概念……187
8.2.3　制作一个单独的加载界面场景……188
8.2.4　设计并编写代码……189
8.3　技能快捷栏的制作……194
8.3.1　示意图和需求分析……194
8.3.2　设计并制作 UI……194
8.3.3　设计并编写代码……197
8.4　角色头顶血条的跟随……202
8.4.1　角色头顶血条的跟随分析……202
8.4.2　制作血条的 UI……202
8.4.3　设计并编写代码……203
8.5　NGUI 多语言切换的实现……206
8.5.1　什么是本地化……206
8.5.2　NGUI 本地化的原理……206
8.5.3　本地化案例演示……210

第 9 章　常见疑难问题解答……214

9.1　关于 NGUI 版本问题……214
9.2　导入 NGUI 资源包出错……214
9.3　如何创建两个 UIRoot……215
9.4　如何让粒子在界面上正确显示……215
9.5　为什么在父物体上增加透明度动画，子物体没有跟着变化……216
9.6　为什么动画播放一遍之后无法再次正常播放……216
9.7　为什么 3DUI 模式下，UI 资源的尺寸 Snap 后和屏幕的大小比例不一致……216
9.8　为什么 UI 不受灯光影响……217
9.9　为什么 3D 模型放到 UIRoot 下就变得看不见了……217
9.10　为什么 UI 单击后无法播放音效……217
9.11　为什么 Depth 更大的图片反而被 Depth 小的图片遮住……218
9.12　怎样判断点中的东西是 UI……218
9.13　为什么 Label 的文字始终不够清晰、明亮……218
9.14　为什么创建的物体有 BoxCollider 却无法接收事件……219
9.15　为什么改变了控件的父物体，导致了显示层级错乱……220
9.16　关于 ScrollView 滑动的问题……220

icon
All rivers run into sea

第1章　初识 NGUI

1.1 游戏 UI 开发介绍

1.1.1　什么是游戏 UI

UI 全称是 User Interface，即用户界面。UI 的概念运用于各行各业，例如电脑操作系统、手机、网站等，几乎所有需要用户自主操作的地方都会涉及用户界面。UI 的职责是负责人机之间的交互，它需要将关键信息、操作逻辑等展示给用户。好的 UI 设计不但能使操作变得易于理解、简单易用，而且能做到简洁美观，给用户带来舒适的操作体验。在软件设计中，UI 的设计是核心设计工作之一。

游戏是一种非常典型的互动娱乐，不论在什么游戏中，玩家都需要进行自己的操作，而且频率非常高。在一些大型游戏中甚至会出现更复杂而频繁的操作，例如竞技游戏和大型网络游戏等。这些在游戏中进行的操作，让玩家体会到了游戏的乐趣，而这一切都依赖于一整套游戏的 UI 机制。

在游戏中，UI 几乎无处不在，例如进入游戏的菜单、输入账号密码的登录界面、创建和选择角色、角色血条状态栏和技能栏、场景雷达图、各种各样的提示框等。

1.1.2　UI 为何如此重要

在游戏中 UI 主要承担了以下职责：

1. 游戏美术风格的重要组成部分

一个游戏由不同种类的美术资源组成，例如角色、场景、特效、UI 等。每一个游戏都必须有一个统一的美术风格，否则游戏将变成不伦不类的四不像。例如中国仙侠风格的游戏，不应该出现欧美魔幻的元素；同理，欧美魔幻风的游戏里，不应该出现中国仙侠的元素。UI 因其无处不在的特性，成为游戏设定美术风格时一个非常重要的考量指标。

2. 承担着重要的美观职责

当玩家打开游戏看到第一个游戏画面时，UI 就将一直陪伴着玩家直到玩家退出游戏。甚至大部分 UI 都是长久性地出现在玩家的游戏窗口中，例如玩家角色的状态栏、技能栏等。所以，UI 的美观和耐看，将会直接影响着玩家对这款游戏的美观程度的评价。

3. 负责清晰明了地展现游戏的操作方式

每一个游戏都有着自己的操作方式，越是大型游戏，操作逻辑往往会越复杂和庞大。好的 UI 设计，能让用户不依赖指引就能够迅速地知道自己应该怎样操作来进行游戏。

4. 能让玩家舒服、方便地进行人机交互

游戏 UI 的核心目的就是让玩家能进行自主操作，而游戏的机制往往很复杂，这个时候“人性化”就变得很重要。例如技能冷却完成之后，技能栏闪烁一下，玩家在游戏中不自觉地就能知道技能已经冷却完成。

1.1.3 UI 开发的流程

在项目开发中，一般都是由策划人员、程序人员、美术人员、测试人员组成多个组协同进行开发。在开发 UI 时，首先应当由美术核心人员确立 UI 的整体美术风格标准，然后再进行 UI 的各个模块的开发。

在开发 UI 的模块时，首先应当由相关策划人员提出功能的需求，指出该模块的 UI 应该具备什么功能、能让玩家进行哪些操作逻辑。然后，由策划人员给出 UI 的控件布局图或者由美术人员自行设计布局图。再由 UI 美术人员进行 UI 的资源制作，制作完成后，将 UI 资源提交给客户端程序员。客户端程序员拿着美术人员提供的 UI 资源，按照 UI 的布局图和功能文档，最终完成该模块的功能开发。

1.1.4 UI 开发的难点

UI 在开发中往往具备以下几个问题。

（1）需求不清晰。

（2）功能难实现。

（3）工作量很大。

（4）优化不够好。

（5）改动太频繁。

这些问题都是项目实际开发中非常常见的问题，特别是客户端程序员经常为以上五个问题伤脑筋。要规避它们，除了良好的沟通以外，还需要足够的对 UI 的思考，以完成一个良好的 UI 架构来提高抗风险指数，并扩充自身的知识面，以做到提早考虑到更多的特殊情况。

看完本书后，相信你一定能找到应对以上项目开发实际问题的最优方案！

1.2 什么是 NGUI

1.2.1 NGUI 插件介绍

NGUI 是专门针对 Unity 引擎、用 C#语言编写的一套插件，经历了数十个版本的更迭之后，它已经成为了目前世界上应用最广、最成熟的 Unity 制作 UI 的插件，完美地弥补了 Unity 引擎原生 GUI 系统和 NewGUI 系统的各种不足之处。程序员可以利用它提供的一整套 UI 框架和事件通知系统来进行项目的 UI 设计和制作，NGUI 凭借其强大的功能、良好的优化和易用易学性，让大多数程序员都赞赏有加！

1.2.2 NGUI 的强大优势

1. 成熟稳定

NGUI 经历了数十个版本的更迭，发展到现在几乎没有 BUG，并且完美支持跨平台和自适应。在这一点上，它远远超越了其他的 UI 插件。论成熟稳定，它比 Unity 的 NewGUI 还要更胜一筹。

2. 功能丰富

NGUI 除了满足普遍的 UI 制作功能以外，还集成了大量的封装好的实用功能，比如拖曳、更多的事件监听、各种 Tween 动画、本地化等，甚至支持光照、法线、折射等特性。这是 NGUI 远远超过其他 UI 制作方式的地方，也是 NGUI 经历数十个版本更迭的积累。

3. 操作方便

NGUI 的操作几乎都集中于 Inspector 面板中，并且不需要 Play 运行就能看到 UI 的结果。各个模块和组件封装非常好，需要功能时只要为其附上相应的 NGUI 组件就可以完成，大部分功能都不需要自己写代码。

4. 极致优化

目前最新的 NGUI 版本中，对于 UI 的渲染性能已经优化到了极致，使用 1 个 DrawCall 就能完成绝大部分 UI 的渲染。

5. 高灵活性

NGUI 都是以组件形式使用，程序员可以不借助任何外部的资源进行 UI 的制作，可以让任何一个控件通过改变其组件的方式，自由地变换为按钮、精灵、进度条、输入框等。

第 2 章　NGUI 基础

2.1 导入 NGUI 插件

2.1.1　NGUI 版本介绍

NGUI 插件目前较新的版本是 3.6 以后的版本。

在 NGUI 3.0 以前的时期，底层的事件通信体系完全依赖于 SendMessage，这是一个效率比较低下的发消息方式，那个时期大多数 Unity 的开发者都在使用当时很流行的 NGUI 2.6 版本，甚至目前还有少数开发者在使用。

在 NGUI 3.0 及以后的版本中，NGUI 进行了大革新，其中革命性的就是将整个的底层消息机制全部换为效率高的 EventDelegate。并且开始重视 NGUI 的性能优化，一直到 3.6 时期，NGUI 相比以前，提高了事件分发的效率，将性能优化到了极致，整合了大量的相近功能，并大大丰富了 NGUI 的功能类型。

在本书中，将使用比较新的 NGUI 3.6.8 版本进行讲解，书中可能部分截图并不是 3.6.8 的版本，但是 NGUI 3.6.0 及以后的版本几乎都一样。本书的知识点通用于 NGUI 3.6.0 及以后的所有版本，读者大可放心。

2.1.2　NGUI 的下载和购买

NGUI 本身是一个付费插件，开发者可以从 Unity 官方的 AssetStore（官方提供的 Unity 资源买卖平台，里面有很多第三方的资源和插件出售，有的收费有的免费）中去购买，售价大约 95 美金（折合人民币 591 元）。用户可以从 Unity 引擎的编辑器界面的顶部 Window 菜单中选择 Asset Store 进入，如图 2.1 所示。也可以在浏览器中输入网址 https://www.assetstore.unity3d.com/进入。

因为 NGUI 正版插件价格不菲，如果仅仅是为了学习和练习，开发者可以从网上去下载他人购买的 NGUI 插件包来使用，效果是一样的。不管是从官方购买的还是自己从第三方网站上下载的 NGUI 插件，它都应该是一个格式为“.unitypackage”的 Unity 资源包文件，如图 2.2 所示。

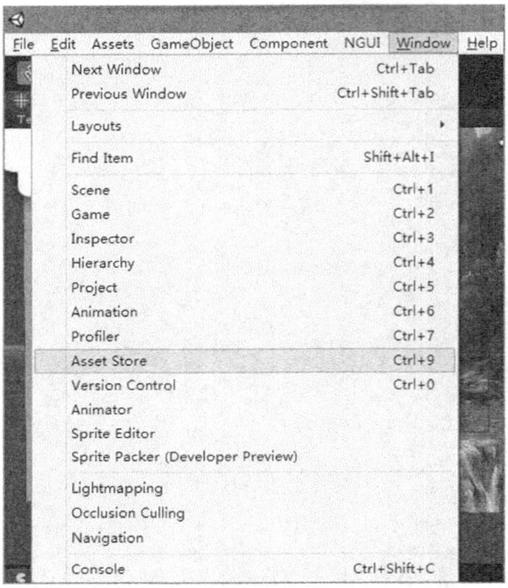

▲图 2.1

▲图 2.2

2.1.3　导入 NGUI 插件应用

当下载好 NGUI 的插件资源包之后，下面要做的就是将 NGUI 资源包导入到引擎中进行使用。

如图 2.3 所示，在 Unity 编辑器顶部菜单栏中的 Assets 菜单中选中 Import Package，然后选择 Custom Package（自定义资源包），弹出图 2.4 所示的资源路径窗口，在其中找到 NGUI 资源包所在的位置，单击“打开”按钮即可。

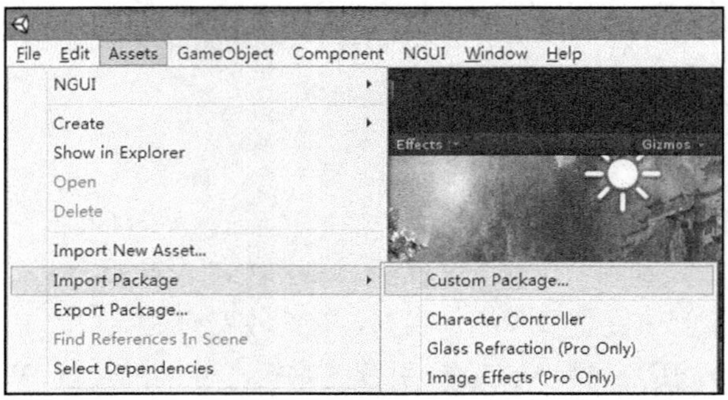

▲图 2.3

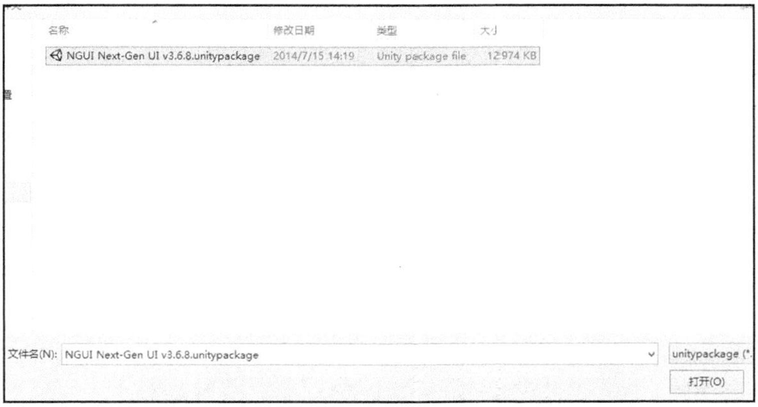

▲图 2.4

特别注意：请将 NGUI 资源包放在一个没有中文的路径下再进行导入（例如 F:\DownLoad\NGUI-Next-Gen-UI-v3.6.8）。因为 Unity 导入外部资源时，将无法导入带有中文路径的资源，例如 F:\下载\NGUI-Next-Gen-UI-v3.6.8 因为将 NGUI 放在了中文名文件夹“下载”之下，将导致 NGUI 资源包无法成功导入。

单击“打开”按钮后，等待 Unity 引擎解压资源包，然后将会在 Unity 引擎界面中弹出图 2.5 所示的窗口，展示该资源包的内容列表，让用户选择导入哪些资源（默认情况下是全部选择），此时因为其已经默认全部选择，可以直接单击 Import 按钮，将其全部导入。

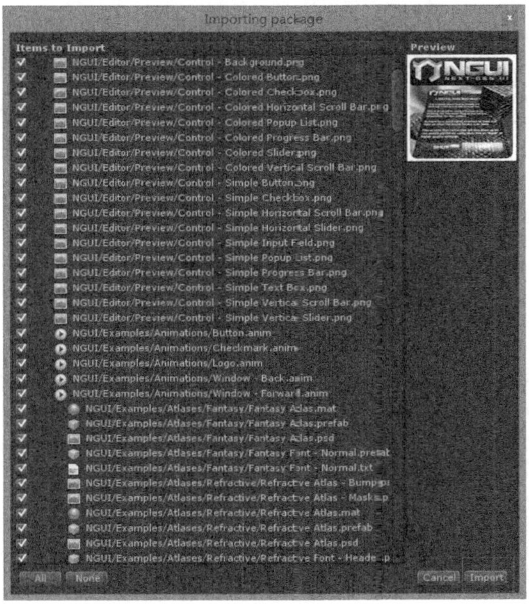

▲图 2.5

导入成功后，可以看到 NGUI 文件在 Project 视图中的结构图（如图 2.6 所示），其中 Editor 文件夹是编辑器所用的，不用管它；Examples 文件夹是 Unity 制作的一些基本案例，读者可以从 Examples 下面的 Scenes 文件夹中选择它制作的范例场景来参看一些基础功能的制作，如图 2.7 所示。Resources 文件夹存储着 NGUI 自带范例所用到的资源。最后就是整个 NGUI 对于开发者来说最核心的文件夹：Scripts，这里面是 NGUI 已经封装好的各个功能模块的脚本，当需要使用时只要把相应的脚本变成 UI 物体的组件就可以进行相关的操作了，本书在后文将会介绍更简单的使用方式。

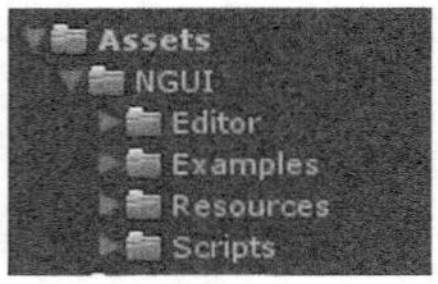

▲图 2.6

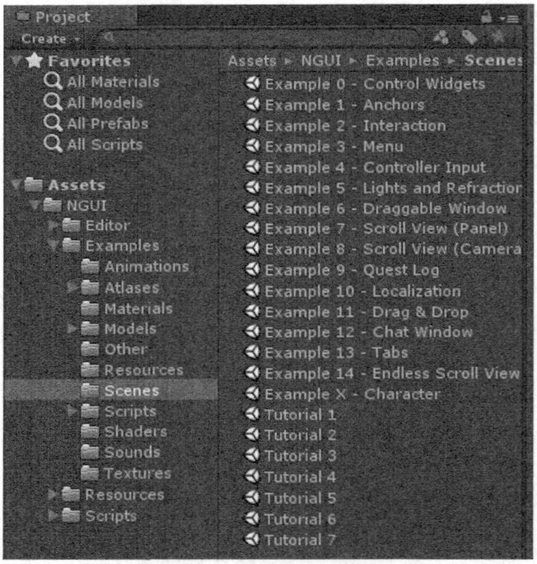

▲图 2.7

另外，导入之后还会注意到 Unity 编辑器顶部菜单栏中多了一项 NGUI 菜单，如图 2.8 所示，这个菜单将会是以后使用 NGUI 制作 UI 系统最常用的一个菜单。

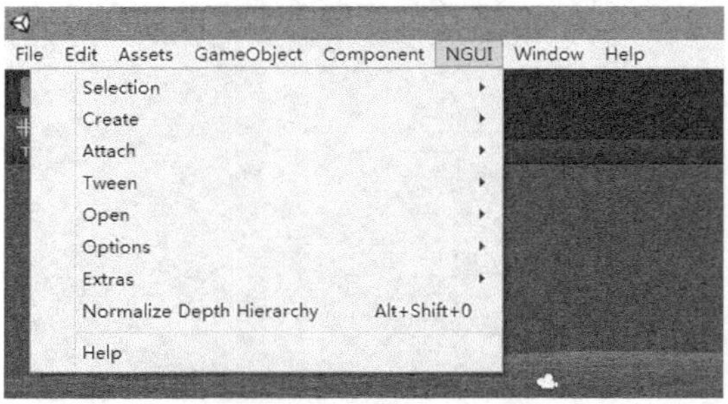

▲图 2.8

好了，到这里就已经说明你已经成功地导入了 NGUI 插件，这个插件包大约 12MB，不过完全不用担心它会让你的项目安装包增大很多，因为 NGUI 插件包导入后并不存在于 Resources 文件夹下面，所以在项目工程最后发布时，它只会将 NGUI 资源包中你所用到的部分纳入打包资源，对项目发布的游戏安装包体积的影响几乎可以忽略不计。

2.1.4 导入常见问题

（1）如果我的工程文件中已经导入过一次 NGUI 的资源包了，此时我再导入一个新的 NGUI 资源包会有什么结果？

答：会根据路径替换掉同名文件，并导入额外的新文件。

（2）导入解压后，并没有弹出图 2.5 所示的资源包内容预览窗口，而是在 Unity 编辑器窗口底部报出了一行如图 2.9 所示的错误，怎么办？

▲图 2.9

答：这是因为你将 NGUI 资源包放在了一个带有中文名称的文件夹路径下，Unity 导入任何带有中文路径的资源包时，都会弹出这个错误导致无法导入。请将你要导入的资源包放在一个没有任何中文的路径下再进行导入。

（3）我怎样查看我的 NGUI 版本是多少？

答：在 Project 窗口中，选择 Assets 文件夹下面的 NGUI 文件夹，然后会看到一个 ReadMe 的版本说明文件，这个文件名会带有版本号，如图 2.10 所示。

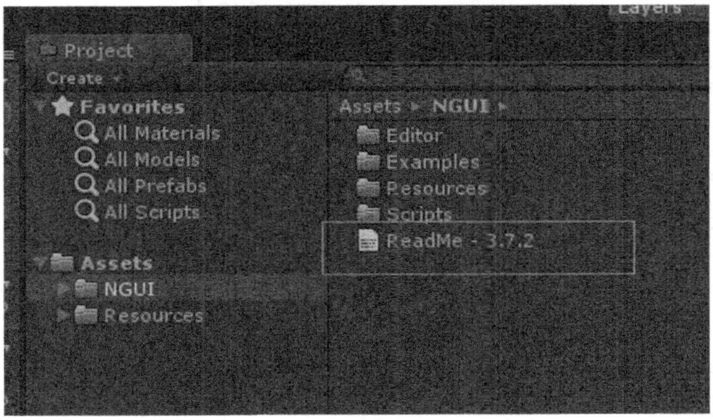

▲图 2.10

2.2 认识基本的 UI 资源

2.2.1　什么是 UI 精灵（Sprite）

我们在制作 UI 时，经常将一些零碎的小的 UI 资源（比如，一个小箭头、一个按钮等）打包成一张大图，然后在使用时，只使用这个大图中的一部分（例如，只使用其中小箭头的那一小块），那么这一块“被切出来”的图片，就可以称之为精灵。

如图 2.11 所示的就是一个又一个的 UISprite。

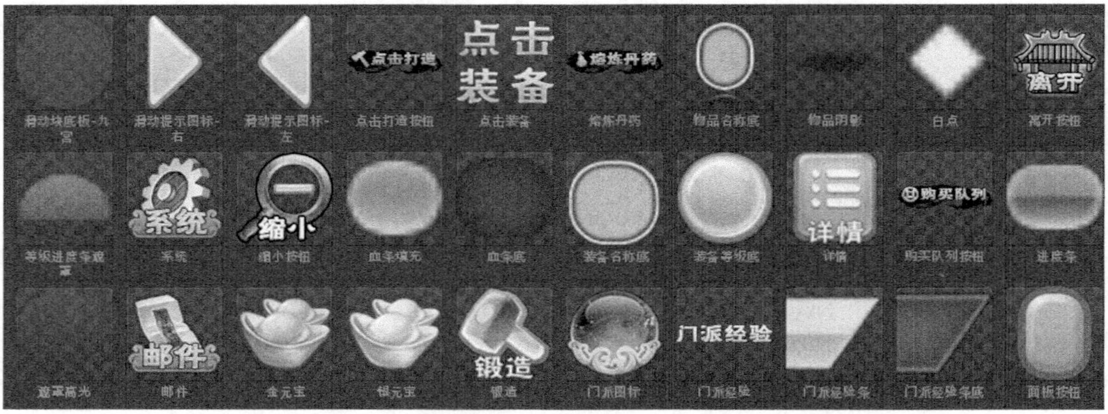

▲图 2.11

2.2.2　什么是 UI 图集（Atlas）

我们在制作 UI 时，会将一些零碎的小的 UI 资源打包到一张大图中，然后再通过精灵的方式对这张大图进行使用，这张大图就是一个图集。这样不但可以减小美术资源的总体积，还可以减少载入内存的操作（图集作为一张整图会被一次性载入到内存中）并提高渲染性能，而且还可以减少维护大量零碎小资源的麻烦。

如图 2.12 所示的则是一个由 Sprite 组成的图集。

2.2.3　什么是 UI 贴图（Texture）

在 NGUI 中也有 UITexture 的概念，这个 UITexture 从功能用途上和 Sprite 精灵有很大的相似之处，都是为了显示一些图片资源。它和 Sprite 最大的区别在于，UITexture 是一张独立的图，不依托于任何的图集，这张 Texture 有自己的材质球和 Shader，每一个 UITexture 都将消耗一个 DrawCall（不了解的读者可以理解为一个性能消耗单位）去渲染，每一个 UITexture 都将独立进行加载。

如图 2.13 中的大背景图就是 UITexture。

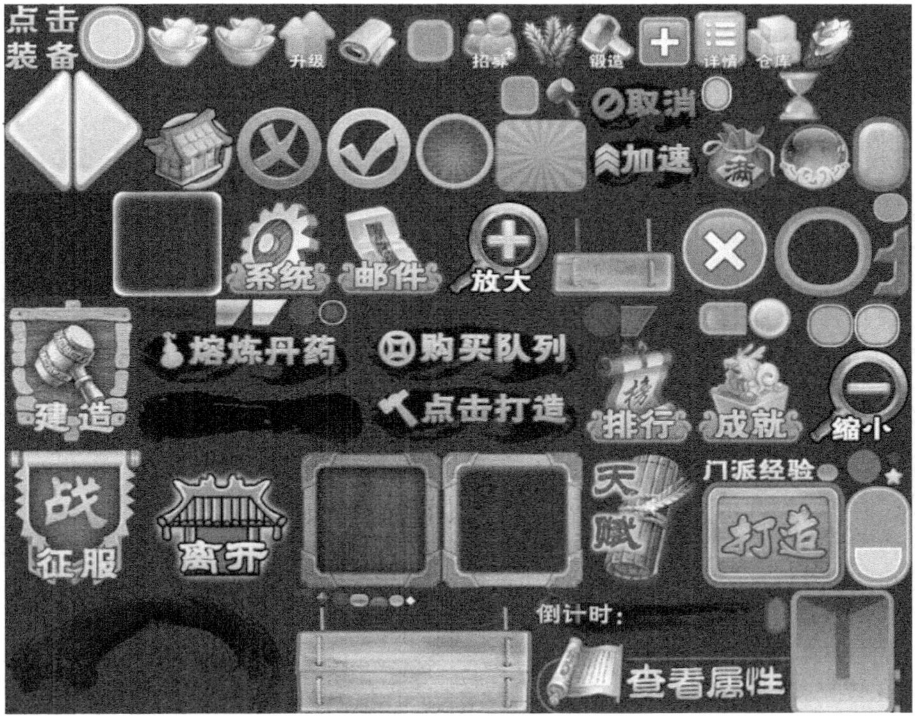

▲图 2.12

▲图 2.13

2.2.4　什么是 UI 标签（Label）

标签（Label）在 NGUI 中并不是指一种标记物，而是指一种纯文本的 UI 元素。凡是由程序在 UI 上打出来的字，都属于标签的内容。例如，如果你需要在界面上长期地显示一行字：请打开背包进行整理，那么这行字属于一个 Label。再比如，如果你需要显示角色的生命值为 100/200，这个数字会随着角色的生命值而变化，这个生命值的数字也属于一个标签，然后代码会根据角色的血量去读取并改变这个标签的内容。

如图 2.14 所示框中所有的文字信息都属于 Label。

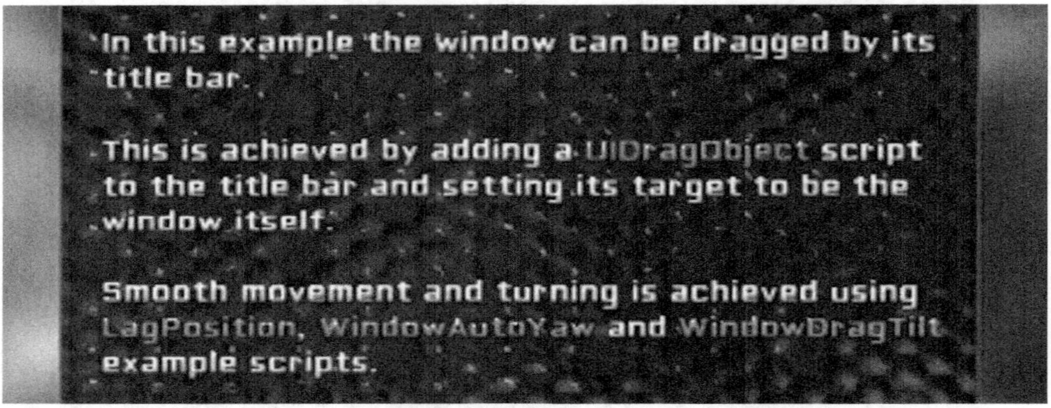

▲图 2.14

2.2.5　什么是 UI 字体（Font）

在制作 UI 的过程中，不可能所有地方都由美术完成，最典型的例子就是 UI 上面的文字。很多时候 UI 上面的文字都是不停地在进行变化，并且没有什么复杂的艺术字效果，不可能全部由美术制作成图片提供给程序，这个时候就需要程序在 UI 上进行写字。程序在 UI 上写字时，就将用到 UI 字体。

NGUI 的字体分为动态字体和静态字体。程序人员可以选择把某种特殊字体文件中的一些所需的字拿出来形成一张图，然后打字时会从这张图里去调用文字（类似于调用 Sprite），这就是静态字体。也可以直接导入字体文件（例如，宋体、楷体等字体文件），打字时只要字体文件里拥有的字都能正常使用，这就是动态字体。当然，NGUI 有系统自带的默认动态字体。

如图 2.15 所示则为静态字体图集，图 2.16 所示则为动态字体文件（.ttf 格式）。

▲图 2.15

▲图 2.16

2.3 制作第一个 UI 图集

2.3.1 学会解剖 UI 的资源结构

为什么要剖析 UI 的资源结构？因为通常情况下，策划设计好 UI 的功能和大概布局之后，美术人员会做出一张 UI 的成品效果图，我们称之为 UI 设计图。然后，客户端程序需要根据自己的制作方式，告诉美术人员如何分割出相应的 UI 元素提交给程序，以完成制作。

▲图 2.17

下面以图 2.17 所示的 UI 设计图作为例子来讲解分析。首先说明一点，客户端程序一定要同时拿到 UI 设计图和 UI 功能描述文档才能彻底知道这个 UI 会进行什么样的操作逻辑，此时才能准确地对 UI 资源结构进行剖析。主要有以下一些方法。

- 看设计图，从相关设计文档了解该 UI 的功能。

在不了解 UI 功能的情况下，程序只看设计图不一定能准确地明白这个 UI 的全部用途，为了减少返工，请务必先了解该 UI 模块的全部功能。如图 2.17 所示，则是一个典型的登录 UI。

- 观察 UI 的设计图，判断哪些字是程序可以写的，哪些字是程序写不了的。

在图中我们发现有“登录”“请输入账号”“请输入密码”等 Label。其中，“请输入账号”和“请输入密码”两个标签的文字并没有什么特殊的美术效果，完全可以由程序来完成，就不需要美术提供图片资源了。

而“账号”和“密码”两个标签，虽然本图中可以由程序完成，但是如果碰到那种有特殊美术效果（比如，文字上有华丽的渐变和高光等效果，程序是完成不了的）的，则需要让美术提供一张写有相应文字的图片，用 Sprite 去代替这个 Label。

后文我们会详细讲解什么情况下使用 Label。

- 通过设计图判断哪些是 Sprite，充分考虑复用性。

凡是零碎的、小的图片资源，都可以是 Sprite。如图 2.17 中，输入账号密码有一个底框，整个界面又有一个底框，这些都可以让美术人员切成单独的 Sprite，然后由程序来进行拼装。

在分割 Sprite 时，尽量分割得细一点，如图 2.17 中所示，我们可以将整个 UI 的大底框和输入账号密码的两个底框合并在一起切给程序，但是这样将导致这个 UI 图片无法用于其他地方。如果整个 UI 的大底框和输入账号密码的两个小底框分开来切，那么以后其他需要用底框的地方，就可以复用图中切出的 UI 资源。

相同的 UI 元素只需要一份就够了，例如图中输入账号的底框和输入密码的底框是一样的，于是只需要切出一份就可以了。

后文我们会详细讲解什么情况下使用 Sprite 和 Texture。

- 通过设计图判断出按钮资源的制作方式。

按钮笼统地分有两种形式，一种是普通按钮，也就是一张没有文字的按钮图片，程序人员在需要用时，就在上面写上“确定”等不同的、当前所需要的文字。另一种按钮则是图片按钮（以前旧版本 NGUI 的 ImageButton），这种按钮的特点是整个按钮就是一张图片，它既是按钮也是图片。

如图 2.17 中所示，登录和注册两个按钮几乎一模一样，只是上面的文字有区别，而“登录”和“注册”这几个文字明显是程序可以写出的文字效果，于是可以让美术人员切出一张普通按钮资源的底图，然后程序再在上面写字。

后文我们会详细讲解什么情况下使用按钮。

- 通过设计图判断其他控件。

要比较迅速地结合 UI 的功能判断出 UI 中的一些其他控件，例如假设这是一个人物生命法力的状态栏，那么一定要区分出 UI 中是否有用来显示人物生命法力值的进度条，如果有进度条，则进度条需要上面切一条表层条，下面切一个空槽底板条。

后文我们会对相关知识进行详细说明。

在剖析 UI 资源结构的时候，有无数种方案，每一种方案 UI 美术人员基本都能完成，程序人员也能完成相应的功能。但是，我们一定要通过充分的分析去使用一种相对更好的方案，这样对项目以后的修改和拓展都有好处。在剖析 UI 资源结构时一定要秉承以下几个原则：

- 尽量保证还原设计图的效果，不损失质量，这是前提。
- 尽量发现重复的元件，而且重复的元件只需要一份就足够。
- 尽量分割得零碎一点，避免多个元件合并在一起出图，这样对项目不利（后文会详细讲解）。
- 尽量使用九宫格来制作比较大的底板、底框等（后文会详细讲解）。
- UI 切图全部让美术人员以 PNG 格式导出。

2.3.2 如何导入切好的美术资源

当美术人员提交给你大量零碎的 UI 元件时，就可以开始进行 UI 的制作了。制作的首要任务是先将资源导入到引擎中去。首先在 Unity 的 Project 窗口下的 Assets 文件夹下面建立一个文件夹，将该文件夹命名为 Resources，表示这个项目的资源都放在这个文件夹下面，UI 资源也不例外。这个文件夹名字一定要设定为 Resources，不能改动。

这里讲一下为什么一定要设定一个名为 Resources 的专门的资源文件夹。Unity 开发中，如果涉及动态加载（在游戏中触发了某个条件才需要加载）的情况，比如需要临时生成一个烟火特效等，都会用到 Unity 的资源加载方法：Resources.Load ()；这要求需要被动态加载的资源一定要放在 Assets 下面一个叫 Resources 的文件夹中。而 UI 经常会涉及根据不同情况动态加载 UI 模块的情况，所以一般情况下，我们都会将 UI 的资源放在 Assets 目录下的 Resources 文件夹中。

但是也不是所有资源都放在 Resources 文件夹中就万事无忧了。因为 Unity 在生成游戏安装包时，对于 Resources 以外的文件夹，只会打包场景中用到的资源文件，而对于 Resources

文件夹，因为涉及动态地往内存里加载资源，所以 Unity 会无条件的全部打包。如果不加考量的把所有资源都放到 Resources 目录下，可能会导致最终得到的游戏安装包体积变大。

这时我们可以在 Resources 目录下建一个名为 UI 的文件夹，用来单独存储 UI 资源，以避免 UI 资源和其他的角色、特效等资源放在一起难以管理。全部选中美术人员提交的 UI 元件，一起拖曳到 Unity 界面中的“Resources\UI\”目录下，等待 Unity 读取资源之后，我们导入的资源会显示在“Resources\UI”目录下，这样就完成了资源的导入，如图 2.18 所示。

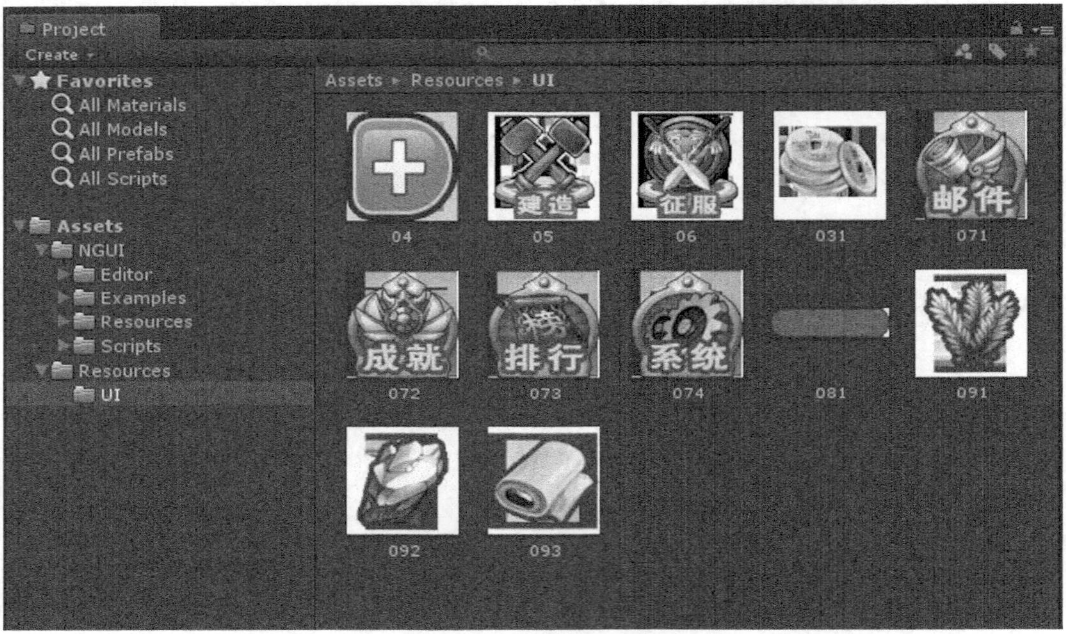

▲图 2.18

2.3.3　用 Atlas Maker 制作图集

刚刚我们已经将 UI 元件的源文件全部导入到了 Unity 中相应的文件夹目录下，在 Unity 的 Project 窗口中全部选中刚才导入的 UI 元件，单击鼠标右键，选择最顶部 NGUI 菜单，选择 Open Atlas Maker（Atlas Maker 是 NGUI 自带的一个 UI 图片打包工具），这样就能自动将这些 UI 元件放入到 Atlas Maker 中，如图 2.19 所示。

在 Mac 系统下，右键菜单如果没有 NGUI 选项，那么可以选中导入的 UI 元件，在 Unity 顶部的菜单栏中，选择 NGUI 菜单，然后选择 Open\Atlas Maker 即可。

打开后的 Atlas Maker 界面如图 2.19 所示。

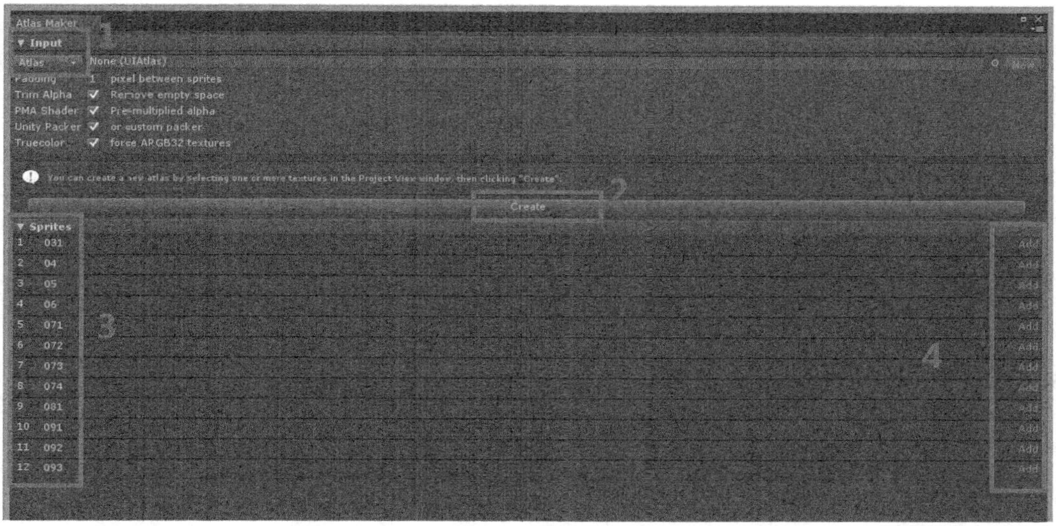

▲图 2.19

图 2.19 中，标号为 1 的红框是已有图集的选择按钮，如果你需要将这些新导入的 UI 素材资源全部新增到一个已有的图集里，就可以单击这里。单击后能看到当前项目工程中已有的所有的图集，然后可以选择其中一个图集，此时标号为 2 的红框处的按钮将变成 Add/Update，这样就可以新增或者更新这批资源到已有的选定的图集中了。

图 2.19 中标号为 2 的红框是主按钮，当要打包的 UI 素材资源没有选定打包到某个已有图集中去时，这个主按钮会显示 Create，意为用这些资源创建一个全新的图集。如果通过标号 1 的红框处的按钮选择了一个已有图集的话，这个主按钮将变成 Add/Update，意为新增/更新当前这批 UI 资源到选中的图集中。更新的机制为同名的 Sprite 图片将会被替换。

图 2.19 中标号 3 处的红框显示的是当前选中的 UI 图片资源的序号和文件名称，标号 4 处的红框显示的是这些资源哪些是新增的；哪些是更新的；哪些是已有的。在这里，如果选中了一个已有图集，那么该图集中的 Sprite 也会一起显示出来，如图 2.20 所示。在图 2.20 中，红框 1 则表示当前选中了一个已有的名为 Fantasy Atlas 的图集。红框 2 是编辑图集和新建图集的按钮。红框 3 的按钮由 Create 变为了 Add/Update。红框 4 显示出了该图集已有的 Sprite，在最尾部有一个删除按钮，单击之后，将会从这个图集中删除该 Sprite。如果此时单击 Add/Update 按钮，那么 Sprites 列表中尾部标记为绿色的 Add 的精灵图片将会被新增到这个图集之中。

如果需要更新现有图集中的某一个精灵，则将新的精灵图片文件的名字设为和它要替换的精灵的名字一样，然后按照以上步骤选择它要替换的精灵所在的图集，单击 Add/Update 即可实现直接替换资源。这在项目开发中是非常实用的，当美术人员希望修改 UI 资源、用更新的 UI 资源替换之前的旧资源时，这个自动更新功能将会让程序员非常方便。

▲图 2.20

下面继续创建属于我们自己的第一个图集，当打开 Atlas Maker 之后，我们看到的是图 2.19 所示的界面。我们需要创建一个全新的图集，所以单击 Create 主按钮，然后会弹出 Save As 对话框，将路径定位到 Resources\UI 目录下，然后将图集的名称改为“MyFirstAtlas”，单击“保存”按钮即可，如图 2.21 所示。注意，不要改变文件的后缀名，文件保存后是一个 Prefab。

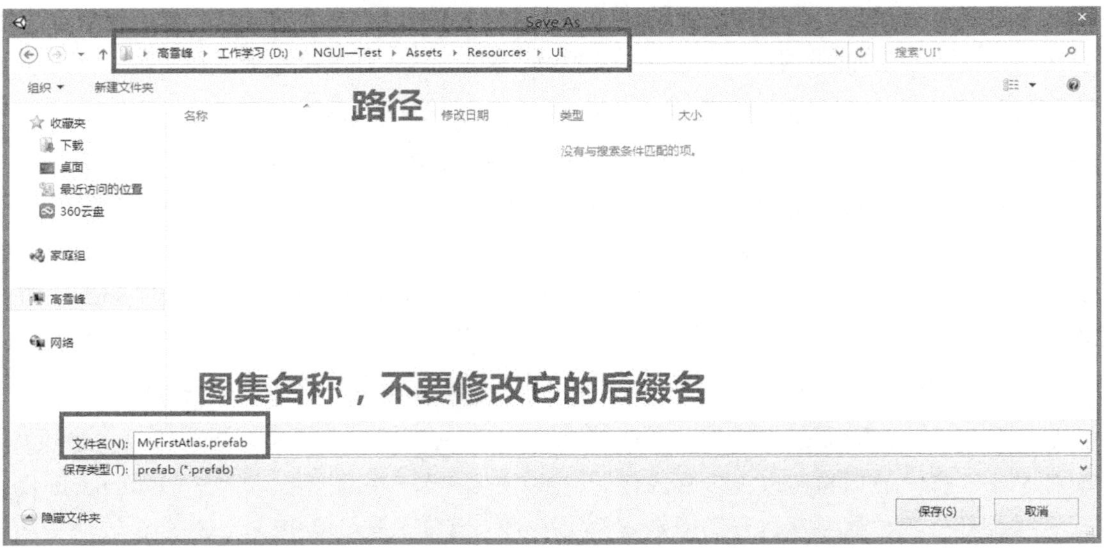

▲图 2.21

单击“保存”按钮之后，我们可以看到 Atlas Maker 界面已经变成了如图 2.22 所示的情况，这表明图集已经创建成功，中间的主按钮变成了 View Sprites，单击后可以预览该图集中所拥有的精灵。

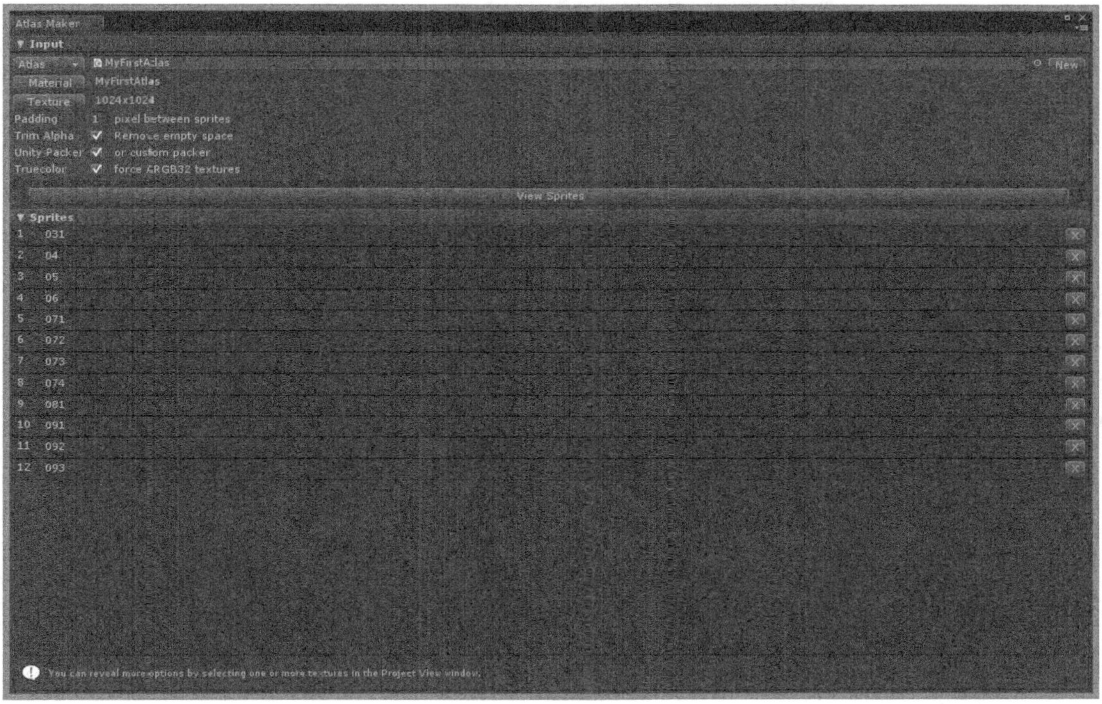

▲图 2.22

关闭 Atlas Maker 界面，然后注意看 Project 窗口中，Resources\UI 目录下除了我们之前导入的 UI 图片资源以外，多出了 3 个名为“MyFirstAtlas”的文件，如图 2.23 所示。这 3 个文件是一个图集必须具备的 3 个文件：图集的贴图、图集的材质球和图集的预设体。其中，第一个球形图标的 MyFirstAtlas 文件为图集的材质球；第二个蓝色方块的文件为图集的预设体；第三个图片缩略图文件则是图集的贴图，也就是精灵合成为一张整图之后的图片。

至此，我们的第一个图集就算制作完成了，这个图集在后面制作 UI 时就可以直接使用了。针对 Atlas，还有很多功能和用法，例如九宫格等，我们会在本书的后半部分讲到。

特别注明：在制作完 UI 图集之后，我们可以将之前导入 Unity 的 UI 资源源文件删除以减小资源量。

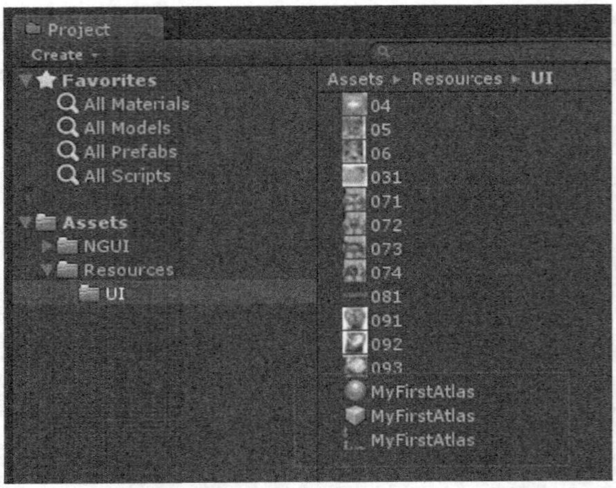

▲图 2.23

2.4 制作第一个 UI 字体

2.4.1　为什么要制作 UI 字体

在游戏的项目开发中，字体是经常会用到的东西，因为游戏中不论是聊天、公告、提示语还是界面显示，都会涉及用程序来写字。一般来说，会有系统默认字体供我们使用，但是出于以下两个原因我们经常会需要制作独特的字体。

- 系统字体的风格和美观程度等无法满足我们的需求。

一般来说，系统字体都比较死板、生硬，风格单一，经常无法满足项目需求。例如，我们希望游戏中所有文字都使用楷书来突出中国风，那么则需要我们自己植入楷书字体。再例如，我们需要在某些地方显示一些造型独特的字体，更需要制作我们自己独特的字体文件才能满足这种需求。

- 应对系统字体丢失的情况。

某些玩家（特别是安卓玩家）如果经常从网上下载一些个性化的字体管理软件，会很容易导致系统字体丢失，这种情况一旦发生，会导致游戏内所有的文字都不能正常显示。为了以防万一，我们需要植入一套自己的字体在游戏资源包内部。

2.4.2　静态字体和动态字体

我们在 2.2 节中已经介绍了什么是静态字体和什么是动态字体，这里我们来了解一下什么情况下需要静态字体，什么情况下需要动态字体。

当有大面积的字体需求，并且需要的文字几乎涵盖大部分汉字时，我们就需要制作动态字体。与其说是制作动态字体，不如说是植入动态字体，因为在新版的 NGUI 中，制作动态字体只需要导入一个 TTF 格式的字体文件即可。

当在某些地方有特殊字体的需求，并且这种字体显示的文字有限时，例如受到伤害时，角色头顶需要飘出一个有艺术效果的数字来表示伤害量，这种字体效果只会显示 0～9 共 10 个数字而已，其他地方都用不到这种字体，那么这个时候我们就可以为它制作一个静态字体。

具体来说，静态字体和动态字体有以下实质区别。

- 静态字体中，如果需要用到的文字不多，打成图集后资源量往往比动态字体小，一个动态字体的 TTF 格式文件一般为 3～6MB。
- 静态字体可以通过提供一张自定义的含有所需文字的图片和一个配置文件（记录图片哪一块是哪个字的文件）来完成。动态字体只能通过导入整个 TTF 格式的字体文件完成。
- 静态字体中的字一般非常有限，只有极少数的字（否则图片资源会非常大），所以应用范围非常小，几乎很少用到静态字体。而动态字体几乎包含所有的文字，被广泛运用。

2.4.3 制作静态字体介绍

静态字体曾经风靡一时，原因是那时候 NGUI 旧版本对动态字体支持不是很好，所以很多时候得依赖静态字体。目前 NGUI 对动态字体支持很好，所以静态字体的应用就变得很少，只有在特殊情况下才使用。

要制作静态字体，需要将字筛选出来打成一个图集，并生成一份记录其中哪一块是哪个字的配置文件，这时可以借助一个名为 BMFont 的软件将其制作出来。制作出这两份文件之后，导入到 Unity 里。

在 Unity 界面中，在 Project 窗口内单击鼠标右键，选择 NGUI 菜单，选择 Open BipMap Font Maker，打开流程和打开 Atlas Maker 极其相似。Mac 电脑可以通过 Unity 顶部菜单栏中的 NGUI 菜单打开。

然后会弹出如图 2.24 所示的界面，在 Type 中选择 Imported Bitmap，然后在 Font Data 中选择我们之前制作出的那个记录文字位置信息的配置文件（最好是 TXT 格式），在 Texture 中选择我们之前制作出的那个文字图集，然后单击主按钮 Create the Font，即可创建出一个静态字体，创建出来的字体文件和制作图集得到的文件类似。制作好后，以后我们需要用字体的时候，选择这个字体的预设即可。

注意，制作完成后不要删除导入的那张文字图集和文字位置的配置文件的源文件，如果删除将会导致字体读不出文字。

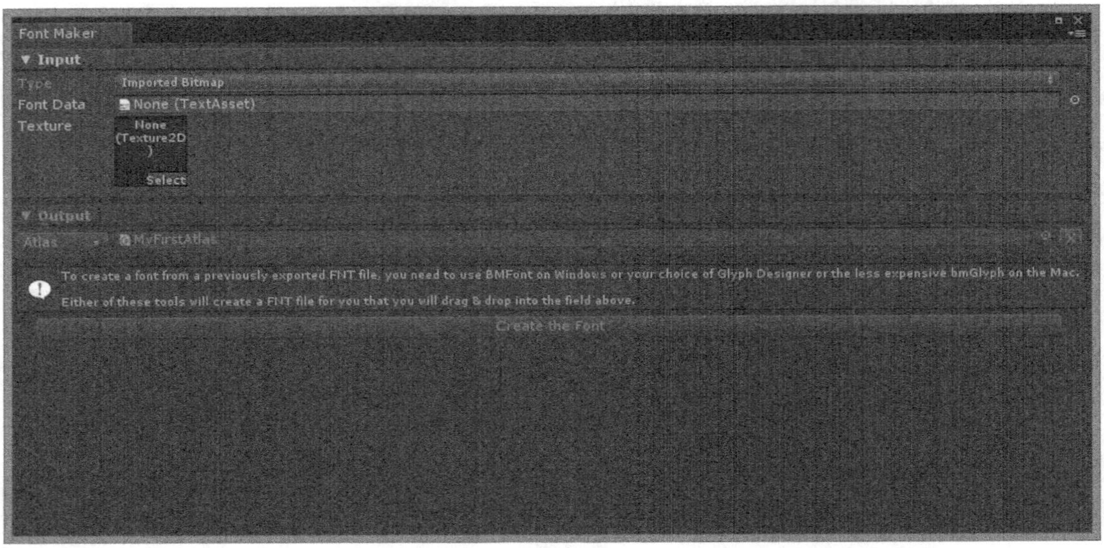

▲图 2.24

2.4.4　制作动态字体介绍

在新版本的 NGUI 中（比如，3.6 以后），制作动态字体非常简单，只需要从网上下载一个 TTF 格式的字体文件即可。然后将这个字体文件导入 Unity 中就算完成了，以后需要用字体的时候，就能直接调用这个字体。

注意，字体文件要选择简体中文的，TTF 文件大小一般为 3～6MB，如果远远超出了这个数，一般来说很有可能是字体中包含了很多种语言。

2.5　创建第一个 UI

2.5.1　创建一个 2D UI

制作 UI 时，首先我们要创建 UI 的“根”。在 Unity 顶部 NGUI 菜单中选择 Create，然后选择 2D UI，如图 2.25 所示。

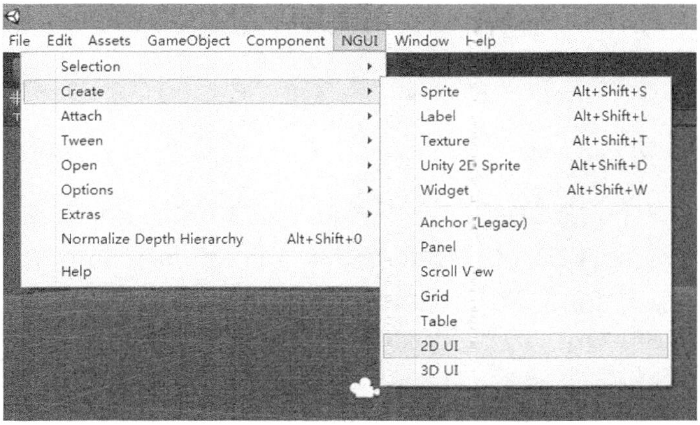

▲图 2.25

创建完成后，我们能看到图 2.26 所示的景象，在 Scene 窗口中，NGUI 自动生成了一个名为 UI Root 的物体，其中带有一个 Camera 作为子物体。

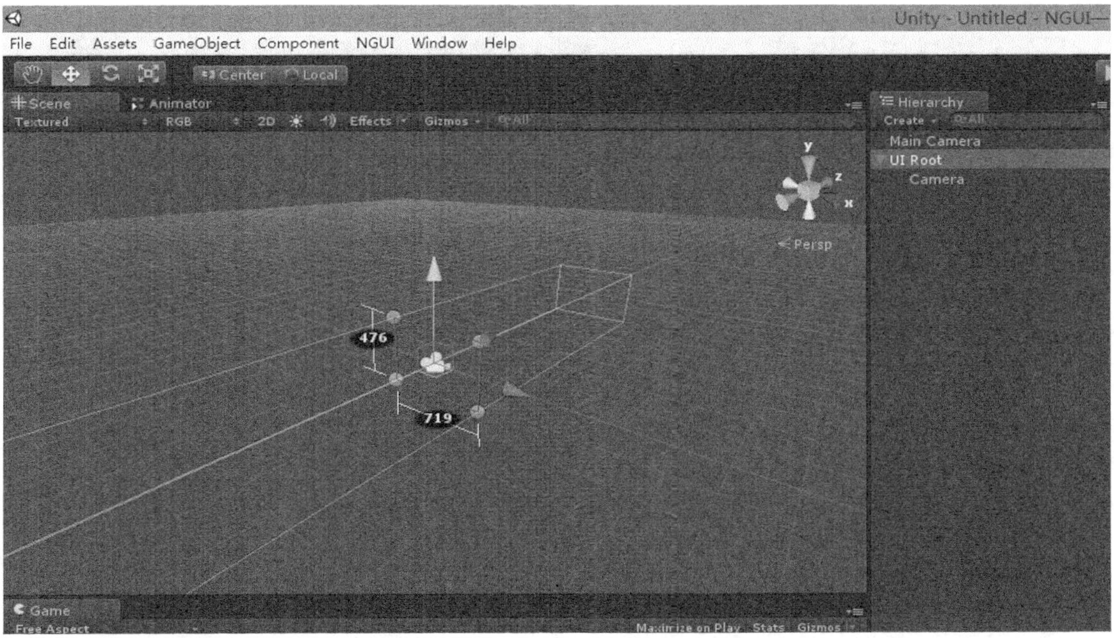

▲图 2.26

这个新生成的 Camera，是 NGUI 生成的专门用来渲染 UI 的相机，当我们生成 NGUI 的 UI Root 时，就自动将生成的 UI 的 layer 设为了第 8 层。在这个相机中，只能看见第 8 层的物体，也就是只能看见 UI。因为是 2D UI，所以我们从图中可以看到相机是正交相机。

图 2.26 中红色的矩形是相机的视窗大小比例，它会根据 Game 视图中的屏幕长宽比设置自动调整。

2.5.2　创建一个 3D UI

创建 3D UI 的过程和创建 2D UI 的过程类似，创建出来的 3D UI 如图 2.27 所示，NGUI 依然自动生成了一个名为 UI Root 的物体，并带有一个 Camera 子物体，这个原理和 2D UI 类似，其中最大的区别就是相机的模式。3D UI 的相机在 Scene 视窗中是一个正交摄像机，将会支持 UI 的三维透视效果。

2.5.3　了解 UIRoot、UIPanel 和 UICamera 组件

在我们创建的 UI 中，可以发现 UI Root 物体和 Camera 物体上面都带有 NGUI 特有的脚本组件，其中 UI Root 物体上带有 UIRoot 和 UIPanel 两个组件，而子物体 Camera 带有一个 UICamera 组件，这几个组件都是 NGUI 体系中比较核心的组件，下面我们来简单了解一下。

▲图 2.27

1. UIRoot 组件

UIRoot 组件总是出现在 NGUI 的 UI“树”的最顶层，也就是那个“根”物体中。它的作

用是缩放 UI。我们在让美术人员作图时知道，UI 一般都是以像素作为单位，比如 1920*1080 等，而 Unity 中则是以米为单位，如果一个 100*100 像素的 UI 元件放入到一块 1000*1000 分辨率的屏幕中，按理说这个 UI 元件应该是屏幕大小的 1%，但是因为 Unity 中的单位是米，所以它会从 100*100 像素的大小变为 100*100 米，会导致一个小 UI 元件变得非常之巨大。这个时候 UIRoot 会通过屏幕来缩放 UI 控件，让 UI 控件从视觉上是正常的。

在 UIRoot 组件中，它提供了 3 种缩放的方式，也就是 UIRoot 组件下的 Type 值。这 3 种方式分别为 PixelPerfect、FixedSize、FixedSizeOnMobiles。

PixelPerfect 是指永远保持像素大小不变，比如一张 100*100 像素的图片，在 500*500 分辨率的屏幕上，它是 100*100 像素，在 1000*1000 分辨率的屏幕上，它依然还是 100*100 像素，因为它的源文件就是这个大小，而 PixelPerfect 让它一直保持这个大小。这样就可以让 UI 的图片永远是最清晰的，但是会导致分辨率高的屏幕下 UI 显得特别小；分辨率低的屏幕下 UI 显得特别大。

FixedSize 是和上一种缩放方案完全相反的方案。在 FixedSize 下，NGUI 将不再保护图片的原尺寸，只会关心 NGUI 自己所需要的缩放参数，这种模式下必须设置 UIRoot 的 ManualHeight 值，然后 NGUI 会将所有的控件按照和这个值的高度比例进行缩放。例如，设置 ManualHeight 为 1000，然后一张 100*100 的图片在高度为 1000 的屏幕分辨率下占 1/10 的高度，那么当 UI 放到一个分辨率为 500*500 的屏幕上时，它依然占 1/10 的高度，只不过图片尺寸被自动放缩为 50*50，这样就保证了 UI 和屏幕分辨率的比例是一定的。

FixedSizeOnMobiles 是两种方案的结合体，它会让 UI 在 PC、Mac、Linux 系统下自动采用 PixelPerfect，而在移动设备上自动采用 FixedSize。

如果没有选择 FixedSize，那么必须设置另外两种缩放模式下的 MinimumHeight 和 MaximumHeight 两个值，代表最大高度和最小高度。例如选择 PixelPerfect 模式，将 MinimumHeight 设置为 720，将 MaximumHeight 设置为 900，那么在一个分辨率为 800*600 的屏幕上，因为屏幕分辨率的高度小于 UIRoot 里的最小高度，UIRoot 就会按照 FixedSize 模式下 ManualHeight 为 720 的情况进行处理；同理，如果将 UI 放到一个分辨率为 1920*1080 的屏幕上，因为该屏幕分辨率的高度 1080 大于设置的 900，于是 UIRoot 就会按照 FixedSize 模式下 ManualHeight 为 900 的情况进行处理。

值得注意的是，在 3.7.0 以后的 NGUI 上，UIRoot 的缩放模式改为了。

- Flexible，等同于上文讲到的 PixelPerfect。
- Constrained，等同于上文讲到的 FixedSize。

- ConstrainedOnMobiles，等同于上文讲到的 FixedSizeOnMobiles。

功能上几乎完全一样。

2. UIPanel 组件

如图 2.28 所示，UIPanel 有很多属性。其中，Alpha 属性顾名思义是透明度，默认为 1 不透明。它将控制它旗下所有 Widget（所有的 UI 控件都将带有 Widget，因为它们都继承自 Widget）的透明度，也就是它会让它的子物体里的所有 UI 控件都一起发生透明度变化，可以用来做整个 UI 的淡入淡出以及隐藏等。

Depth 深度属性，这是一个极其重要的属性。在 NGUI 中，每一个 Panel 都有 Depth，每一个 Widget 控件也有 Depth，Depth 将决定渲染的顺序，直接影响了 UI 之间的前后重叠关系。Depth 越高的控件将会显示在视野的上层，Depth 越高的 Panel 也会显示在视野的上层。但是 Panel 的 Depth 权重远远高于 Widget，也就是说，在大部分情况下，属于低 Depth 的 Panel 的控件，不管这个控件本身的 Depth 为多少，它都将显示在高 Depth 的 Panel 的控件后面。当你有多个 Panel 的时候，例如你制作了很多面板界面，每一个界面都有一个 Panel，那么此时尽量保证这些 Panel 不要共用同一个 Depth，因为这将导致 NGUI 在渲染时无法以 1 个 DrawCall 完成，会以增加 DrawCall 的方式来保证渲染顺序不混乱，这样就增大了性能的开销。不过 NGUI 在碰到 Panel 有共用 Depth 的情况时会做出提醒，如图 2.29 红框部分所示。

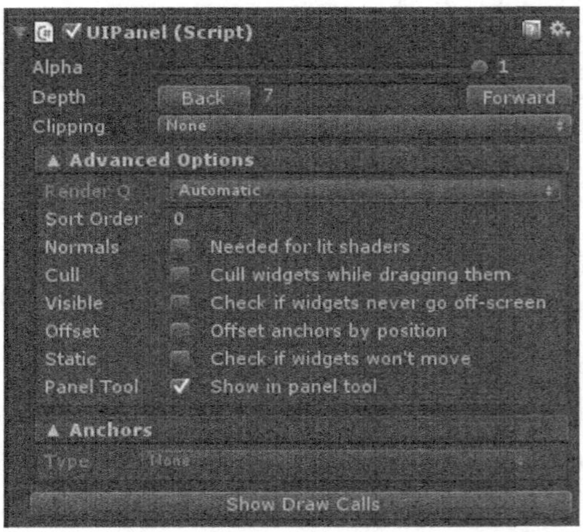

▲图 2.28

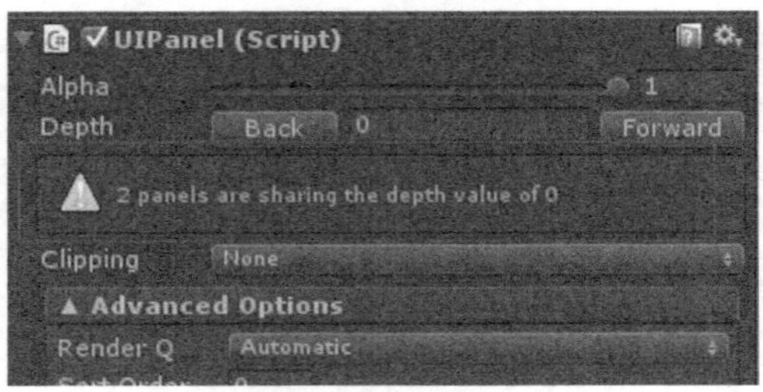

▲图 2.29

Clipping 是剪辑视窗的功能，它将可以让一个面板只显示某一块区域，关于这部分知识后文我们再讲解。

在高级选项中，我们讲解一些初学者需要了解的。Render Q 可以理解为渲染顺序，默认为自动设置。这个选项在和粒子系统结合使用时会有影响，我们后文会说明。如果该 Panel 下的 UI 需要被灯光影响到（NGUI 的 UI 是默认不接收灯光照射效果的），需要勾选 Normals。如果该 Panel 下面所有的 UI 控件都不会被移动，那么可以勾选 Static 来将它们设置为静态的，这样会导致该 Panel 下所有的控件都将忽略位置、旋转、缩放的操作，永远保持不动。虽然这样可以提高一些性能，但是慎重使用。

单击 Show Draw Calls 按钮，可以看到该 Panel 下所有的 DrawCall 消耗情况，如图 2.30 所示。

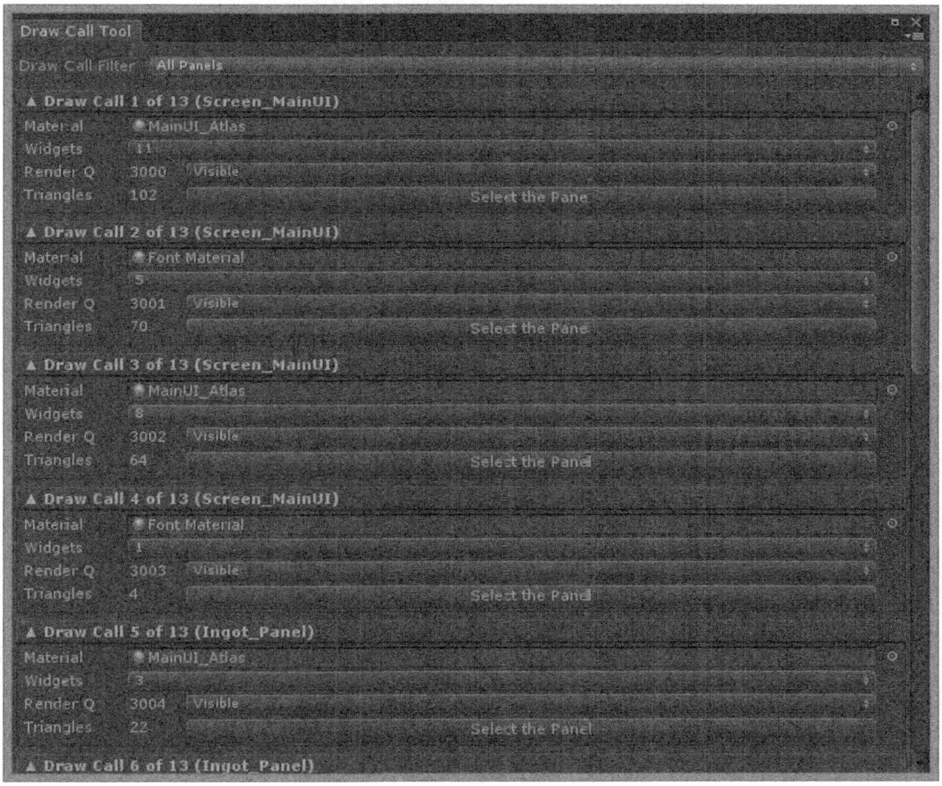

▲图 2.30

3. UICamera 组件

图 2.31 所示为 UICamera 组件的截图，UICamera 这个组件的核心作用是：让带有这个组件的摄像机渲染出的物体能够接收 NGUI 的事件。如果我们自己创建了一个物体，并且希望对这个物体使用一些 NGUI 中的事件，例如 OnPress()、OnDrag()等，就需要为渲染这个物体的摄像机添加 UICamera 组件。

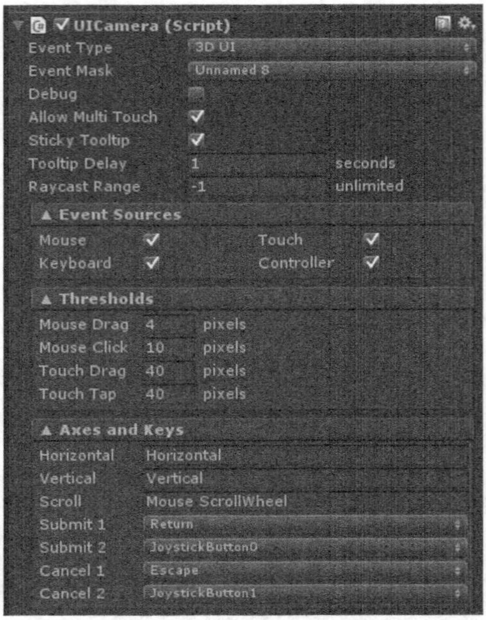

▲图 2.31

在 UICamera 中，大部分设置我们都不需要去操心，它让我们的事件支持多点触摸、鼠标键盘触摸屏等事件的接收。但是要注意的是 EventMask 这个选项，这个 EventMask 和相机中的 CullingMask 非常相似，相机的 CullingMask 是为了选择渲染那些层的物体，这里的 EventMask 是为了选择接收那些层的物体的事件。UICamera 会默认只接收我们创建 UI 时被自动设置的那个 layer，但是，如果我们在制作 UI 过程中，在创建 UI 后因为某些原因修改了 UI 的层，一定要将 UICamera 的 EventMask 修改过来，否则将会发现，我们单击 UI 没有反应，因为它接收不到这个 layer 的物体的事件。

关于这 3 个最基础的控件讲了这么多，其中有很多都是较少用到，主要目的是加快对 NGUI 概念的形成。具体在需要的时候应该进行什么样的操作，我们后面的一些实战内容中会讲到。

2.6　2DUI 和 3DUI 的工作原理

2.6.1　2DUI 的工作原理

先创建一个 2DUI（创建方法上文已讲过），然后在 2DUI 的“根”UIRoot 下创建两个精灵（创建方法后面会详解）。然后得到的效果如图 2.32 所示。

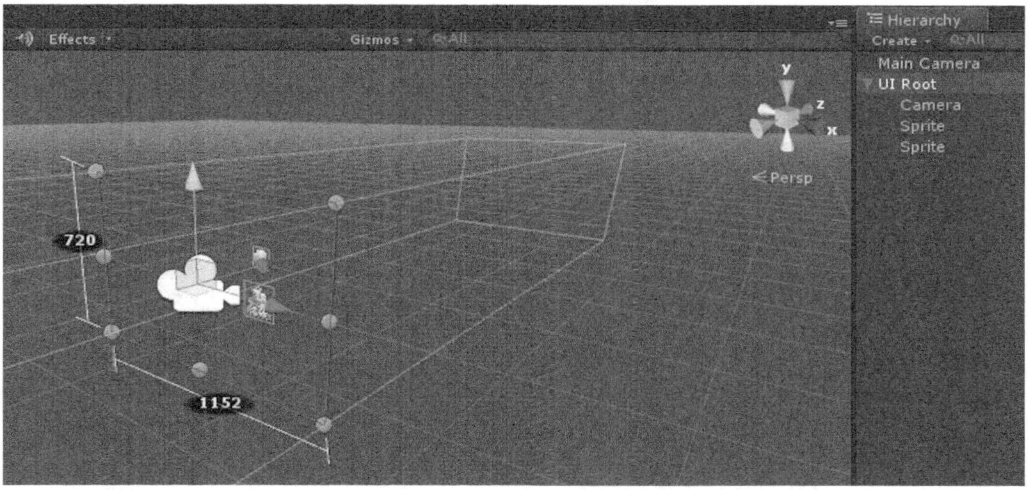

▲图 2.32

从图 2.32 中可以看到，创建的两个 Sprite 为两个按钮图片，它们的位置在 UIRoot 的红框（视窗）上，也就是 Sprite 的 *z* 轴、相机的 *z* 轴、UIRoot 的 *z* 轴都为 0，因为 2DUI 都是纯粹的 2D 图片按层次显示，不会出现三维立体效果，所以都是直接紧贴着视窗，只要 UI 控件在 UIRoot 的红框范围内，那么 UI 就能够正常显示在 Game 上。在 Game 视图中，我们看到的景象如图 2.33 所示。

2DUI 最本质的意义是：UI 摄像机是一个正交摄像机。

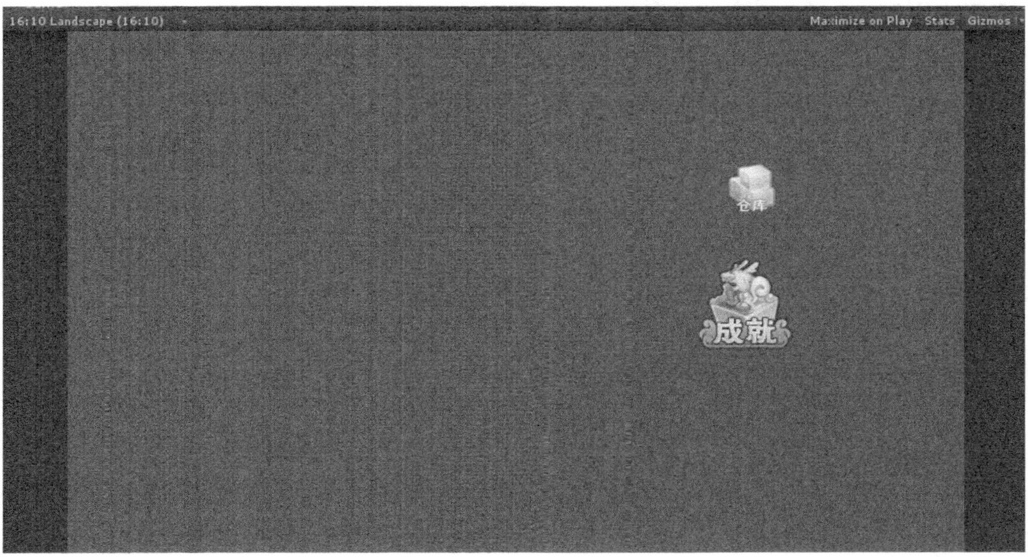

▲图 2.33

2.6.2　3DUI 的工作原理

同上 2.6.1 小节一样，先创建一个 3DUI，然后在“根”下面创建两个 Sprite，得到如图 2.34 所示的景象。

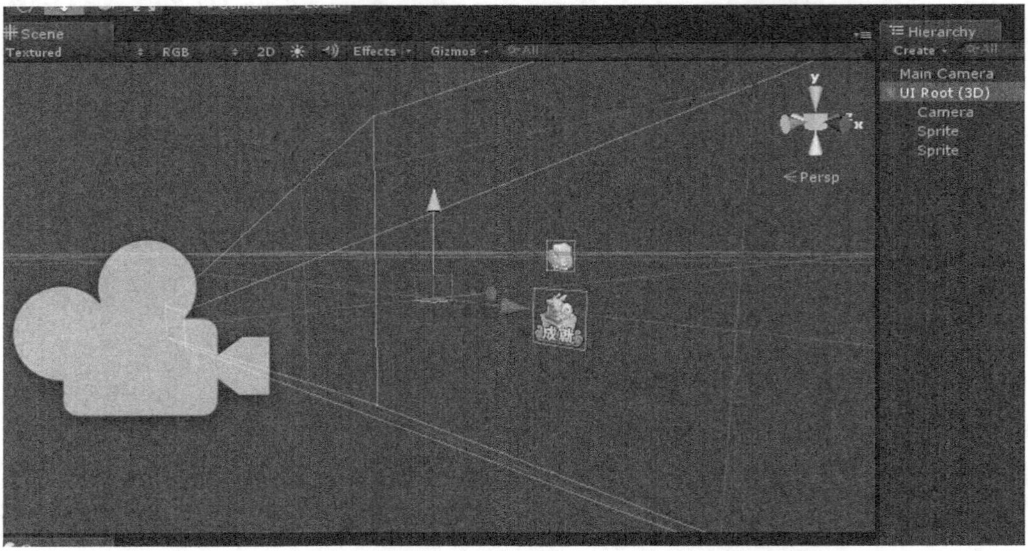

▲图 2.34

从图 2.34 中可以看到，在 3DUI 下，创建的 UI 控件都在一个三维立体空间中，摄像机是一个透视的摄像机，这和 2DUI 有着截然不同的区别，因为 2DUI 是一个正交摄像机。

3DUI 中 UIRoot 的坐标点如图 2.34 所示，是在三维空间的一个点上，这个位置是创建 UI 时自动定义好的，以后创建的 UI 控件都会自动地在这个点所在的面上生成（自动统一到 UIRoot 的 *z* 轴，因为 Sprite 属于 UIRoot 的子物体），所以图 2.34 中 UIRoot 根物体和两个创建的 Sprite 的 *z* 轴都为 0，而 Camera 的 *z* 轴为-700。

我们在图 2.34 生成的两个 Sprite 用 3DUI 做出的效果，在 Game 视图里看，和 2DUI 几乎是一模一样的，如图 2.35 所示。

但是需要注意的是，如果需要将 2DUI 改为 3DUI，不是简单地将摄像机改为透视模式就行了，在 NGUI 3.6.0 以后的某些版本中，这样会导致看不到任何 UI 控件（这些版本的 2DUI 的控件和 Camera、UIRoot 三者在同一个 *z* 轴面上，而变成 3D 摄像机后是看不到和摄像机同 *z* 轴的物体），如果将 3DUI 的摄像机直接改为正交模式，也并不能简单地变成 2DUI，因为正交相机的 Size 并不和 NGUI 默认的值一样。所以，在进行 UI 开发时，最好先思考一下将要使用 2D 还是 3DUI 更好。

▲图 2.35

2.6.3 如何判断该选择哪一种 UI

上文中我们讲解了 2DUI 和 3DUI 的原理，那么在实际的项目开发中，如何来判断应该使用哪一种 UI 呢？有以下一些规律可以参考。

（1）新版本的 NGUI 对 3DUI 支持很好，如果 3DUI 和 2DUI 选择哪一个都行的情况下，建议选择 3DUI，扩展性更强。

（2）如果出现 UI 不允许有远近透视的大小变化，必须选择 2DUI。例如，角色头顶的血条，在人物跑远了之后如果血条并不会变小，这时血条就必须用 2DUI 做。

（3）如果要出现 UI 有三维变换的效果，例如，由远及近的变大、三维旋转等，就必须用 3DUI。

（4）无法明确知道应该用哪一种 UI 的情况下，建议选用 3DUI。

（5）不论用哪一种 UI，其实本质上只是一个摄像机的区别，基本上都能实现 UI 效果，只是需要的处理不一样，所以，如果选择错了 UI 模式也不用太着急，总有很多办法来解决的。

2.7 深度（Depth）概念

2.7.1 强化对深度的理解

深度的概念将会一直伴随着 UI 的制作过程，是 UI 中一个非常重要的概念。我们在 2.5.3

小节中讲解 UIPanel 时已经讲解了深度的概念，这里我们再强化一下对深度的理解。在老版本的 NGUI 中，UI 的显示层次关系是依靠 z 轴进行的。在新版本的 NGUI 中，所有 UI 的 z 轴都被统一，然后用深度来决定和管理显示的层次关系。关于深度，我们要记住一下关键点。

（1）每一个 UIPanel 和每一个 UI 控件都一定会有一个 Depth，深度值大代表显示的优先级高（会越趋向于在界面更上层显示）。

（2）Depth 决定的是 UI 的显示层级关系，一个 UI 控件是否显示在最上层是由它所属的 Panel 的 Depth 和它本身的 Depth 决定的。一般情况下，属于低 Depth 的 Panel 的控件，不管这个控件本身的 Depth 为多少，它都将显示在高 Depth 的 Panel 的控件后面（被高 Depth 的 Panel 遮住）。

（3）尽量不要让 Panel 之间共享同一个 Depth，这样会导致性能消耗增加。

（4）制作 Panel 和 UI 控件时，记得考虑一下它所属的 panel 和它自身的 Depth 是否能让它显示在正确的层次关系上。

2.7.2　小心相机的深度

我们在场景中的每一个 Camera 也有一个渲染深度，如图 2.36 所示。

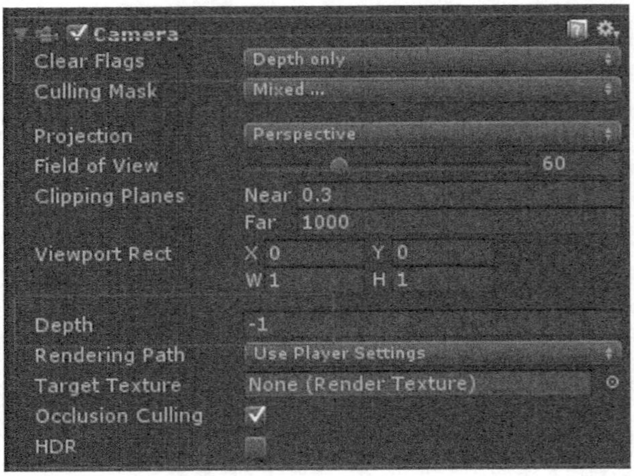

▲图 2.36

在前文中我们学习到 NGUI 创建时，都会创建一个它独有的相机。这个相机其实就是 Unity 中普通的 Camera，然后为其附加了一个 UICamera 的组件。需要注意的是，所有的 Camera 也都有一个 Depth，这个 Depth 会影响到 UI 中的 Depth，特别是场景有多个 Camera 来渲染不同层次的 UI 时，这个影响会比较大。具体我们得遵循以下这些规律。

（1）相机的 Depth 永远是最高级的，也就是高 Depth 相机所看到的画面，永远在低 Depth 相机所看到的画面之上。

（2）如果需要相机有视觉穿透效果（只渲染所看到的东西，其他地方透掉显示其他相机所看到的画面），需要将相机的 ClearFlags 设置为 DepthOnly。

（3）并不是只有负责渲染 NGUI 的相机的 Depth 会有影响，所有的相机（比如默认存在的渲染场景的 MainCamera）的 Depth 都受此规律影响。例如，如果将照射 UI 的摄像机的深度设为 0，然后将照射场景的相机深度设为 1，那么，将看到场景把所有的 UI 遮住。

（4）创建 UI 时，UIRoot 下生成的相机默认 Depth 是比场景中的相机深度高的，不过当场景内有多个摄像机时，一定要管理好每个摄像机的 ClearFlags 和 Depth。

（5）当场景内有多个摄像机时，一定要检查摄像机的 CullingMask 不要渲染重复的 Layer，否则可能导致显示双重画面。如图 2.37 所示，UI 画面被两个相机同时看到，显示了两份（因为两个相机所在的位置不一样，所以看到的大小会不一样）。

▲图 2.37

第3章　核心组件

3.1 什么是 UI 控件

UI 控件这个词是我们制作 UI 过程中经常碰到的一个词，那么到底什么是 UI 控件呢？具体来说，UI 控件是指一个界面中可以操控的元件，如按钮、输入框等。但是在开发游戏的过程中，一般来说 UI 控件可以指界面中所有的 UI 元件，包括精灵、贴图、标签、输入框、下拉列表、按钮等，大家不需要对这个概念深究，在使用 NGUI 时，凡是带有 Widget 参数（后文要讲）的组件都是控件。

3.2 制作精灵（UISprite）

3.2.1　怎样判断是否应该使用精灵

在一套 UI 中，精灵是一种非常常见的元件。当我们制作 UI 时，如果需要显示一张图片，需要先判断这个图片是否应该制作到图集里去，然后用精灵的方式去使用它，一般来说，可以遵循以下规律。

（1）首先说明一点，精灵是一个很基础的 UI 元件，经常不会独立使用，很多其他控件都会用到精灵，比如一个进度条，需要用到一个表示空槽的精灵，和一个上面走进度的条子精灵。所以，精灵有的时候并不是独立使用的。

（2）对于一些展示型的图片，不会变化，只是起一个展示作用，例如，一个界面上的一个小花纹装饰，如果它不大，它一般都是以精灵的方式去制作。

（3）如果要显示一个图片，它形状不规则，长宽不是 2 的 N 次方，那么一定要使用精灵。

因为 Unity 对非 2 的 N 次方的图片处理要慢很多。

（4）如果这个 UI 元件经常性地出现，那么最好使用精灵，因为，这样它就可以和图集一起被载入内存，并不用新增一个 DrawCall 去渲染它。

3.2.2 创建精灵

1. 第一种创建方式

首先，我们创建一个 3DUI（2DUI 也行，这个没有任何影响），然后选中 UIRoot，单击 Unity 顶部菜单中的 NGUI 菜单，选择 Creat，然后选择 Sprite，如图 3.1 所示。这样就能在 UIRoot 下面自动创建出一个带 Sprite 组件的物体，这就算创建成功了。

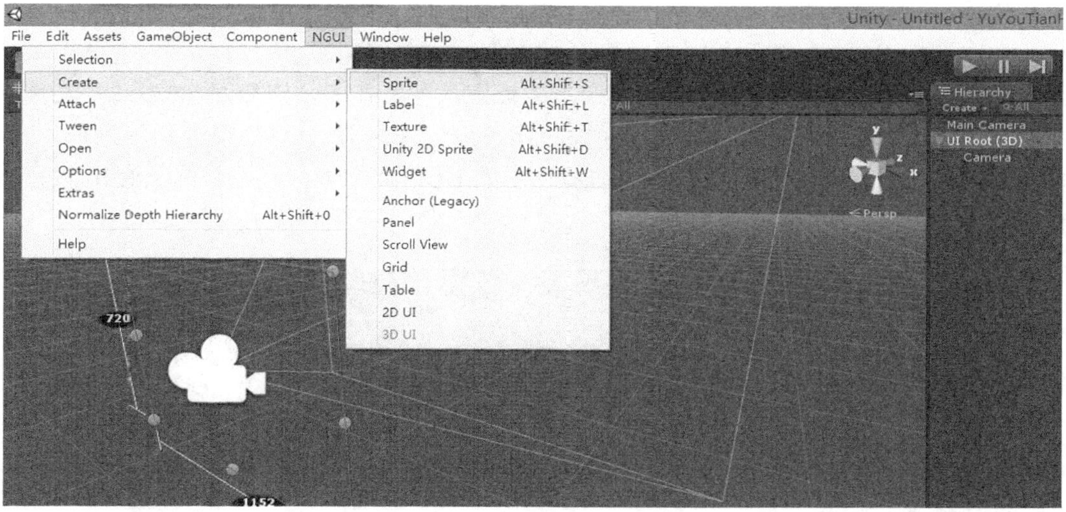

▲图 3.1

特别说明一下，NGUI 创建物体时会在你选中的那个 UI 物体（可视为一个节点）下进行创建，如果你没有选中任何的 UI 节点，它会默认在 UIRoot 下创建。创建出的 UI 控件的本地坐标都为 0（相当于 Reset 了一下，和父节点的位置保持一样），所以，使用 3DUI 的时候要注意，不要在 UIRoot 所附带的 Camera 下面创建 UI 元件，否则会导致 UI 和相机在一个位置，导致相机看不到。

2. 第二种创建方式

使用旧版本的创建方式，在 Unity 顶部菜单中选择 NGUI 菜单，选择 Open，选择 WidgetWizard(Legacy)，如图 3.2 所示。

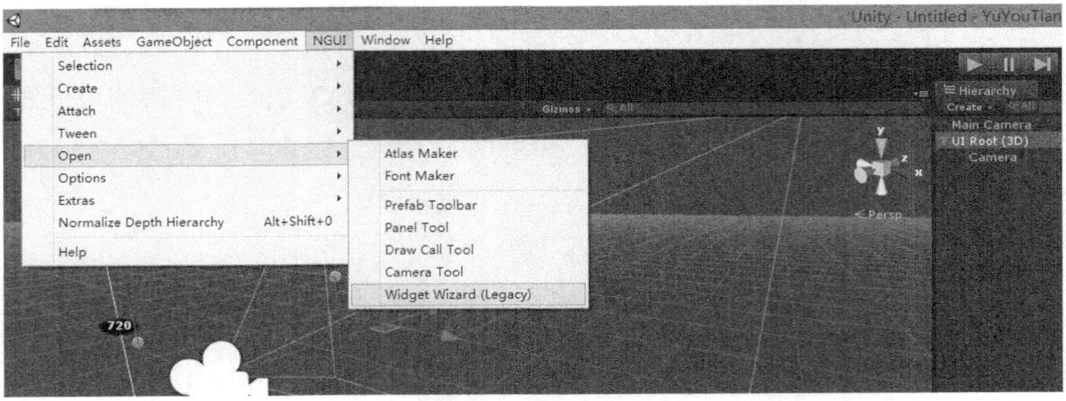

▲图 3.2

打开后，会弹出如图 3.3 所示的界面，其中选择想要创建的精灵所在的 Atlas，然后在 Template 中选择 Sprite，在 Sprite 栏单击会弹出你所设置的图集中的所有精灵，从中选择你要创建的精灵，Pivot 是精灵的锚点（中心点的位置，默认在图片中心点）。AddTo 是选择你要在哪一个 UI 节点下进行创建（可以通过拖动的方式将 UI 节点物体拖到这里来），这个 AddTo 的默认值是你在打开这个菜单之前所选中的 UI 节点物体。然后单击 AddTo 按钮，即可完成创建。

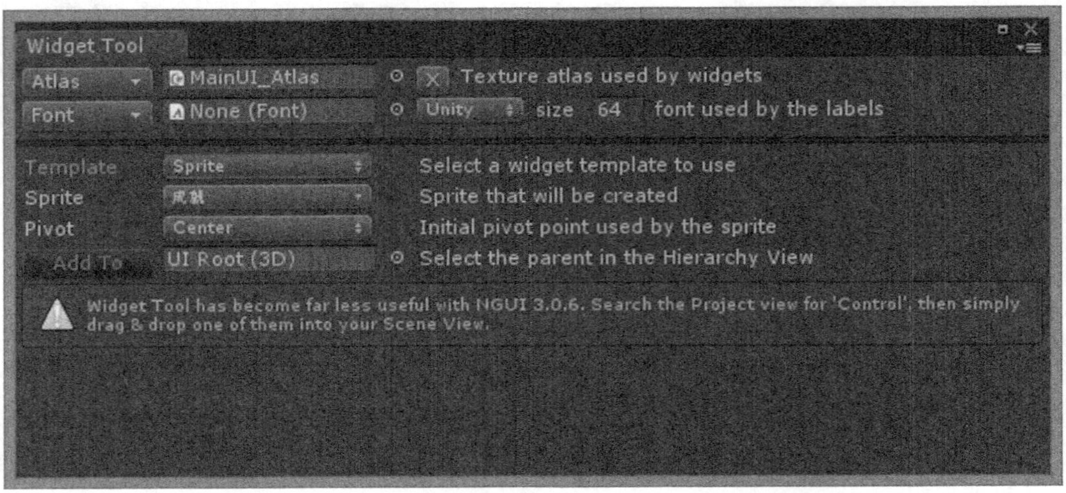

▲图 3.3

3. 第三种创建方式（不推荐）

这种方式是不用 NGUI 的菜单来创建，通过 Unity 的空物体，然后为其附加相应组件来自制 UI 控件。

首先在 Unity 顶部菜单中选择 GameObject，然后选择 CreatEmpty，这样就在场景中创建了一个空物体，然后将它的名字改为 Sprite（这个物体的名字可自由定义），再将这个空物体拖动到 UIRoot 下，使它成为 UIRoot 下的一个子物体，将这个空物体的 transform 组件 Reset 一下，这样这个物体就和 UIRoot 根节点保持一样的位置了。然后将这个空物体的 Layer 改为和 UIRoot 的 Layer 一样，否则 UI 摄像机将无法渲染它。在这个空物体的 Inspector 面板中，单击 Add Component 按钮，选择 NGUI，选择 UI，再选择 NGUI Sprite，就为这个空物体附上了 Sprite 组件，如图 3.4 所示。

▲图 3.4

我们在这个 Sprite 组件中单击第一行的 Atlas 按钮，选择要创建的精灵所在的图集，然后单击第二行的 Sprite 按钮，会弹出这个图集所有的精灵预览界面，从中选择所要的精灵。到此为止，精灵就自制完成了。

关于创建精灵的方式我们就介绍这 3 种，它的核心就是要为一个物体附加一个 Sprite 的组件。在制作过程中需要注意创建 Sprite 的节点，也就是它应该在什么物体下创建，这个涉及 UI 结构的设计，我们在后面会详细讲解。

3.2.3 Sprite 组件的设置

我们参照图 3.4 所示的组件面板进行讲解。在 Sprite 组件面板中，可以设置如下的一些参数。

（1）Atlas。单击 Atlas 按钮将会弹出图集选择界面，如图 3.5 所示，可以选择要使用哪一个图集（如果弹出的图集选择界面没有我们要的图集，记得单击该面板中的 ShowAll 按钮）。

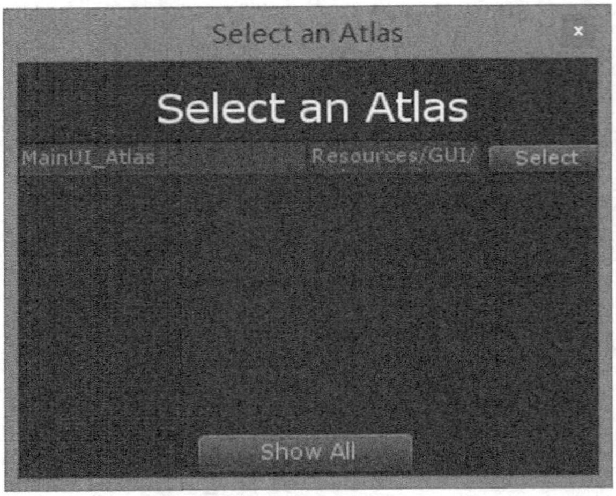

▲图 3.5

（2）Sprite。单击 Sprite 按钮，将会弹出该图集所拥有的精灵的预览界面，我们只需要在其中找到需要的精灵，然后双击，就完成了设置。

（3）Type 和 Flip。在这里 Type 有 5 个选项：Simple（普通类型）、Sliced（切片类型）、Tiled（平铺类型）、Filled（填满类型）、Advanced（高级类型）。Flip 选项是翻转选项，相应的 Type 下有不同的设置。

- Simple

这种类型下，图片会正常显示出来，图片是什么样它就是什么样显示。当我们将一个精灵的尺寸拉大时，它会以原图拉伸（可能会导致原图发生形变）的方式来完成，如图 3.6 所示，我们将精灵的大小通过拉动四周的蓝色锚点拉大，精灵就被拉伸了。

在这种类型下，Flip 有几个选项，分别是：Nothing（不翻转）、Horizontally（水平翻转）、Vertically（竖直翻转）、Both（既水平又竖直翻转）。

这里的翻转和 Photoshop 中的图片翻转是一个意思，如图 3.7 所示。

- Sliced

切片风格，这种类型知识量比较大，和九宫格的制作联系比较紧密，所以在后文讲解九宫格的制作时，会详细讲解。

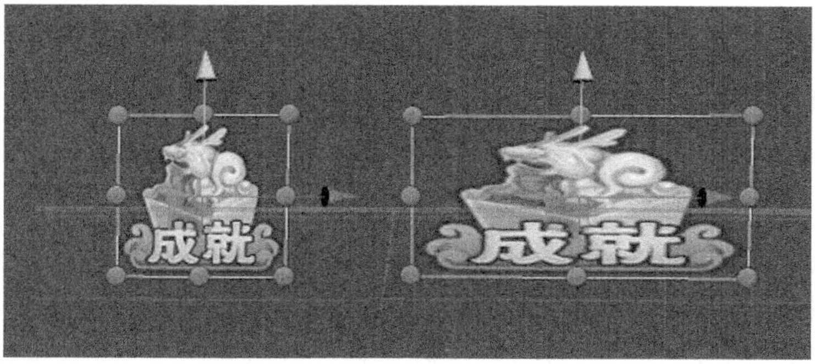

图 3.6

▲图 3.7

- Tiled

平铺类型，选择了之后，精灵尺寸会保持原来的尺寸不变，然后将精灵的尺寸拉大时，精灵会以平铺的方式来填充，并不会以拉伸的方式来填充。如图 3.8 所示，我们将精灵的大小通过拉动四周的蓝色锚点拉大，精灵变成了平铺模式。

▲图 3.8

- Filled

填满模式，这种模式可以设置图片填充一块区域的方式，例如，技能 CD 时技能图标前面有一层灰色的图片蒙住，这个灰色的图片要顺时针旋转消失，一一直到转完为止灰色的蒙层彻底消失、图标恢复正常表示 CD 完成。

在 Filled 模式下，会多出 Fill Dir、Fill Amount、Invert Fill3 个设置项。其中 FillDir 是指选择填充的方式，默认为 360° 填充。Fill Amount 可以设置填充的比例，默认为 1 全部填充。InvertFill 是设置填充的方向，不勾选是正方向，勾选是反方向。

如图 3.9 所示，图中 1 部分 FillDir 设置为 Horizontally 水平填充，FillAmount=0.5，InvertFill 不勾选默认为从左至右为正方向，图片相当于从左往右水平填充了 0.5，也就是 50%

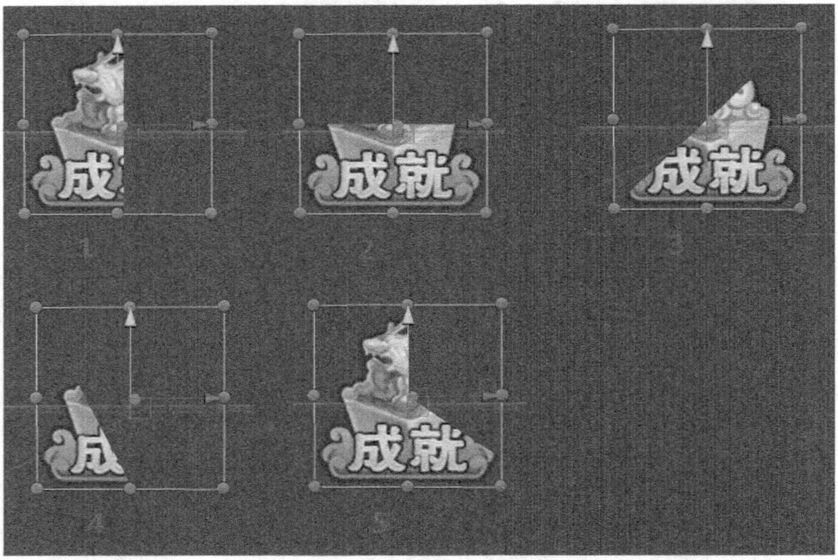

▲图 3.9

图中 2 部分为 FillDir 设置为 Vertically 竖直填充、FillAmount=0.5，InvertFill 不勾选默认从下至上为正方向，图片相当于从下往上竖直填充了 0.5，也就是 50%。

图中 3 部分 FillDir 设置为 Radial90 填充（90° 旋转填充）、FillAmount=0.5，InvertFill 不勾选默认从右下角到左上角 90° 旋转为正方向，图片相当于从右下角到左上角旋转填充了 0.5，也就是 50%。

图中 4 部分 FillDir 设置为 Radial180 填充（180° 旋转填充）、FillAmount=0.25，InvertFill 不勾选默认从左下角到右下角 180° 旋转为正方向，图片相当于从左下角到右下角 180° 旋转填充了 0.25，也就是 25%。

图中 5 部分 FillDir 设置为 Radial360 填充（360° 旋转填充）、FillAmount=0.65，InvertFill 不勾选默认为逆时针 360° 旋转为正方向，图片相当于以中心点为中心逆时针旋转填充了 0.65，也就是 65%。

- Advanced

高级设置因为比较复杂，将会在后面讲九宫格的时候详细讲解。

（4）Widget 模块。

Widget 模块是 NGUI 的控件组件都具有的一个模块，如图 3.10 所示。该模块的参数设置如下。

图 3.10

- Color

通过这里可以整体改变控件的颜色和透明度，改变颜色的规则为：原色值乘以这里设置的色值（Unity 中，会把 RGB 色值从 0～255 转变为 0～1 的一个浮点数）。

我们单击这个白色区域会弹出调色板，如图 3.11 所示。可以随意地在这里设置控件的颜色值和透明度。

值得注意的是，如果通过这个控件改变了透明度，那么这个物体的子物体的控件透明度也会跟着被改变。

- Pivot

锚点设置，默认为中心点。通过这一排按钮可以设置出左上、顶中、右上、中左、中心、中右、左下、底中、右下一共 9 个点。

这个锚点设置，改变的是图片的中心点位置，这个 UI 控件和其他 UI 控件之间的相对位置就是以这个点作为标准的。

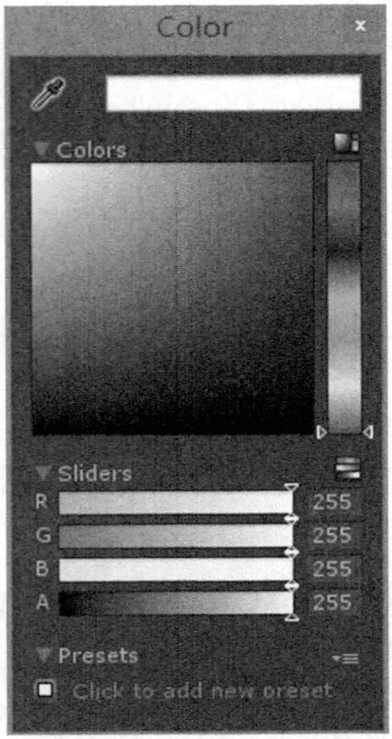

▲图 3.11

- Depth

深度设置，前文已经详细讲过。可以通过单击 Back 和 Forward 来减 1 和加 1，也可以直接输入一个深度数字来完成设置。

- Dimensions

尺寸，这里指的是控件的像素尺寸。单击 Snap 可以将图片的像素尺寸直接设置为原大小（这个图片被改成图集之前的图片大小）。

- AspectRatio

宽高比，AspectRatio 后面的数字为当前该控件的宽高尺寸比例。后面有一个模式选择按钮，默认为 Free，可为图片随意设置高和宽。这里除了 Free 以外，还有两个模式：以宽为基础、以高为基础。如果选择以宽为基础，那么图片的高度设置不论怎么设置都无效，都会以宽度和当前的宽高比计算得出。同理，如果选择了以高为基础，那么图片的宽度就无法被设置，它的宽度都会以高度和当前的宽高比计算得出。

（5）Anchors 模块。

这个模块是控件位置适配的锚点设置，在后面讲解屏幕自适应时会详细说明。

3.3 制作标签（Label）

3.3.1 怎样判断是否应当使用标签

当游戏中出现需要程序输出文字的地方，就要使用标签。例如，物品的名字千变万化，无法提前预知有哪些名字，就需要程序人员做一个 Label 来动态显示物品的名字。

3.3.2 创建标签

标签的创建方式也多种多样，具体和 Sprite 的创建差不多，这里就不浪费篇幅讲解了。一般来说，可以直接在 Unity 顶部选则 NGUI 菜单、选择 Creat、选择 Label，即可创建一个 Label。

3.3.3 Label 的文字设置

Label 组件的 Inspector 面板如图 3.12 所示，我们来了解一下它的各项设置。

1. 设置字体

如果新创建的 Label 的组件面板为一片灰色（不可设置）的话，说明还没有设置字体。单击图 3.12 中 Unity 按钮，会弹出两个选项：NGUI 和 Unity，如果希望使用 NGUI 的静态字体，则选择 NGUI；如果希望使用动态字体，则选择 Unity。

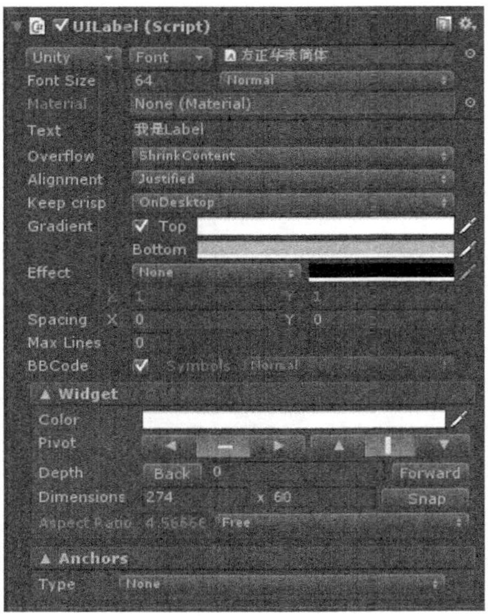

▲图 3.12

然后单击 Font，如果之前选择的 NGUI，那么这里会弹出所有的静态字体以供选择。如果之前选择的是 Unity，那么这里将会弹出所有的动态字体文件，以供选择。

如果在其中没有找到你制作或者导入的字体，记得单击 ShowAll。

2. 设置字号

可以在 FontSize 中设置我们希望文字的字号大小。但是文字真正显示出来的大小还要受 overflow 设置的影响（下面讲解）。

在动态字体模式下（选择的 Unity 中导入的字体文件），FontSize 后面有一个字体模式的设定，默认为普通状态。其中可以设置字体为：Bold（加粗）、Italic（斜体）、BoldAndItalic（加粗并斜体）。

3. 设定字体内容（Text）

我们可以在 Text 选项中，输入需要它显示的文字，支持回车换行。

4. Overflow 充满设置

要小心这个设置，因为字体虽然设置了字号，但是每一个 Label 其实依然是一个控件，它也有尺寸。如果字体的字号大小导致字体超出了这个控件的尺寸，这里的 Overflow 设置就会对字体进行处理。

- ShrinkContent

收缩内容。默认为这个选项，意思为不管字体的字号设为多大，只要它超出了这个控件的尺寸，就将文字缩小到尺寸范围内。

- ClampContent

选择这个设置意味着如果文字的字号大小导致文字超出了控件的尺寸，就将不显示文字。

- ResizeFreely

选择这个设置意味着不管控件多大尺寸，只要文字字号设定了，文字会保持这个字号应有的大小，然后控件会自动依照文字的大小调整宽高尺寸。

- ResizeHeight

选择这个和 ResizeFreely 类似，只不过这个选项只会去自动调整控件尺寸的高度，并不会让控件尺寸的宽度变大。

5. Alignment

这里是设置对齐方式，一共有：Auto（自动，一般会设为居中）、Left（左对齐）、Right（右对齐）、Center（居中）、justfied（调整，会自动变换）。

这里的对齐和居中的参照标准是控件的尺寸，也就是说左对齐，其实是对齐到这个 Label 控件的最左边。如果选择了 justfied，那么文字会在控件尺寸缩小到一定范围时，自动增大文字的间距来使文字刚好充满它。

6. Keepcrisp

字面翻译为保持脆性，默认为 OnDesktop。如果选择 Always，则当字体缩小时会变模糊，一般情况我们必须要去设置它。虽然能带来一些性能优化，但是非常渺小。

7. Gradient

梯度，可以理解为字体的渐变，默认为勾选状态。如果勾选，则字体从上到下会有一个渐变，在后面 Top 和 Bottom 两个色板中可以设置上部分和下部分渐变的颜色。如果不选择这个选项，那么字体将不再有渐变色，Top 和 Bottom 将不可用，此时字体的颜色将完全地以该控件的颜色为准。

8. Effect

字体的效果设置，一共有 3 个选择：None（无效果）、Shadow（阴影效果）、Outline（描边效果）。如果选择了阴影或者描边效果，可以在后面的色板中设置阴影或者描边的颜色，并可以在下面的 X 和 Y 中设置阴影和描边的 XY 厚度（约等于像素单位）。

9. Spacing

字体间距，可以设置 X（字间距）和 Y（行间距）的间距。

10. Maxlines

最大行数。后面的 BBcode 选项可以不用管。

11. Widget 和 Anchors

Widget 在 Sprite 精灵的讲解中已经讲过，这里是完全一样的。Anchors 在后文讲适配的时候一起讲。

3.4 制作 UI 纹理（UITexture）

3.4.1　什么情况下使用 UITexture

UITexture 的功能是在屏幕上显示一张图片，在这一点上它和 Sprite 有着相似的功能，但是 UITexture 会消耗单独的 DrawCall 去渲染，并会单独加载进内存，所以，会增大性能的开销。当我们判断是否应该使用 UITexture 时，可以遵循以下规律。

（1）当图片过大，不适合成图集时，可以使用 UITexture，此时要尽量保证图片的宽高是 2 的 N 次方（宽高不必相等，不过在 iOS 平台下必须宽高相等才能支持压缩）。

（2）当图片尺寸为 2 的 N 次方，但出现频率不高时，可以使用 UITexture。例如，游戏的 Logo，一般出现它都是在游戏开始的时候偶尔出现一下，此时可以使用 UITexture。

（3）修改更换特别频繁的图片，为了减少每次更新维护的麻烦，可以考虑使用 UITexture。

（4）如果图片很小，尽量将图片放入图集通过精灵的方式使用。

3.4.2　创建纹理

UITexture 的创建方式和 Sprite、Label 等一样，通过 Unity 顶部的 NGUI 菜单，选择 Creat 进行创建。其他创建方式就不做介绍了。

3.4.3　纹理的设置

UITexture 的 Inspector 组件设置界面如图 3.13 所示，我们来了解一下 UITexture 组件的各项设置。

1. Texture

纹理设置，将要显示的贴图文件拖到此处即可完成设置。

2. Material

材质设置，一般不用去设置它，如果有特殊材质需求可以拖到这里来。

3. Shader

着色器设置，默认为带透明的颜色贴图着色方式，如果有特殊的着色需求，可以将其 Shader 拖到这里，不过，一些特殊的 Shader 将大幅增加性能开销，要谨慎使用 Shader。

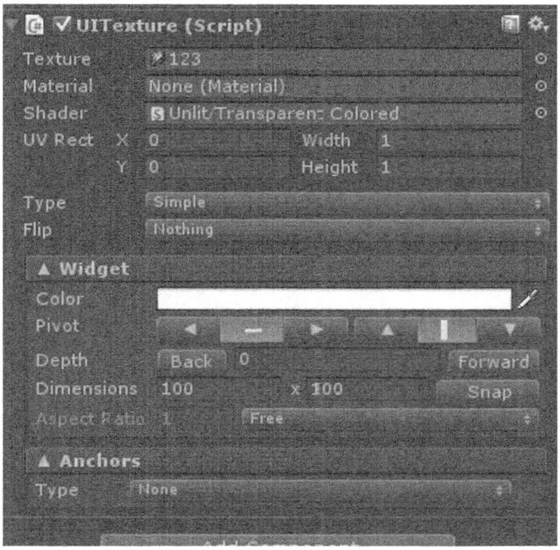

▲图 3.13

4. UVRect

UV 矩形的设置，如果在 width 和 height 中各填为 2，那么将会是 4 张纹理拼在一起。如图 3.14 所示，一般游戏开发中，这个 UVRect 都不需要进行设置。

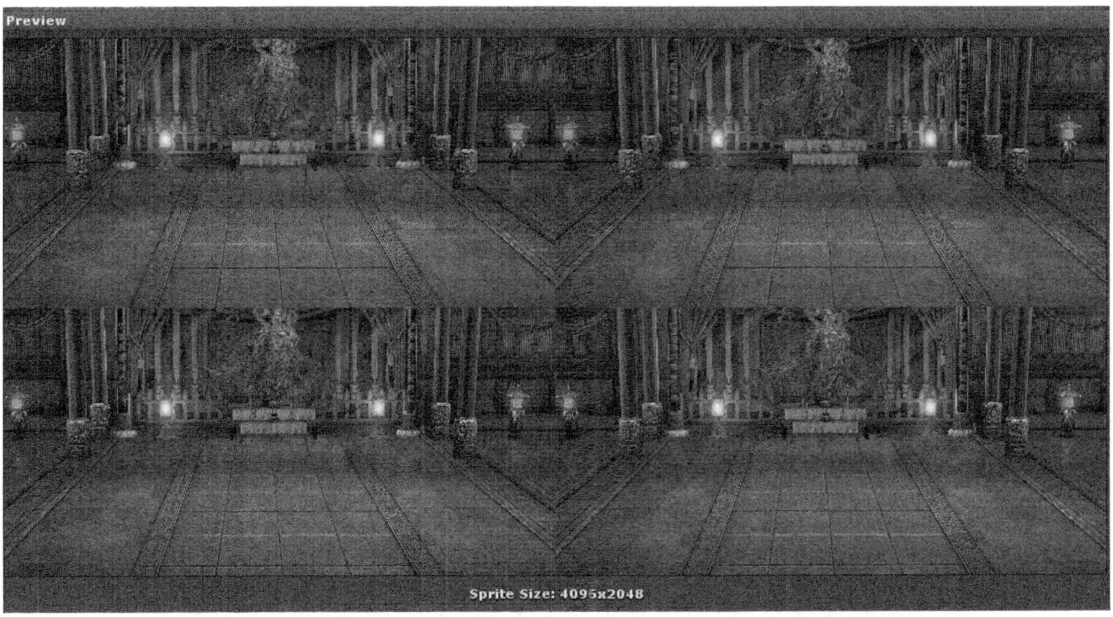

▲图 3.14

5. Type/Flip

这个和 Sprite 一样，请参看前文对 Sprite 的讲解。

6. Widget/Anchors

略。

3.5 制作按钮（Button）

3.5.1 怎样判断应该使用按钮

按钮是我们制作 UI 过程中最核心、最重要的控件之一，在一个游戏中，按钮是用户操作最依赖的控件之一，几乎无处不在。按钮的核心作用就是：能接收我们的单击事件，然后触发一个响应事件。

当我们在判断是否应该使用按钮时，可以先了解按钮的核心作用。

（1）按钮能接收单击并触发响应事件。

（2）按钮被单击时能同时触发多个响应事件。

（3）按钮可以有普通、悬停、单击、禁用等多个状态的不同表现。

（4）不用去区别一个按钮是普通 Button 还是 ImageButton，在新版 NGUI 中这俩已经合并，只有一种 Button 了。

（5）广泛的说，按钮的核心在于接收事件，任何可以接收用户操作事件的，都可以称之为按钮。

图 3.15 展示了一些按钮的案例。

▲图 3.15

3.5.2 创建按钮

在旧版本的 NGUI 中，按钮分为了两种按钮：普通 Button（在一个背景底板上面写有按钮的文字）和 ImageButton（按钮是一张纯图片，并且不同状态可以变为不同的图片）。旧版本中的按钮创建方式也是由 WidgetWizard 来创建。但是，将普通的按钮和 ImageButton 分开并不是很科学，因为在游戏开发过程中，这两种按钮的应用太广泛了，每次都需要去区分创建普通 Button 和 ImageButton 是一件很麻烦的事。所以，在新版本的 NGUI 中，普通 Button 和 ImageButton 合并了。

创建按钮，可以用以下任一种简单的方式。

（1）创建一个 Sprite，这个 Sprite 将会是按钮的外形。

（2）选中创建的这个 Sprite，然后在 Unity 顶部菜单中选择 NGUI、选择 Attach、选择 Collider。

（3）选中创建的这个 Sprite，然后在 Unity 顶部菜单中选择 NGUI、选择 Attach、选择 ButtonScript。

我们可以用 Label、Texture 等其他控件来代替 Sprite 去制作一个按钮，方法一模一样，并不一定非要以 Sprite 作为基础进行创建。只是用 Sprite 制作按钮在游戏开发中更为普遍，所以以它作为例子。

如果需要在创建好的这个按钮上写上文字，例如，“确定”、“取消”等，只需要选中这个按钮，然后在它下面创建一个 Label，并写上“确定”即可，注意，Label 的深度要高于这个按钮的深度，这样就完成了一个“确定”的按钮。

小提示，创建出来的 Sprite 记得单击 Snap，让它回归到原尺寸大小，然后再去等比例调整它的大小，这样可以尽量减少图片的形变。

3.5.3 核心组件 BoxCollider

首先，按钮要接收单击事件，必须要有一个控件形态，它可以是 Sprite、Label、Texture 等。至于这个组件的使用，我们前文讲过了，就不浪费篇幅多讲了。我们直接讲解按钮的另外两个核心组件。

1. 核心组件：BoxCollider

BoxCollider 是一个物理组件，准确地说是一个物理碰撞盒，所有的需要接收外部输入事件的（如单击、拖动等）UI，都需要拥有一个 BoxCollider，这个 BoxCollider 代表的是响应事件的范围。如果没有 BoxCollider，那么这个控件无论如何都无法接收到外部事件，这是 NGUI 的一个底层原则。

既然 BoxCollider 代表的是接收事件的响应范围，那么，如果我们将一个按钮的 BoxCollider 大小设为全屏幕，则单击屏幕上任何一个地方，都相当于单击了这个按钮。

我们可以通过上一节讲的 Attach 方法自动生成一个 BoxCollider，也可以通过 Inspector 面板中单击 AddCompent 手动附加一个 BoxCollider。区别在于：通过 NGUI 菜单 Attach 的 BoxCollider 的大小，会自动刚好包围控件的范围，而手动创建的 BoxCollider，大小需要手动去调整。

BoxCollider 的组件设置如图 3.16 所示，图 3.16 中按钮的边框变成了一个绿框，这个绿框就是 BoxCollider 的包围框，只要在 Inspector 面板中展开 BoxCollider 的组件，就能看到这个绿框，如果 Inspector 面板中 BoxCollider 组件的设置菜单被收起来了，则不会出现这个绿框。

在 BoxCollider 中，我们可以看到它的设置很简单，先来熟悉一下它的设置。

（1）Is Trigger。

是否打开触发器，这个设置对于 NGUI 没什么用，它打开的作用是可以通过物理碰撞触发事件（如相撞爆炸等）。

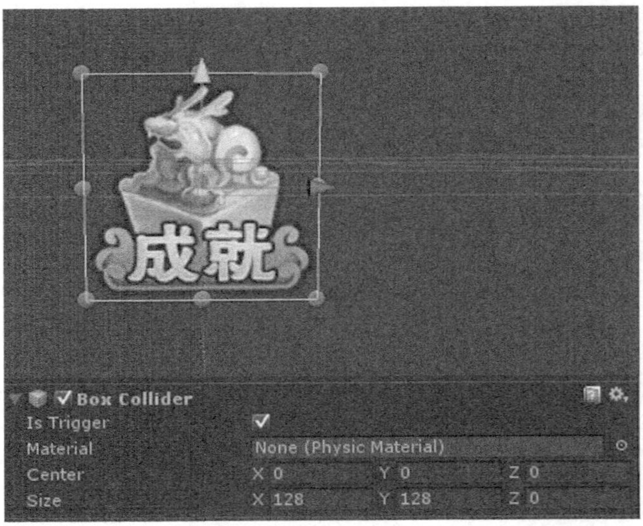

▲图 3.16

（2）Material。

材质设定，这里设定的是物理材质，对 NGUI 也没有什么用，它的作用是为这个碰撞盒包围的物体设定一个物理的表面，例如，一块地面是草地、还是木板、还是金属。

（3）Center。

中心位置的偏移。BoxCollider 都有一个中心点，这里的 Center 就是设置它的中心点相对于控件的中心点的偏移，是一个相对量，所以需要注意一点：BoxCollider 的这个 Center 会受到控件本身的 Pivot 中心点设置的影响。如图 3.17 所示的 BoxCollider 的 Center 偏移量为（0，0，0），但是，因为控件的 Pivot 将中心点设置为了右上角的点，所以形成了图 3.17 所示的情况。

▲图 3.17

（4）Size。

尺寸设置。这是一个非常重要和常用的设置，经常配合 Center 设置一起使用，以此来调整控件响应区域的大小和位置。例如，假设我们要做一款手机游戏，在屏幕中有一个很小的关闭按钮，经常导致玩家点不中它，我们就可以依靠设置 Size 来将它的响应区域变大，这样玩家只要单击到关闭按钮周围的区域，都能触发关闭按钮的响应事件。值得注意的是，这里 Size 的 Z 值在 UI 中是几乎没有用的，X 和 Y 的值都是以像素为单位。

需要注意的是，BoxCollider 一般需要依赖于一个非空的、实质的物体，例如，如果这个 BoxCollider 物体身上没有控件（Sprite、Label、Texture 等），只有一个孤零零的 BoxCollider，那么在大部分情况下，这个 BoxCollider 是无法接收事件的。

另一个核心组件如 3.5.4 节所讲。

3.5.4　核心组件 UIButton

首先我们要明确的是，UIButton 并不是一个按钮的必须组件，也就是说，没有 UIButton 时，我们也能完成一个按钮。只要这个控件上有 BoxCollider，我们就可以在脚本中通过 OnClick()、OnHover()等事件监听函数去触发一个响应事件。那么，UIButton 的价值到底是什么？什么情况下使用 UIButton？UIButton 有以下一些重要的用途。

（1）可以设置不同状态下的颜色，比如普通状态、单击状态、鼠标光标悬停状态、禁用状态，可以有不同的颜色来表示。

（2）可以设置不同状态下的图片，这就是所谓的 ImageButton，比如我们希望图片 A 在鼠标光标悬停在上面时，变成图片 B。

（3）可以很方便地被动态赋予响应事件并分发事件。也就是说，我们可以临时地在 A 物体身上的脚本里动态让 B 按钮拥有一个或者很多个完全不同的响应事件。以前的旧版本 NGUI 中，都是用 EventListener 来实现，新版本中将会更加方便和快捷。

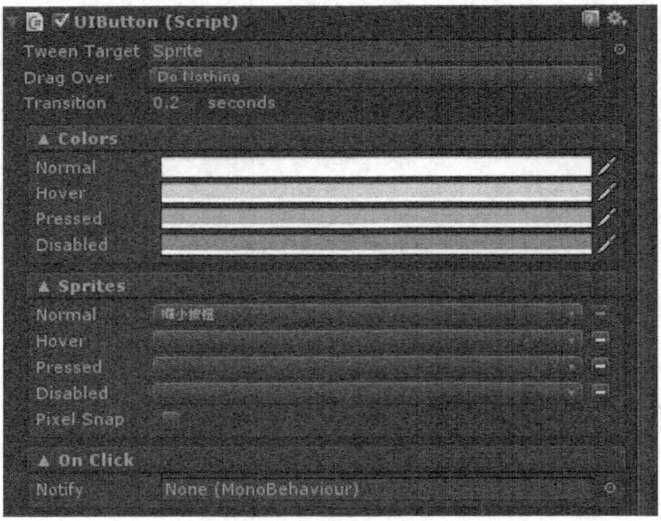

▲图 3.18

我们来了解一下按钮组件的设置，UIButton 按钮组件的 Inspector 面板设置界面如图 3.18 所示。

（1）TweenTarget。

动画目标，默认为按钮自己。按钮在光标悬停时变色、被单击时变换图片等，都是动画。绝大部分情况下，这个设置都需要设为自己（默认就是按钮自己）。

（2）DragOver。

拖动结束事件，默认为 Do Nothing。这里有两个选项：Do Nothing 和 Press。之所以有这个选项，是因为按钮在被拖动时，有一个事件的交叉：如果我们拖动一个按钮，那么不仅仅拖动了它，同时也按下了它。这个设置的目的就是，定义它被拖动结束后，是否还执行按下事件。

（3）Transition。

过渡时间。这里是动画过渡的时间，例如，我们设定按钮在鼠标光标滑过时，要变黑，这个设置就是设置它在光标滑过时由正常到变黑的时间，

（4）Colors 模块。

这里是改变颜色，可以设置在不同状态下按钮的颜色和透明度。一共提供了 4 种状态可设置：普通状态、按钮被鼠标光标滑过时的状态、按钮被按下的状态、按钮不可单击时（BoxCollider 被禁用）的状态。设置颜色的方式前文已讲过，就不再赘述。

（5）Sprites 模块。

这里是精灵设置模块，也就是整合进来的 ImageButton 模块。值得注意的是，如果制作按钮时不是使用一个精灵控件作为基础制作的，那么将不会有这个模块。例如，我们为一个 Texture 附加 BoxCollider 和 UIButton 来制作按钮，此时 UIButton 组件就不会有这个模块。

在这里可以设置按钮在不同的状态下显示什么样的图片。一共支持 4 种状态：普通状态、按钮被鼠标光标滑过时的状态、按钮被按下的状态、按钮不可单击时（BoxCollider 被禁用）的状态。

当我们通过 Sprite 制作一个按钮时，我们创建的 Sprite 会默认出现在 Normal 设置中，然后任何状态下，按钮图片都是这个精灵不会再变化。

如果我们需要按钮在不同状态下进行变化，我们可以分别对每个状态需要显示的精灵进行设置，设置的方法为单击状态名称的按钮，会弹出图集中所有精灵的预览（图集是 Normal 状态显示的精灵所属的图集）。

如果我们要取消一个状态下显示精灵的设置，可以单击该状态后面的小减号。但是，普通状态下的精灵无法被取消，当其他状态没有设置精灵时，将会默认显示普通状态的精灵。

PixelSnap 是指保持原像素尺寸，当我们设置了不同状态下显示不同的 Sprite 时，只有勾选了这个框，才会让显示的不同的 Sprite 都以原像素尺寸显示。如果不勾选，则所有状态下的 Sprite 都会统一以这个按钮控件（制作按钮时所用的 Sprite）的尺寸大小进行显示。

（6）OnClick。

这里是设置按钮响应单击事件的地方。我们设置按钮响应事件时可以通过以下操作。

将该按钮要响应的事件函数的脚本所在的物体拖入到 Notify 中，然后该物体的名称就会出现在 Notify 的设置框中，会自动出现该物体下所有脚本中的 Public 函数，然后选择要按钮响应的那个函数即可。

也就是说，在这里可以让按钮响应任何一个物体身上的、任何一个脚本的、任何一个 Public 函数。

在这里当你设置了第一个响应事件之后，会自动弹出第二个响应事件的设定，也就是说，通过这里的设置，可以让按钮被单击之后响应任何多个事件，如图 3.19 所示。

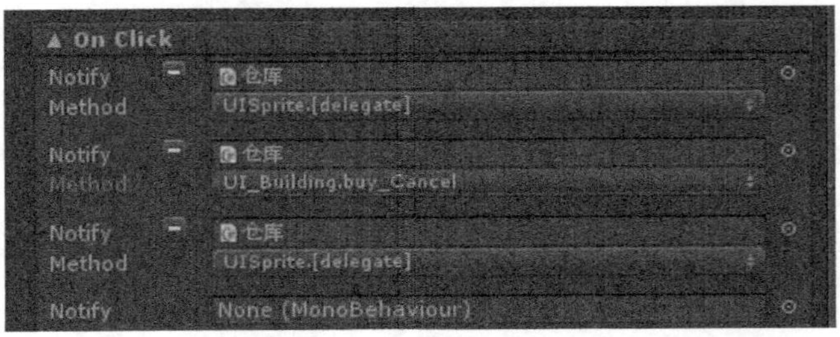

▲图 3.19

3.5.5 制作按钮的放缩动画

如果我们希望单击按钮时，按钮会有一个放缩动画（如突然变大并蹦一下），我们可以单击 AddCompent、选择 NGUI、选择 Interaction，在里面找到 ButtonScale 脚本，附加到按钮物体上，如图 3.20 所示。

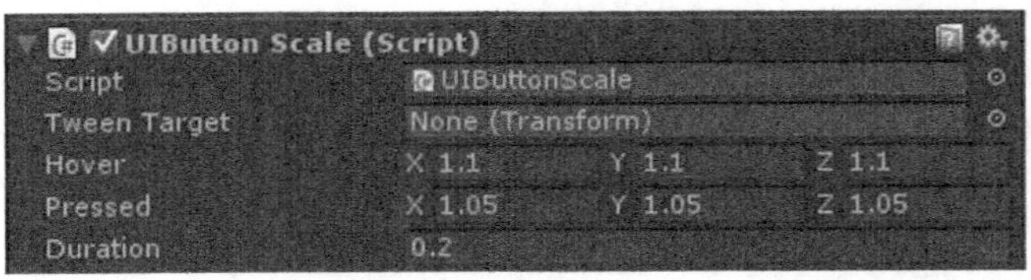

▲图 3.20

ButtonScale 的核心作用就是控制按钮的放缩动画，我们来了解一下它的设置。

（1）Script。

这个是它所调用的脚本，我们不用管，它会自动定位好。

（2）TweenTarget。

这个是它所控制的动画作用的目标物体，我们不用管。在运行时，它会自动设定为当前所属的按钮物体。

（3）Hover。

当鼠标光标划过时，按钮控件的大小变化。

（4）Pressed。

当按钮按下时，按钮控件的大小变化。

（5）Duration。

完成缩放动画的时间，以秒为单位，默认为 0.2 秒完成。

需要注意的是，这个组件一般只用于按钮，如果非按钮要做动画，请参看后文讲解的 Tween 动画制作。

3.5.6 制作按钮的偏移动画

如果希望按钮有一个偏移动画，例如，单击按钮时按钮会向右下方蹦一下，我们可以为按钮制作一个偏移动画。方法和制作缩放动画类似，在 AddCompent 菜单中，选择 NGUI、选择 Interaction，然后找到 ButtonOffset，附加到按钮上。

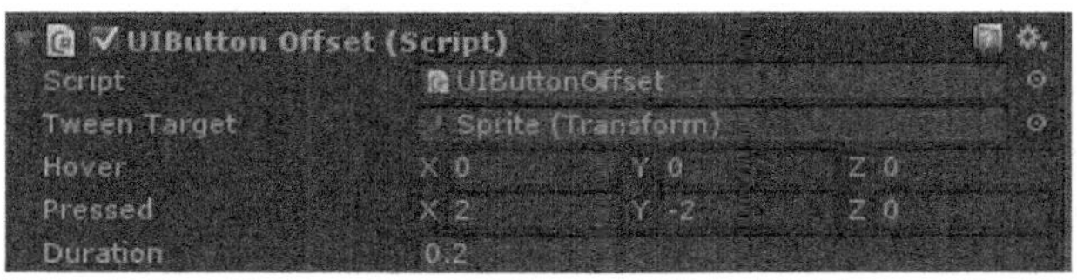

▲图 3.21

图 3.21 就是 ButtonOffset 组件的设置界面，我们来了解一下它的设置。

（1）Script、TweenTarget 和 ButtonScale 组件一模一样，都不用管这俩设置。

（2）Hover。

按钮在鼠标光标滑过时的位置偏移。这里偏移的是相对坐标。

（3）Pressed。

按钮在按下时的位置偏移，这里也是相对坐标。

（4）Duration。

持续时间。

3.5.7 制作按钮的旋转动画

如果我希望按钮在被单击时能旋转一下，就可以为按钮制作一个旋转动画，方法和制作缩放偏移动画一模一样，旋转动画的脚本是 ButtonRotation。具体设置和其他动画类似，这里就不多赘述了。

3.5.8 添加按钮单击音效

在游戏开发中，一般情况下我们都需要为按钮增加单击音效，为按钮添加音效的办法很简单，可以在 AddCompent 中，选择 NGUI、选择 Interaction，然后将 PlaySound 组件附加到按钮上。

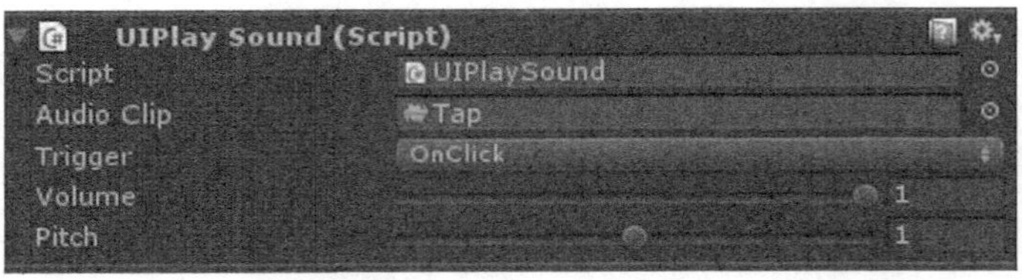

▲图 3.22

图 3.22 是 PlaySound 组件的设置界面，我们来了解一下它的设置。

（1）AudioClip。

音效的源文件，将音效文件拖到此处即可。

（2）Trigger。

触发模式，就是在什么情况下触发音效，默认为 OnClick。这里给了以下几种模式：OnClick（单击触发）、OnMouseOver（鼠标光标移上来）、OnMouseOut（鼠标光标移开触发）、OnPress（按下触发）、OnRelease（释放触发）、Custom（自定义触发，即脚本中控制触发）。

（3）Volume。

音量大小，为 0 到 1 之间的一个浮点数。

（4）Pitch。

音调，也为 0 到 1 之间的一个浮点数。

3.5.9 任何事物都可以变成按钮，不仅仅是 UI

利用按钮的原理，可以将任何事物变成一个按钮。下面举个例子：我们把一个三维模型变成按钮，让它可以接收事件。

首先，我们单击 Unity 顶部菜单的 GameObject，选择 Creat、选择 Cube 创建一个立方体模型（也可以从外部导入模型文件，这里为了讲解方便，直接采用简单的立方体）。为了让它看得更清楚，可以加一个灯光，创建好之后如图 3.23 所示。

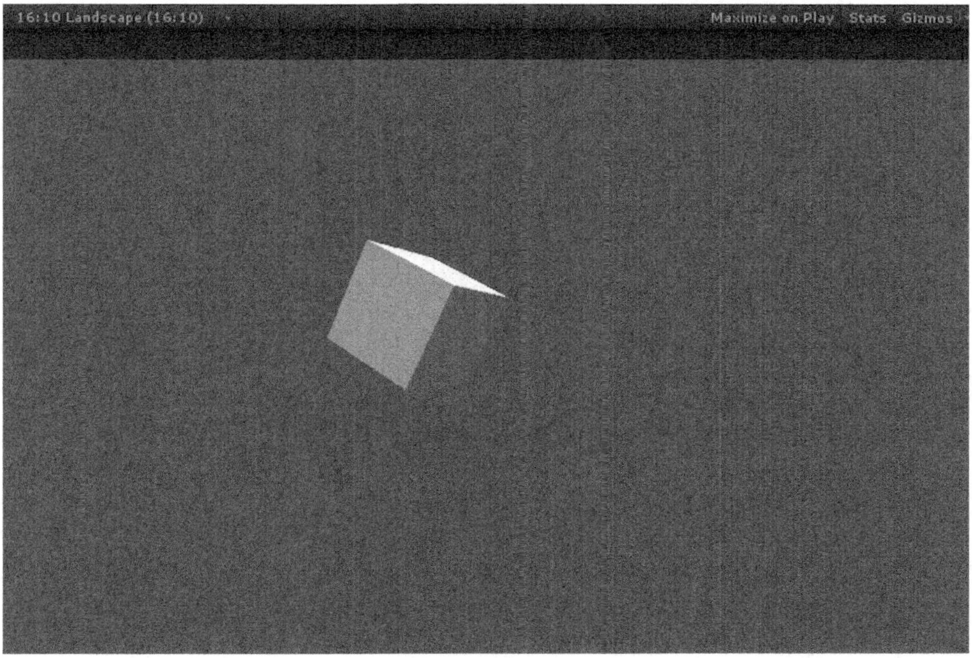

▲图 3.23

然后我们要进行如下的关键步骤。

1. 让摄像机能够监听事件

根据前文所讲，只有带有 UICamera 组件的摄像机照射到的物体，才能接收事件响应。我们可以看到这个 Cube 是由场景中 MainCamera 渲染出来的，我们先为 MainCamera 附加一个 UICamera 组件。

选中 MainCamera，在 Inspector 面板中单击 AddCompent 按钮，选择 NGUI、选择 UI，然后选择那个 NGUI Event System，这个组件就是 UICamera 组件。这样我们就为主摄像机附加了 NGUI 的事件监听。

2. 为 Cube 附加按钮的关键组件 BoxCollider

选择 Cube，首先为其附加一个 BoxCollider。可以通过 AddCompent 按钮选择 Physics，然后 BoxCollider（也可以通过 Unity 顶部 NGUI 菜单去 Attach 一个 BoxCollider）。

默认情况下这个 BoxCollider 的尺寸为 0，我们需要为它调整尺寸，值得注意的是，这个 Cube 因为不是 UIRoot 的子物体，所以，这里的尺寸单位是：米。我们将尺寸设为（1,1,1），然后就能看到 Cube 被一个绿框所包围。设置尺寸的时候要注意，这个 Cube 并不是一个 UI 图片，所以一定要设置 Z 轴的尺寸。

3. 为 Cube 附加 UIButton

附加方法可以通过 Unity 顶部 NGUI 菜单去 Attach，也可以通过 AddCompent。制作好之后，我们会发现这个 Cube 之下并没有 ImageButton 才拥有的 Sprites 模块，前文我们有讲过，只有以 Sprite 作为基础制作出来的按钮才会有这个 Sprites 模块。

到此为止，我们就已经将 Cube 变成了一个按钮，鼠标光标移动上去，会发现它颜色改变为 Hover 状态下的颜色了，说明它已经接收事件了。

3.6 制作进度条（UISlider）

3.6.1 怎样判断是否应当使用进度条

之前我们介绍了 Sprite、Label、Texture、Button 的用法，之前的 4 种都是比较常用的基础控件。而进度条，是一种更为高级的控件，它是多个控件的结合体。用进度条的主要目的是为了用一根管子的充满程度来直观地表示某种数值的百分比，进度条分为可拖动和不可拖动两种。图 3.24 所示为两种进度条，上方的为可以拖动的进度条，下方的是不能拖动的进度条。

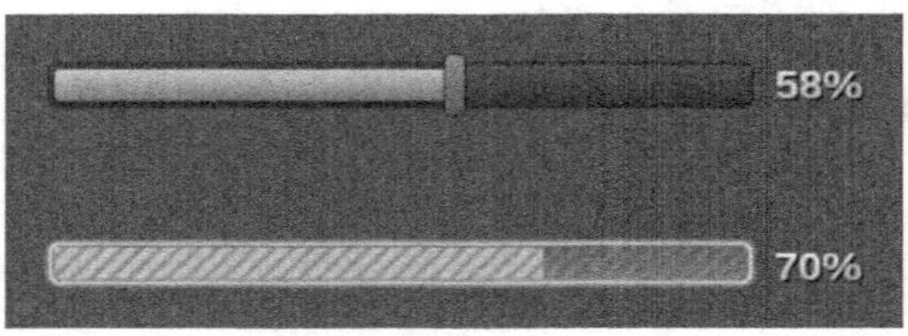

▲图 3.24

可拖动进度条和不可拖动进度条的原理几乎是一模一样，唯一的区别是可拖动进度条上多了一个拖动块和 BoxCollider 来接收事件，而不可拖动的进度条只能显示一个数字的百分比，无法由玩家去操控。

我们在判断是否应该使用进度条时，有以下的规律可以遵循。

（1）如果某一种值，它有最大值，我们需要表达它当前的值的占比，这个时候用进度条会非常直观。此时应当用不可拖动的进度条。例如：角色的生命值、法力值、角色升级经验等。

（2）如果某一种值，它有最大最小值，我们希望玩家去自由拖动设置，如音量调节、亮度调节等，我们就可以使用可拖动的进度条。

需要强调的是，可拖动进度条和不可拖动进度条，他们的原理是一模一样的，本质区别只是可拖动进度条有一个 BoxCollider。它们都有三大核心要素构成：底槽 Sprite、进度条 Sprite、滑动块。

3.6.2 创建进度条

进度条因为是多种基础控件的一个集合体，所以创建方式有多种。下面就介绍两种创建方式：自己拼装和使用预设。

1. 第一种方法：自己拼装出一个进度条

（1）创建一个底槽 Sprite。

（2）为底槽 Sprite 附加一个 UISlider 组件。附加方法为 AddCompent→NGUI→Interaction→NGUI Slider。

（3）在底槽 Sprite 下创建一个进度条 Sprite 作为子物体，调整好尺寸用以和底槽相吻合。

（4）在底槽 Sprite 下创建一个滑动块 Sprite 作为子物体（如果不需要拖动可以不创建这个物体，省去这一步），然后在底槽 Sprite 上 Attach 一个 BoxCollider。

（5）将底槽 Sprite 拖动到自身 UISlider 组件上的 Background 选项中，将进度条 Sprite 拖动到底槽的 UISlider 组件上的 Foreground 选项中，将滑动块 Sprite 拖动到底槽的 UISlider 组件上的 Thumb 选项中，这样三大要素就齐备了，如图 3.25 所示。

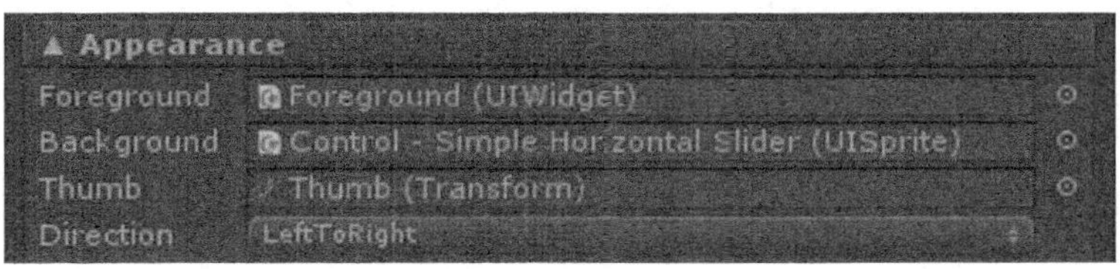

▲图 3.25

（6）如果希望显示当前进度的百分比数字，则在滑动块下创建一个 Label（如果不希望数字的位置跟着滑动块走，也可以在别的地方创建 Label），然后将该 Label 物体拖动到底槽的 UISlider 组件的 OnValue Change 模块下的 Notify 中，然后在出现的 Method 选项中选择 UILabel.SetCurrent Percent 方法。

一个进度条到此就创建完成了。

2. 第二种方法：使用 PrefabToolBar 直接创建

在新版本的 NGUI 中，它自身制作了一些常用的 UI 控件的预设，当我们需要使用时，直接拖动预设到场景中，就可以直接完成创建。

在 Unity 顶部菜单中选择 NGUI 菜单，选择 Open、选择 PrefabToolBar，然后会弹出如图 3.26 所示的界面，这里面就是 NGUI 已经制作好的一些预设。

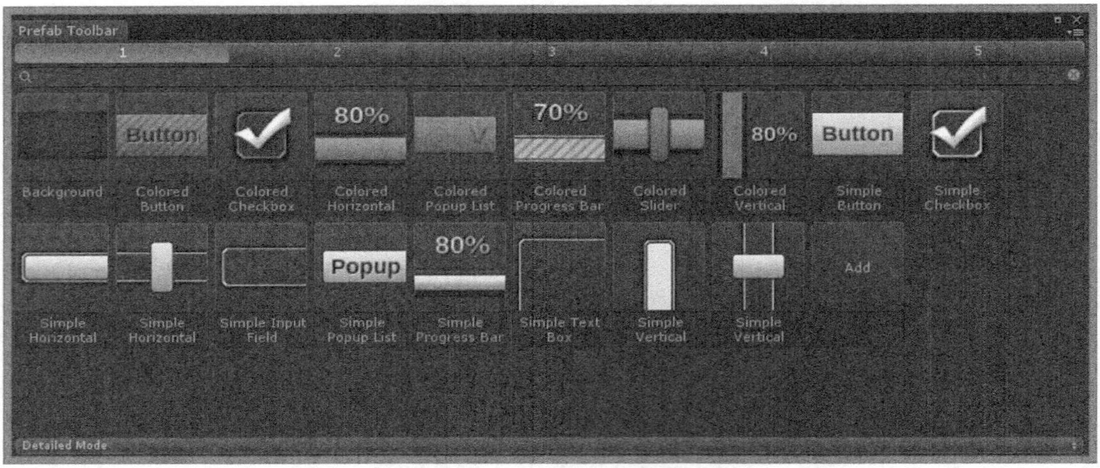

▲图 3.26

拖动其中想要的预设到 UIRoot 下（或者其他的 UI 节点下），就可以完成创建了。创建完成之后记得去修改它的各个 Sprite 为你所要用的 Sprite。

因为 NGUI 创建的预设是固定的，具有一些缺点，比如 UI 结构不一定符合我们实际项目的需求，比如某些组件我们并不需要。所以，当你足够熟悉理解和运用 NGUI 的情况下，在实际的游戏项目开发中，建议自己制作进度条。

3.6.3　核心组件 UISlider 设置

对于一个进度条控件来说，不管是不是可以拖动的进度条，它的核心组件是 UISlider 脚本，它的组件设置界面如图 3.27 所示：

我们来了解一下它的工作原理。

1. Value

进度值，这是为了显示当前数值在“总槽”里的百分比，一般我们制作游戏时，都会在代码中调用这个参数，让它由游戏中相应的数据动态计算得出来。

2. Alpha

透明度，默认为 1。这里会控制整个进度条控件的透明度，可以用来做一些淡入淡出的效果。

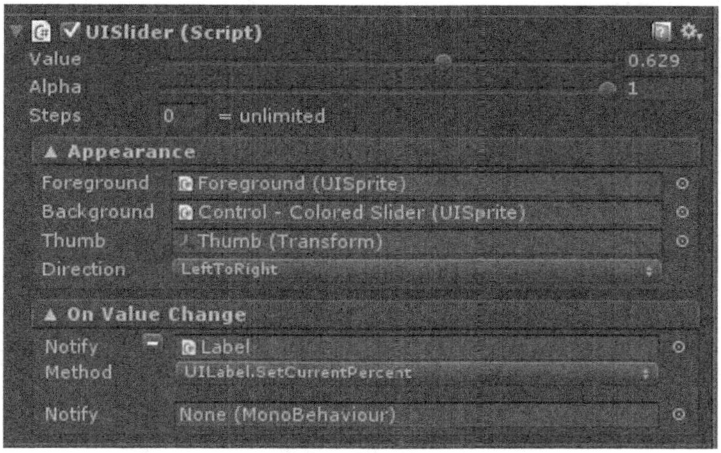

▲图 3.27

3. Steps

每次变动的步伐大小。默认为 0，0 就是无限制，也就是 Value 值可以是任意一个值，如果设置了，那么 Value 就会“一段一段的”变化。一般游戏开发中，我们都不需要设置这个值。

它的填值效果为“关键点数量的概念”，例如，填入 5，则代表完整进度条只有 5 个点，相当于进度条的值将会只有：0、0.25、0.5、0.75、1 一共 5 个值。

4. Appearance 模块

这里是设置滑动条的一些组件。

- Foreground

这是进度条上层表示进度的 Sprite，将它拖动到这里就算完成了设置。Foreground 的长度会随着 Value 的变化而自动变化。

- Background

这是进度条的底槽 Sprite，将它拖动到这里就算完成了设置。底槽的长度是不会发生变化的。

- Thumb

这是拖动块的设置，将任何一个物体拖动到这里来，它就将随着 Value 的变化而发生位置的变化。

例如，如果希望在进度条的当前进度位置显示一个数字，就可以将这个数字作为 Thumb 拖到这里。然后数字的位置就会跟着进度条移动，永远处于进度条的当前进度位置。如图 3.28 所示，Thumb 数字的位置会随着 Value 变化，永远显示在当前进度的位置。

- Direction

进度条的正方向，默认为从左至右。里面提供了 4 种选择：从左至右、从右至左、从上到下、从下到上。

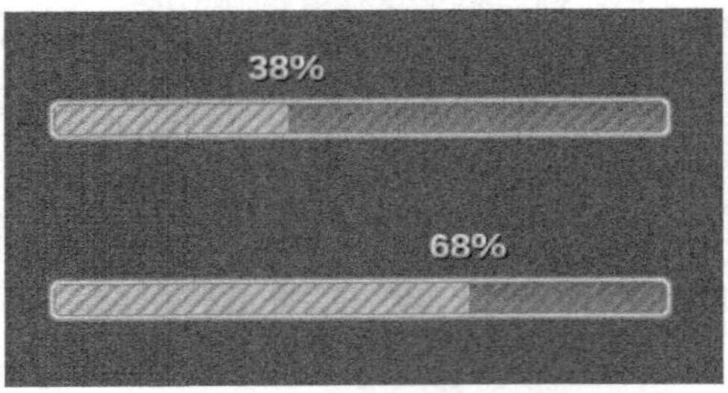

▲图 3.28

5. On Value Change

这是进度变量发生变化时的一个回调函数，当 Value 值发生变化时，就会执行这里的函数。这里的设定方法，和设置 Button 的回调方法是一模一样的。

值得注意的是，如果我们希望在值发生变化时，自动改变一个百分比数字（Label）的显示，NGUI 为我们提供了一个简单的方法：将要显示该进度条百分比的 Label 物体拖入到 Notify 中，然后在 Method 栏中选择 UILabel.SetCurrentPercent 方法，这样，当进度条的 Value 值改变时，它就能自动地改变这个 Label 文本的显示。

3.6.4　进度条的 BoxCollider 说明

- BoxCollider 只有附加到底槽上才有用。

- 如果没有 BoxCollider，进度条无论如何都无法进行拖动设置。

- BoxCollider 将会接收进度条上任何一个位置的消息来直接设置进度。例如，不去拖滑动块，直接在 90%的位置点一下，那么进度会直接变为 90%。

- BoxCollider 和拖动块 Thumb 没有必然联系，如果没有 BoxCollider，那么即使有拖动块，也无法通过拖动和单击等来设置进度。

- 只要有 BoxCollider，即使没有拖动块，我们也能直接拖动和单击来设置进度位置。

3.7 制作输入框（Input）

3.7.1 怎样判断是否应当使用输入框

输入框，就是用户可以自由输入文本的地方，输入框因为其功能的单一性非常好判断是否应当使用输入框。当我们需要判断是否需要使用输入框时，可以遵循一条原则：凡是需要用户自主输入文本的地方，几乎都必须使用输入框。

输入框的常见用法：输入登录账号和密码、输入角色名称、输入聊天内容等。

3.7.2 创建输入框

我们来学习创建一个如图 3.29 所示的输入框。

图 3.29

首先，我们要了解输入框控件的 3 个核心控件：BoxCollider 组件允许 UI 能输入事件、UIInput 组件允许玩家能输入自己的文字、一个 UILabel 来显示输入的文字。

1. 第一种创建方式：自己拼装

（1）创建一个 Sprite 作为输入框的底板（就如图 3.29 中的底框）。

（2）为这个输入框的底板附上 UIInput 组件，附加方法为 AddCompent→NGUI→UI→Input Field。

（3）为这个输入框附加一个 BoxCollider，附加方法为先选中底板 Sprite，然后选择 Unity 顶部 NGUI 菜单并选择 Attach→BoxCollider。或者 AddCompent→Physics→BoxCollider（此种方式创建的需要自主调整 Box 的尺寸用以匹配输入框大小）。

（4）在这个输入框下面创建一个 Label 子物体，创建方法为选中输入框，然后选择 Unity 顶部 NGUI 菜单，选择 Creat→Label 即可。

（5）将这个新创建的 Label 子物体拖入到底框的 Input 组件中的 Label 选项（Input 组件的第一个选项）中。

2. 第二种创建方式：Prefab Tool Bar 中直接拖入

之前我们讲过，在新版本的 NGUI 中，它制作了一批常用控件的预设。在 Unity 顶部选择 NGUI 菜单，选择 Open→Prefab Tool Bar，就能打开预设预览菜单，然后在其中将名为 Simple Input Field 的预设体拖入到 Hierarchy 窗口中我们要创建的 UI 节点下即可。

3.7.3　核心组件 Input 设置

Input 组件是输入框的核心组件，我们之前讲 Label 时说过 NGUI 显示文字几乎全部依赖 Label 组件，所以，Input 组件它本身是无法显示文字的，它必须和一个 Label 有一定的关联，让这个 Label 来帮助显示 Input 的文本内容。

Input 组件的界面如图 3.30 所示。

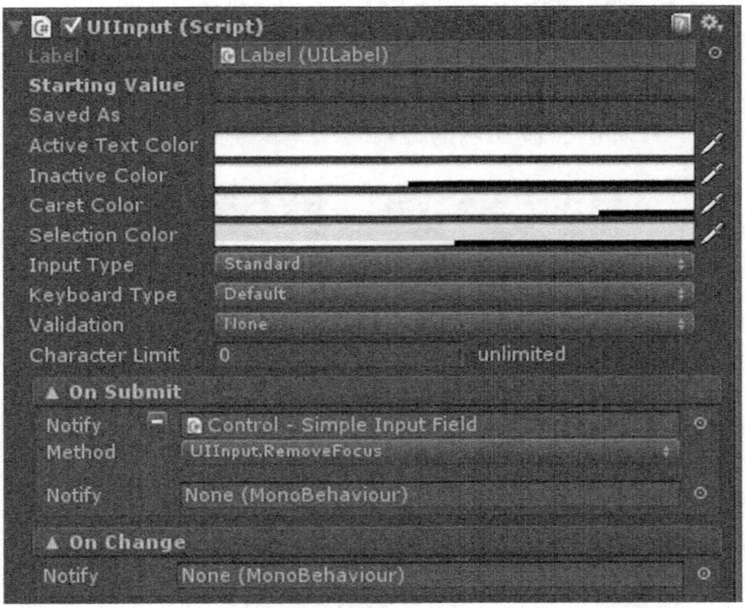

▲图 3.30

我们首先来熟悉一下 Input 组件的设置内容。

1. Label 设置

这个是最核心的设置之一，刚才我们已经讲过，NGUI 中所有的文本显示都依赖于 Label，Input 本身是无法显示文本内容的，所以，它需要借助一个 Label 来显示玩家输入的文本，这也是我们之前在学习自己拼装输入框控件时为什么要在输入框下面创建一个 Label 子物体的用意。

我们将一个 Label 拖入到这里就算完成了设置，以后这个输入框中玩家输入的所有内容都将显示在这个 Label 上。

如果在这里我们不设置 Label，运行之后单击输入框将会报错导，致输入框无法使用。

2. Starting Value

默认输入的文字。这里一定要注意区别“默认输入的文本”和“初始显示的文本”两个概念的区别！

默认输入的文本：当运行游戏时，输入框默认输入的文本，这个文本是模拟玩家输入进去的，就好像登录 QQ 时自动填充了你的 QQ 号一样，这个文本是一个属于输入的文本、真实有效的输入文本（只不过它是初始自动就输入进去了而已）。

初始显示的文本：这个是输入框在没有接收用户输入时显示的提示文本，例如：“请输入密码”、“请在这里单击进行聊天”等提示性文字，用户单击输入框之后文字就消失了变成了用户输入的文本的显示。这个初始显示的文本只有一个纯粹的提示作用，不属于输入的文本、是一个无效的文本。

这里的 Starting Value 变量设置的是默认输入的文本。初始显示的文本在 Input 相关联的 Label 中进行设置，这个关联的 Label 的文本内容就是输入框初始显示的内容。

3. Saved As

输入的内容在 Player Pref 中的哪个字段保存。这个我们一般用不到，而且它会自动保存，基本不用去管它。如果有特殊需求，可以在这里设置。

4. Active Text Color

活动文本的颜色和透明度设置，也就是用户在输入文字时的文字颜色和透明度。默认为白色，有需求的可以自行设定。

5. Inactive Color

不活动的文字颜色和透明度，这个可以用来设定初始显示的文字的颜色和透明度。

6. Caret Color

这个可以设定插入符的颜色和透明度。

7. Selection Color

选中的颜色和透明度，这个表示的是我们选中输入的文本时，覆盖在文本上的那一层遮罩的颜色，就像在 Word 办公软件中，我们输入的字可以通过拖动鼠标光标来选中它们一样。如图 3.31 所示，我们设定了选中之后遮罩为红色。

▲图 3.31

8. Input Type

输入类型的设定，默认为 Standard 标准输入。

- Standard

标准输入类型，输入的文字会正常一个挨一个地显示出来。它的对齐方式全部由 Input 相关联的 Label 决定。

- AutoCorrect

自动调整模式，类似于 Label 中的自动调整模式。

- Password

密码模式，在这种模式下，输入的文字会自动地变成*符号，如图 3.32 所示。

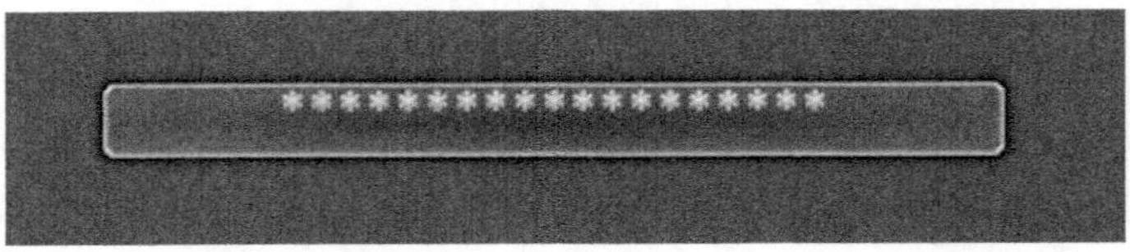

▲图 3.32

9. Keyboard Type

这是输入文本时，键盘的类型设定。它有以下几种类型：

- Default；
- ASCCapable（任何格式都允许）；
- NumbersAndPunctuation；
- URL；
- NumberPad；
- PhonePad；
- NamePhonePad；
- EmailAddress；
- HiddenInput。

10. Validation

验证。默认为 none 没有验证，可以验证整数、浮点数等，如果输入的字符不属于验证类型将无法输入（整数允许视为浮点型）。

11. Character Limit

可输入的最大字符数限制。需要注意的是，一个汉字要占用两个字符。

12. On Submit

这里是提交输入内容时的触发事件函数设定。

13. On Change

这里是当输入内容改变时的触发事件函数设定。

3.7.4 输入框使用的一些注意事项

输入框是一个集成了很多功能的组件，我们在使用输入框控件时，要注意以下一些要点，以免发生不必要的困扰。

（1）输入框 Input 本身是无法显示文字的，它必须借助于一个 Label 来帮它显示输入的文本。

（2）输入框输入文本的字体，是在输入框关联的 Label 中设定的，这个关联的 Label 用的什么字体，则输入框中输入的内容就会是什么字体。

（3）输入框必须要有一个 BoxCollider 和一个 Sprite 底框，否则无法输入。

（4）输入框中对输入的文本的设定都受关联的 Label 的影响，因为它本身是借助这个 Label 来显示文字的。但是，如果发生冲突，比如在 Input 组件中设定文字颜色为红色，而在关联的 Label 中设定文字颜色为白色，那么将会以 Input 中的设置为准。

（5）如果发生以下情况，都将造成输入框无法显示文字：

- 超出最大字符数限定了；
- 输入的字符不符合要求的验证类型；
- 关联的 Label 所选用的字体中没有这个文字；
- 关联的 Label 中设定了文字大小超出范围则不显示；
- 将文字设为全透明了。

（6）输入的文字可以从 Input 中的 value 变量读取，也可以从关联的 Label 中的 text 变量读取。

（7）请将相关联的 Label 设为输入框的子物体，这样就可以保证输入的文字和底框保持相对位置不变。

3.8 制作滚动视图（ScrollView）

3.8.1 怎样判断是否应当使用滚动视图

所谓的滚动视图，是指一个可以滑动的视窗，视窗大小和位置固定不变，视窗内的内容用户可以通过手指滑动或者拖动滚动条来进行滚动浏览。比如说浏览器浏览网页时，我们可以通过拖动右侧的滚动条来滚动浏览网页内容。

滚动视图的目的是为了解决同类内容过多，一个 UI 版面显示不下的情况。如果同类内容过多，我们一般可以采取设置多个页面，然后通过翻页浏览的方式来浏览，但是很明显，滚动视图会比翻页更方便，因为在移动设备上可以很方便地划屏进行滚动，在 PC 上可以通过鼠标的滚轮进行滚动。

当我们需要判断是否应该使用滚动视图制作 UI 时，可以遵循以下规律：

（1）有很多同类内容一个版面显示不完，却必须要让用户很方便地进行浏览；

（2）它的核心目的是方便浏览。

3.8.2 创建滚动视图

滚动视图的创建方式有两种：通过菜单直接创建，或自己拼装。它们的基本原理都一样，都是为了凑齐几个核心组件。

我们来了解一下最简单的创建方式。

（1）选择要创建滚动视图的 UI 节点，ScrollView 将会在这个 UI 节点物体下作为子物体进行创建。

（2）单击 Unity 顶部 NGUI 菜单，选择 Creat、选择 ScrollView，这样将会自动创建一个 ScrollView 的子物体在选中的 UI 节点下。

（3）到此，我们已经创建完成，我们可以将它的名字改为我们需要的名字方便管理。

目前为止只是创建的一个最基本的滚动视图视窗，现在还无法进行拖动看效果，因为滚动视图是一个相对复杂的 UI 控件组合，所以，将会分几个章节慢慢讲解它是如何工作起来的。

我们创建完的一个滚动视图的最基础的视窗如图 3.33 所示，图 3.33 中选中的那个红框就是滚动视图的视窗。

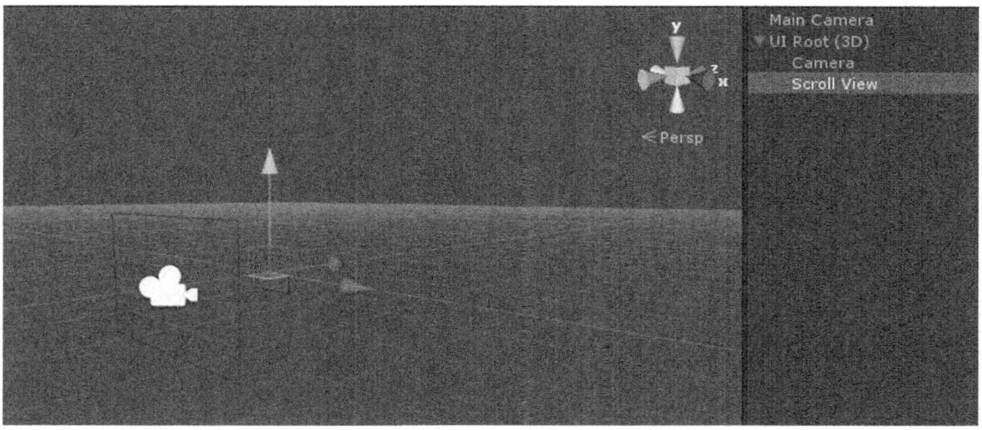

▲图 3.33

3.8.3 滚动视图核心组件 UIPanel

我们创建完滚动视图之后，发现它身上自动附带了 3 个组件：UIPanel、UIScrollView、Rigidbody。其中 Rigidbody 这是 NGUI 为了优化 UI 被移动等的性能开销而自动附加的，我们可以不用管它。而另外两个组件 UIPanel 和 UIScrollView 则是核心组件，它俩构成滚动视图的基本窗口。

首先我们来了解一下 UIPanel 在滚动视图中的核心作用，它的组件截图如图 3.34 所示。

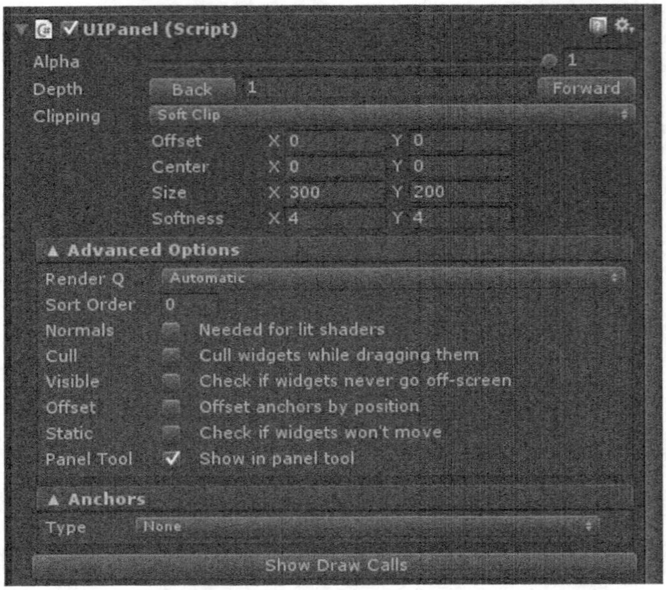

▲图 3.34

至于 UIPanel 这个组件的作用，我们在第 2 章讲解 NGUI 的几大基础核心组件时已经介绍过了，这里就不多赘述了。我们从图 3.34 中可以看到，我们创建的 ScrollView 身上的 UIPanel 组件有很多地方都自动设定好了，我们来一起了解一下它的工作原理。

（1）在 ScrollView 被生成时，为了让它能够在上层显示，所以它自动给 Panel 设定了一个深度，这个深度大小是当前情况下刚好可以显示在最上层的深度，也就是当前 UIRoot 的 UI 树中深度最大的 Panel 的深度+1。

（2）我们可以看到它的 Clipping 被自动设为了 SoftClip。之前我们讲过这是 UIPanel 的面板剪辑，也就是说 UIPanel 可以让自己的面板上只剪辑一块区域出来进行显示。这样在剪辑区域之外的 UI 元件就将看不见了。

Clipping 一共提供了 3 种模式。

1. None

无剪辑模式，这种模式下，滚动视窗中的物体可以被拖动，但是视窗因为没有剪辑，所以是没有边界的！这将可能导致内容被拖出屏幕外再也拖不回来。就像我们往下拖动浏览网页时会拖到一个所谓的“底”，none 模式就是没有这个“底”，你可以将内容全部拖出屏幕以外。

2. SoftClip

柔和剪辑模式，我们一般都会使用这种模式来制作 ScrollView。

在这种模式下，Panel 将会剪辑一块可视区域出来显示，这个被剪辑出来的区域以外的部分将会被剪辑掉而无法显示出来。

在柔和剪辑模式下，我们可以看到以下几个设置项。

- Offset

视窗的偏移，以像素为单位，设置这个参数将会导致视窗以 Panel 的中心点为基准进行偏移。

- Center

调整视窗的中心点，效果和 Offset 一样。

- Size

视窗的大小，一般情况下，我们都需要调整视窗的剪辑窗口的大小，以此来匹配背景底板的大小。如果视窗 Size 比底板大，将会导致视窗内容会滑动出底板的边框，如果比底板小，则会导致视窗内容滑动还没有到底板边缘就已经被剪辑掉消失了。

- Softness

剪辑边缘的柔和程度，视窗中，内容被拖动到边缘部分时，会有一个渐隐的效果。如果这个 Softness 的值设为 0，则内容被拖动到边缘时，会像被刀切掉一样被剪辑掉。

如图 3.35 中红框所示部分则为 Softness 的 X 为 50 的剪辑边缘，我们可以看到 X 方向的左右两边剪辑的边缘变得更柔和了。

▲图 3.35

3. Constrain but don't Clip

这种模式下是指视窗会尽量地包含所有内容但是不剪辑它们，效果大约等同于有边界但是边界为全屏，无法完全将内容拖到屏幕外面去，只要在屏幕范围内，都能看到内容，内容并不会被剪辑掉。

图 3.36 则是一颗巨大的桃树图片放在了一个 ScrollView 中，被 UIPanel 剪辑了的景象。通过这个图我们可以进一步加深了解 UIPanel 在滚动视图中的作用。

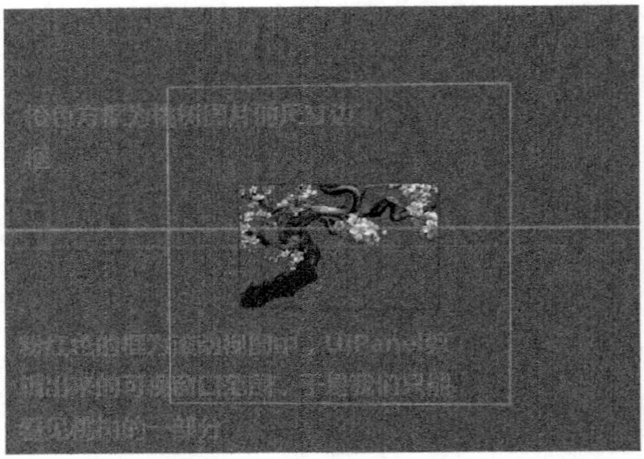

▲图 3.36

3.8.4　滚动视图核心组件 UIScrollView

刚才我们了解了 UIPanel 是滚动视图中控制视窗大小的核心组件，而 UIScrollView 则是滚动视图中控制滚动功能的核心组件。没有 UIScrollView 组件的视窗是无法进行滚动的。

我们先来了解一下 UIScrollView 的组件，组件界面如图 3.37 所示。

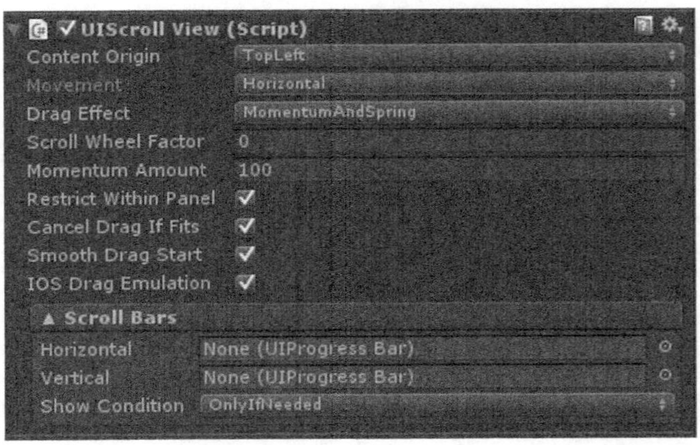

▲图 3.37

1. ContentOrigin

这是滚动视图所包含的内容的起点，默认设置为左上角。

2. Movement

滚动视图的滚动方向，也就是内容的移动方向。一共提供了 4 种方式。

- Horizontal

水平方向拖动，也就是左右。

- Vertical

竖直方向拖动，也就是上下。

- Unrestricted

自由拖动

- Custom

自定义方向，会弹出新的 X 和 Y 设置框，可以通过对 X、Y 的设置来定义一个特殊的方向。

3. Drag Effect

拖动效果。里面提供了 3 种效果。

- None

无效果，拖到哪算哪。手指停下或者离开屏幕的一瞬间视图内容也停下了。

- Momentum

带动能的拖动，也就是有一个惯性，当我们手指松开时，视窗内容还会继续朝之前的方向滑动一会儿，中途如果遇到边界才会立即停下，否则会等惯性没了才会自动停下。这种效果主要目的是让用户用最少的操作来滑动视图内容。

- MomentumAndSpring

动能和弹性兼备的一种方式，这种方式和上一种动能方式很相似，区别在于，在这种方式下，当滑动内容拖到了视窗边界时，它可以被继续拖动“越界”，在松开手指时立即像弹簧一样弹回并回到正常视窗范围内。

4. Scroll Wheel Factor

滚轮因素的设定，这个值越大鼠标滚轮的滚动就会越灵敏。

5. Momentum Amount

动能因素的设定，这个值越大，滑动时的惯性就越大（前提是 Drag Effect 有动能效果）。

6. Restrict Within Panel

选中后拖动将会被限制在 Panel 内，这个是默认勾选的。如果不勾选这个选项，则将会导致内容被拖到视窗的剪辑部分以外再也无法回来。

7. Cancel Drag If Fits

当它刚好适合视窗内时，则自动退出拖动。

8. Smooth Drag Start

在开始的时候拖动平滑，勾选上后，我们拖动时内容会有一个速度从 0 变到我们拖动的那个速度的一种平滑自然的效果。如果不勾选，在我们开始滑动时，内容会瞬间与手指的速度一样，就像黏在手指上了一样，体验比较差劲。

9. IOS Drag Emulation

模拟 iOS 系统的拖动效果。这也是一种为了增强拖动体验的选项。

10. ScrollBars

为滚动视窗指定拖动条，拖动条我们将会在下文介绍。这个设置是个非必选项，可以设置也可以不设置，不设置的话滚动视窗一样能正常工作，因为在移动设备上，我们可以用手指滑动，在 PC 上我们可以通过按住鼠标键不放来拖动，而拖动条，可以理解为我们拖动的进度条，就像我们浏览网页时最右边的那根竖直的进度条一样。

拖动条一共可以指定两个，一个水平的、一个竖直的。

我们可以在 Show Condition 中设定拖动条出现的规则，有以下 3 种规则可选。

- Always

不管什么情况，滑动条总是出现。

- OnlyIfNeed

只有当需要的时候出现。那么什么时候是需要的时候呢？当我们的内容在滚动视窗内显示不完的时候，就会出现，如果我们在视窗内不需要拖动就可以看到全部内容，则不需要出现。

- WhenDragging

当拖动时出现。只要拖动内容，它就一定会出现。

3.8.5 创建一个拖动条

拖动条有多种创建方式，拖动条非常像一个进度条，鉴于拖动条的不同需求，它有非常多的创建方式，我们来简单介绍几种。拖动条一般只有水平方向的拖动条和竖直方向的拖动条两种形态，图 3.38 展示了一个拖动条的样子，这是一个水平方向的拖动条。

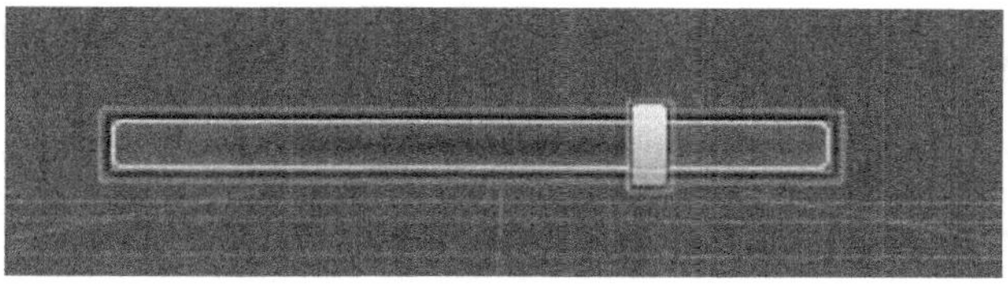

▲图 3.38

1. 通过 WidgetWizard（Legacy）创建

在 Unity 顶部 NGUI 菜单，选择 Open 选项，打开 WidgetWizard（Legacy），会弹出 3.39 的界面。

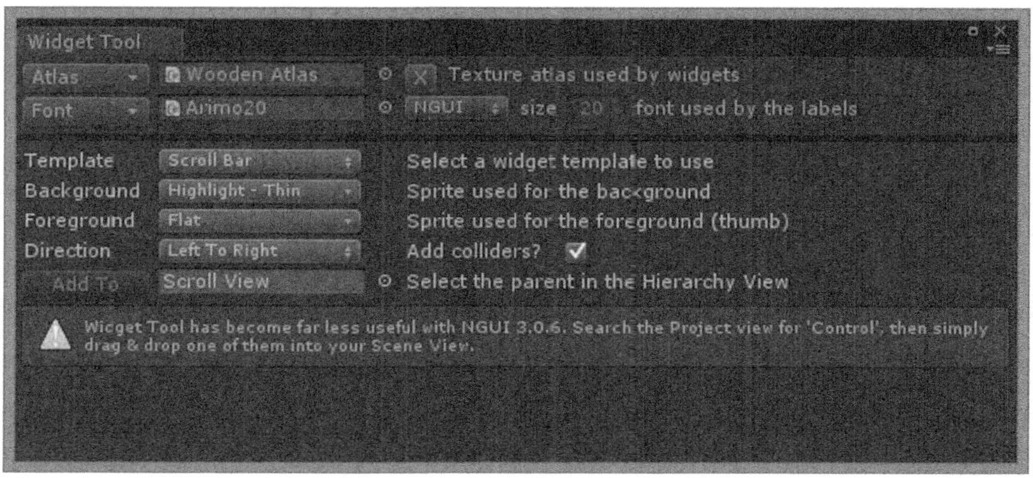

▲图 3.39

这个界面我们在之前也讲过其用法，它是旧版本的 NGUI 的控件创建系统。在这个界面中，我们设定好图集和字体（如无需要可以不设定）后，在 Template 中选择 ScrollBar，然后在 Background 中设定它的底板的 Sprite，在 Foreground 中设定拖动块的 Sprite，在 Direction 中设定它的滑动方向。然后单击 AddTo 就可以在相应的 UI 节点下创建出一个拖动块。

通过这种方式创建的滚动条我们需要调整它的 Background 和 Foreground 到我们需要的样子。

2. 通过 PrefabToolBar 创建

我们依然在 Unity 顶部 NGUI 菜单中选择 Open，打开 Prefab Tool Bar，弹出 NGUI 的预设界面，从中将“Simple Horizontal”（水平方向的拖动条）或者“Simple Vertical”（竖直方向的拖动条）拖动到场景中我们需要的 UI 节点下，即可完成创建。

通过这种方式创建的滚动条因为是预设体，所以需要调整它的大小和颜色。

3. 自己组装一个拖动条

拖动条在旧版本中是用 ScrollBar 组件来实现的，但是，在新版本的 NGUI 中，可以利用制作进度条的原理来方便地制作它。为了了解它的组件原理，我们还是需要学习一下怎样自我组装一个拖动条出来。

我们观察拖动条具有以下特点：

（1）有一个底板槽来显示可以拖动的范围；

（2）有一个滑动块，可以在范围内滑动。

通过对比我们可以发现拖动条和进度条的区别：拖动条就是一个缺少表层进度条的可拖动进度条！

所以，我们通过 3.6 节讲的方法，创建一个可以拖动的进度条即可，在制作这个进度条时，我们需要设置 Thumb，但是却掉 Foreground 的设置，一个拖动条就制作完成了。

3.8.6　拖动条说明

通过不同的方式创建的滑动条有着不同的结构和不同的组件，可能会让我们迷惘，比如说我们通过 WidgetWizard（Legacy）创建的滑动条和通过 PrefabToolBar 创建的滑动条功能都一样，但是结构完全不一样、组件也完全不一样。前者依赖于 ScrollBar 进行工作，后者依赖于制作进度条使用的核心组件 UISlider 进行工作。在这里我们通过如下说明来理清概念，避免混淆。

（1）ScrollBar 和 UISlider 我们观察组件界面可以发现，它们非常相似。它俩创建的滑动条从本质上说工作原理是一模一样的，没有任何分别，所以不用去担心哪一种更正规哪一种更好，因为它们都一样。

（2）ScrollBar 是旧版本的 NGUI 用来制作滑动条的，在新版本的 NGUI 中，随着 UISlider 的强大起来，我们可以更方便地使用 UISlider 制作滑动条了，所以推荐使用 UISlider，也就是制作进度条的方式来制作滑动条。

（3）我们依然推荐使用自己手动制作的方式去制作拖动条，而不是使用旧的控件创建系统（WidgetWizard）和 PrefabToolBar。即使 PrefabToolBar 是新版 NGUI 的功能，因为我们每个人的项目中的 UI 体系设计都不一样，所以熟悉 NGUI 的控件原理后，推荐自己去拼装控件。

（4）切记，滑动条就是一个没有 Foreground 的 UISlider。

3.8.7 让视图内的内容可以被拖动

我们从上文中已经学会了制作 ScrollView 和滑动条等知识，但是到目前为止，我们的滑动视图依然没有看到效果，因为现在为止还不知道怎样去拖动内容。如果只是填充一些内容进去，我们会发现，即使有 ScrollView 也无法滑动里面的内容。这是因为需要对 ScrollView 所包含的内容进行一些配对设置，以使它能够在 ScrollView 内被滚动起来。

如图 3.40 所示，我们创建了一个 ScrollView，在其下面创建了一个 Texture 子物体。子物体的 Texture 我们设置了一张巨大的桃树图片。从图 3.40 中可以看到，桃树在滚动视图的范围内只能显示一小部分。

下面我们要让桃树可以被滑动以进行浏览，这就是滚动视图的意义所在。

我们选中桃树的 Texture 物体，首先为其 Attach（Unity 顶部 NGUI 菜单选择 Attach）一个 BoxCollider，因为，既然我们需要拖动这个桃树的图片来查看，就必须让桃树能接收到我们拖动的事件，所以一定得有一个 BoxCollider。

然后为桃树的 Texture 物体附加一个核心组件：Drag ScrollView，附加方式可以在 Inspector 面板中单击 AddCompent→NGUI→Interaction→Drag ScrollView。添加好组件之后无需进行任何设置，运行游戏时它会自动地去读取父物体中的 ScrollView。

然后运行游戏，拖动视窗内的桃树图片，发现已经可以通过拖动桃树图片来进行浏览了。可以拖动的方向是 ScrollView 中 Movement 选项中设置的方向。

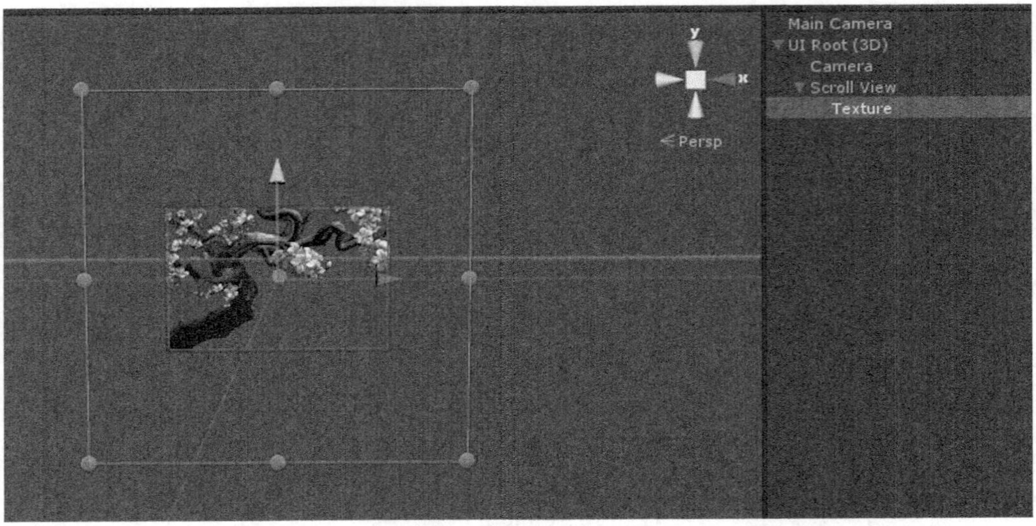

▲图 3.40

3.8.8　制作滚动视图时的注意事项

滚动视图是一种比较复杂的控件类型，它需要多种控件配合使用，我们在使用时如果忘掉了一些制作的细节，则会导致 BUG 出现。所以，我们在制作滚动视图时，一定要深刻的理解它的工作原理，除此之外，还要牢记以下一些注意事项：

（1）通常情况下，滚动视图一定要有一个 UIPanel 来进行窗口剪辑。这个 UIPanel 组件在创建 ScrollView 时会自动生成。

（2）拖动条对于滚动视图来说可有可无，没有它滚动视图也能通过移动设备的触屏和 PC 设备的鼠标光标来进行滚动。

（3）滚动视图内包含的内容，一定要有一个 BoxCollider，否则无法接收事件。

（4）滚动视图内包含的内容，一定要有一个 DragScrollView 组件，这个组件会和 ScrollView 相互作用，在运行时，它会自动去找到父物体中的 ScrollView，然后和它相互作用，让视图内的内容可以被滚动起来。

（5）滚动视图的内容，最好放到创建的 ScrollView 节点下面作为子物体存在，这样可以免去大量的烦恼和隐患。

（6）滚动视图的滚动方向不要弄错了。

（7）滚动视图的剪辑窗口的尺寸一定要调整到位，尽量别去调整 Clip 的 Center。

3.9 制作复选框（Toggle）

3.9.1 怎样判断是否应当使用复选框

复选框，就是对一个选项做上一个标记，表示这个选项已经被选中了。例如，我们在餐厅点菜时，经常会有服务员递给我们一个菜单，每一项菜品后面都有一个方框，需要点什么菜就在后面的方框内划上一个勾表示这个菜品选中了。在游戏中，复选框一般用来做一些选项的控制，这种选项一般都只有两种答案：是和否。例如，单击一下开启音乐的复选框，这个复选框上就打了一个勾，然后音乐在游戏中就会开启；如果再单击一下，则这个勾会取消掉，然后音乐将会在游戏中关闭。这就是复选框最常见的用法。

当我们要判断是否要使用复选框时，可以遵循以下规律。

（1）该功能只有两种选择状态：是、否。

（2）该功能同一时间只能激活且必须激活一种选择状态。

（3）该功能的两种状态为互斥关系，如果选择了一种状态，则自动关闭另一种状态。

简单地说，复选框其实就是一个开关，我们可以通过单击它来切换打开和关闭。一般开关的应用包括了选项勾选和页签。页签是复选框功能的一个高级应用，我们后文会讲。

根据以上的规律可以发现，游戏中很多地方都运用了复选框。例如，系统设置中，通过复选框功能来设定是否播放背景音乐。在角色界面中，通过复选框来确定是否显示时装，打钩则为显示时装，取消打钩则为不显示时装。

3.9.2 创建复选框

创建复选框的方法有很多，我们这里介绍两种方法：自己通过组件来拼装复选框控件和使用预设直接创建。

1. 使用预设直接创建

NGUI 提供的预设中有复选框这个控件，可以从 Unity 顶部 NGUI 菜单中选择 Open，然后打开 Prefabs ToolBar，在界面中选中 Colored CheckBox 或者 Simple CheckBox 拖动到我们希望创建的 UI 节点下即可。

2. 自己拼装复选框控件

（1）首先选中我们希望创建复选框的 UI 节点，通过 Unity 顶部 NGUI 菜单 Creat 中选择创建一个 Sprite，然后设置它的图片，让这个 Sprite 作为复选框的底框。

（2）因为需要这个复选框来接收单击事件，所以为这个底框 Sprite 制作一个 BoxCollider，方法可以使用 Unity 顶部 NGUI 菜单中 Attach 一个 BoxCollider。

（3）下面需要为这个复选框创建一个复选框的核心组件：UIToggle，选中底框后，通过选择 AddCompent→NGUI→Interaction→UIToggle 为这个复选框的底框附加一个 UIToggle 组件。

（4）我们在这个底框的 Sprite 下面创建一个新的、表示选中状态的 Sprite，比如一个勾。

（5）我们将这个表示选中状态的 Sprite 拖动到底框 UIToggle 组件中 StateTransition 模块下的 Sprite 选项中，然后将底框的 UIToggle 组件中的 StartingState 勾上。

到此为止，复选框就算创建完成了，运行一下可以发现默认情况下，它是打钩选中状态，单击一下则勾消失，只剩一个底框；再单击一下又打上了勾，选中了。如图 3.41 所示，左边表示选中状态，右边表示未选中状态。

一般情况下，我们都会在复选框的旁边写上一些文字，表示这个复选框代表的什么选项。具体做法也是在底框物体下面创建一个 Label 作为子物体，然后调整位置即可。

▲图 3.41

3.9.3　复选框的核心组件 UIToggle

在制作复选框时，已经发现它的核心组件除了接收事件的 BoxCollider 以外，就是一个我们新认识的 UIToggle 组件。这个组件的主要作用是一个开关，通过它在打开和关闭之间进行切换。

UIToggle 组件的设置如图 3.42 所示，我们先来了解一下它的设置。

1. Group

开关组的设置。默认为 0，表示没有开关组。

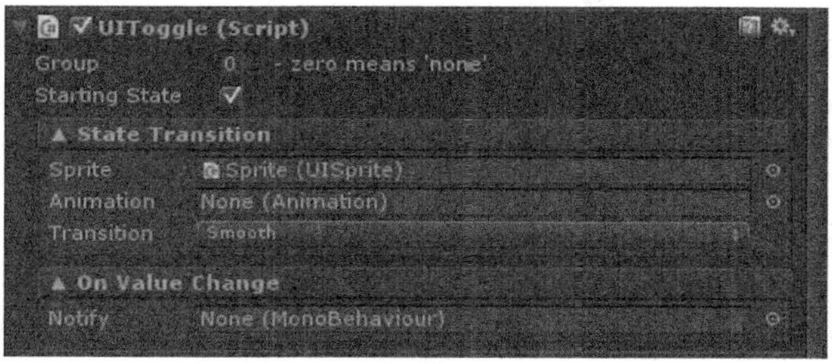

▲图 3.42

当有多个 Toggle 的 Group 相等且都不为 0 的时候，表示它们在同一个开关组当中，同一个开关组内的开关只允许打开一个。例如，我们有开关 A、B、C，它们的的 Group 都为 1，当打开 A 的时候，B 和 C 会自动关闭；同理，当打开 B 的时候，A 和 C 会关闭。

当一个 Toggle 不属于某一个开关组，既 Group 为 0 时，它就属于一个独立开关，可以通过自身来进行开关，当它属于某一个开关组时，就无法通过单击自身来进行开启和关闭了，因为一个开关组内必须要有一个开关是处于开启状态，它必须通过开关组内部的多个 Toggle 之间的切换来进行关闭和开启，例如，刚才举的 A、B、C3 个开关的例子，如果 A 是打开的，我们希望关闭 A，则我们需要打开 B 或者 C 才能使 A 关闭，因为 A 已经不是一个独立开关，而是 ABC 开关组的一部分。

开关组的使用原理和一个非常常用的 UI 控件功能很像：页签。页签也有着类似的功能需求，有很多个页签，我们同一时间内只能查看一个页签，如果选择了一个页签，则之前打开的页签自动关闭。

页签是 Toggle 的一个高级应用，我们这里暂时只讲复选框的制作。

2. Starting State

是否初始状态，如果选中，则为初始状态，不选中则不是。

这个设置项的意义在于：当开关是一个独立开关（Group 为 0）时，勾选 Starting State 意味着在初始状态下，开关属于开启状态。当开关属于一个开关组时，勾选 Starting State 则意味着在初始状态下，这个开关组中初始处于打开状态的为这一个开关。

当一个开关组中有一个以上的开关都勾选了 Starting State 时，则以这个组中排在最后的一个勾选了 Starting State 的 Toggle 为默认开启的开关。

3. State Transition 模块

这个模块是为了设置勾选的时候的一些关联 UI 表现。

- Sprite 是设置选中状态下要显示出来的 Sprite，也就是之前创建复选框时创建的那个用来表示选中的打勾的 Sprite。设置的方法为，将表示选中的 Sprite 拖动到这个选项中即可。

- Animation 是设置状态切换时的动画，例如，需要选中时会有一个勾从底框中蹦出来弹两下，那么就可以制作一个蹦出来弹两下的动画拖动到这个选项中。

- Transition 是选择开关切换时的一个平滑效果，里面提供了两种选项进行选择：Smooth 和 Instant，如果我们选择 Smooth，则在进行开关切换时，表示选中的那个 Sprite 的消失和出现会显得更加平滑一些；如果选择 Instant，则开关切换时，表示选中的那个 Sprite 的消失和出现会瞬间消失和瞬间出现。这个选项默认的设置为 Smooth，一般情况下 Smooth 的用户体验更舒服一些，所以，一般情况下我们不需要去调整它。

4. On Value Change

这里是设置当开关状态改变时触发的函数，设置方法和其他控件一样，就不再详细描述了。

3.10 制作下拉菜单（PopupList）

3.10.1 怎样判断是否应当使用下拉菜单

下拉菜单，就是将一系列的选项隐藏，通过单击某一个控件将会弹出一个包含这些选项的列表，在其中选择想要的选项。这样做不但可以节省屏幕空间，也可以让用户在进行选择时更加方便快捷。

下拉菜单本质上还是一个单选框，与 Toggle 的功能有一些类似，对于下拉菜单玩家必须选择一个选项（有一个默认的初始选项），在同一时间也只能选择一个选项（单选性质）。在游戏开发过程中，如果碰到了以下特点的需求，就可以考虑使用下拉菜单了。

（1）有一系列选项需要玩家做出选择，这些选项是有限多的。

（2）这些选项玩家必须选择一个，也只能选择一个。

（3）这些选项如果全部列出来用 Toggle 制作单选功能会非常占用屏幕空间。

如图 3.43 所示为一个典型的下拉菜单。

3.10.2 创建下拉菜单

我们可以有多种方式来创建下拉菜单，这里主要学习两种方式。

1．第一种方法：使用 NGUI 做好的下拉菜单预设体

在 Unity 顶部 NGUI 菜单，依次选择 Open → Prefab ToolBar，打开了 NGUI 内置的预设工具界面，在其中选择 Simple PopupList 拖动到希望创建的 UI 节点下，就算创建完成了。但是，这种方法含有很多预定义的东西，如果对 PopupList 的原理非常熟练，那么不建议使用这种方法。

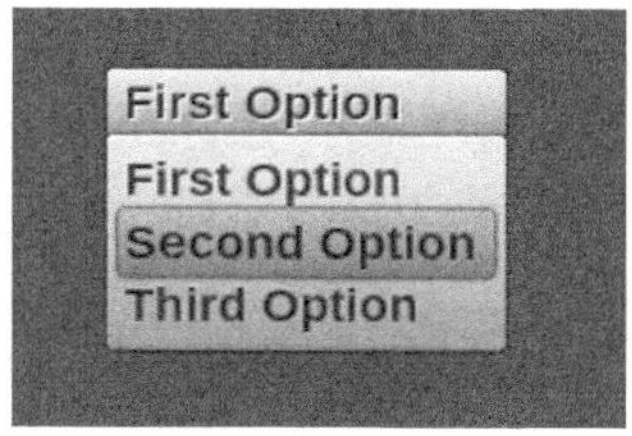

▲图 3.43

2．第二种方法：自我拼装一个

首先选中希望创建下拉菜单的 UI 节点，在 Unity 顶部菜单，依次选择 Creat → Sprite，这样就在 UI 节点下创建了一个 Sprite 子物体。

然后在这个子物体身上添加一个 PopupList 组件，添加方式为，在 Inspector 面板中依次单击 AddComponent → NGUI → Interaction → PopupList。

因为下拉菜单需要单击，所以，还需要为它添加一个 BoxCollider 组件，添加方法为选中这个控件，在 Unity 顶部 NGUI 菜单，依次选择 Attach → BoxCollider。

这样就算创建完成了，组件截图如图 3.44 所示。

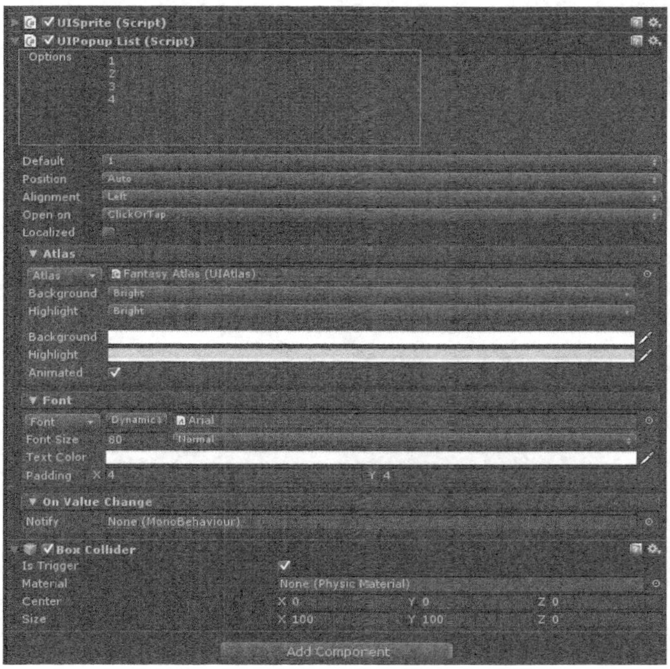

▲图 3.44

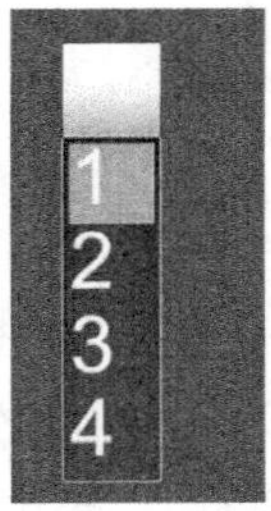

▲图 3.45

可以在图 3.44 中红框所示部分输入一些选项，每输入完一个选项，就必须回车换行再进行输入下一行，因为 NGUI 会按行数来识别选项。我们在图 3.44 中输入了 1、2、3、4 4 个选项，运行游戏后，单击这个 PopupList 物体，可以看到弹出了一个下拉菜单，如图 3.45 所示。

3.10.3　显示当前选中的选项

在图 3.44 中可以看到我们制作的下拉菜单并没有显示当前选中的选项，如果需要显示当前选中的选项，则可以在这个下拉菜单的控件下创建一个 Label 子物体，创建方法为选中这个下拉菜单的物体，在 Unity 顶部 NGUI 菜单，依次选择 Creat→Label。

然后需要将这个 Label 和下拉菜单关联起来，我们将 Label 拖动到下拉菜单 PopupList 组件的 On Value Change 回调中，选择 SetCurrentSelection 方法，这样当 PopupList 的选项被改变时，当前被选中的选项会实时更新到这个被关联的 Label 上显示出来，如图 3.46 中红框部分所示。

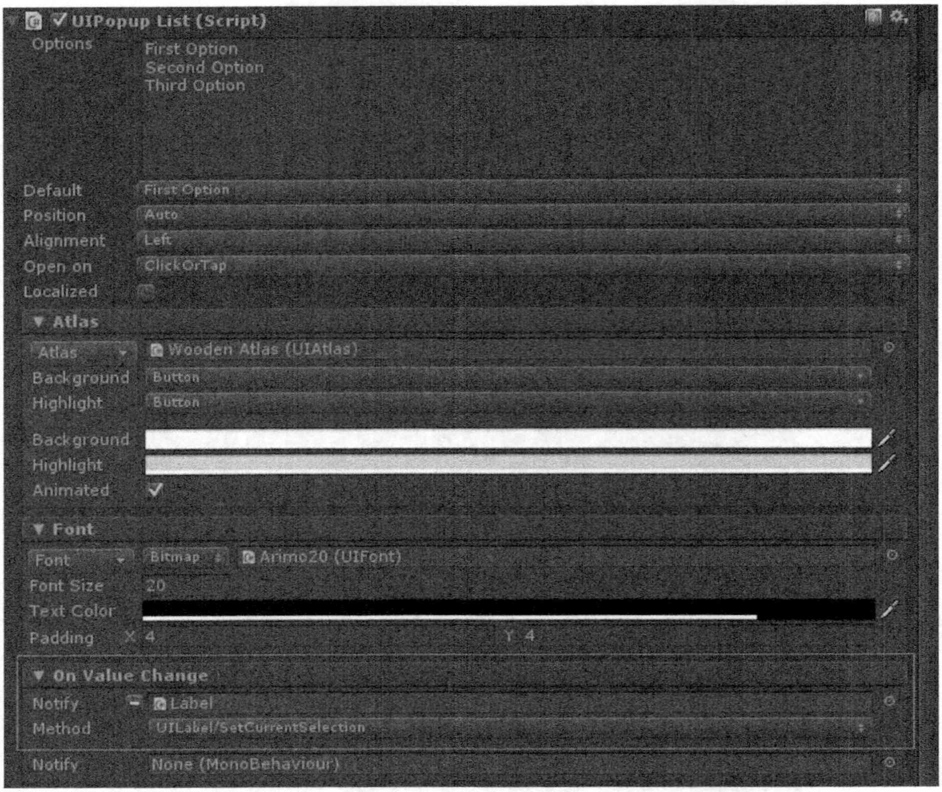

▲图 3.46

3.10.4　下拉菜单核心组件 PopupList

制作下拉菜单需要一个 Sprite 来被单击，需要一个 BoxCollider 来接收单击事件，但是，最核心的功能几乎全部依赖于一个核心组件：PopupList。这个组件的界面如图 3.47 所示。

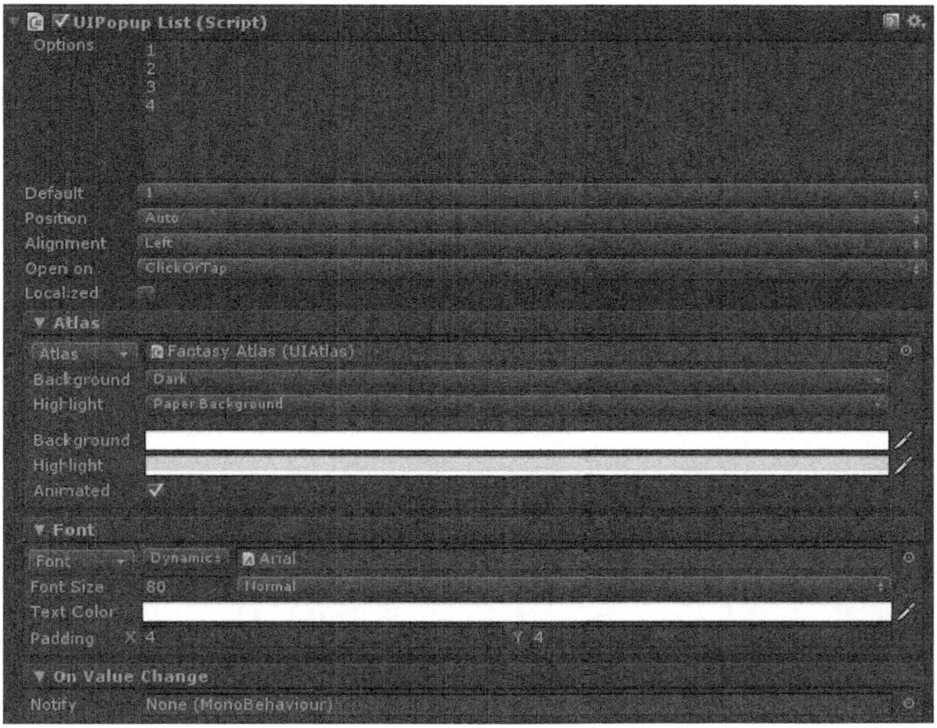

▲图 3.47

- Options

这里是下拉菜单的各个选项录入的地方，识别方式为按行识别，也就是说每填入一个选项后，需要回车换行才能继续录入下一个选项。

- Default

默认情况下选中的选项，这个选项会自动填充为我们录入的第一个选项。

- Position

位置，这里给了 3 个选项。

Auto：菜单将会自动决定是从上方弹出还是下方弹出。

Above：菜单将会从上方弹出。

Blow：菜单将会从下方弹出。

● Alignment

对齐方式，这里和 Label 里的对齐方式一样，就不多赘述了。

● Open on

打开的方式，这里提供了以下的方式可选择。

ClickOrTap：单击出现菜单。

RightClick：右键单击出现菜单。

DoubleClick：双击出现菜单。

Manual：手动出现，这种模式下任何输入都不会出现，必须代码控制它出现。

● Localized

这里是指菜单中的文本是否被本地化。

所谓本地化，可以理解为多语言翻译，例如，我们的游戏是英文的，那么游戏中的所有 UI 文本都将会被转换为英文版本。那么这个 Localized 选项就是决定这个下拉菜单是否被转换的。

如果打上勾，则表示这个菜单里的选项也会被本地化转换语言。如果不打钩，则表示这些选项里的文本不会被翻译，永远会保持它本来的样子。

为什么要有这么个选项呢？比如我们在选择语言的下拉菜单里，里面的每一种语言选项不能被翻译，因为玩家要依赖里面它认识的选项去选择自己要的语言。如果这里的选项被翻译成同一种语言了，那么就没有选择语言的意义了。

● Atlas

图集设定，这里有很多设置项。

Atlas：选择图集。

Background：设定下拉菜单的背景的精灵图片，还可以设置颜色。

Highlight：设定下拉菜单出现后，鼠标光标移到选项上高亮显示时显示的图片，也可以设定颜色。

- Font

设定菜单文本的字体、字号大小等。

- On Value Change

当这个下拉菜单当前选中选项变化时，触发的事件。

可能我们会有疑问：为什么这个下拉菜单会单独进行是否本地化和使用 Font 字体的指定呢？这是因为 NGUI 考虑到大多数游戏在制作上有语言版本时，都会使用下拉菜单来让玩家选择它所认识的语言，这种情况下选项不能被翻译，使用的字体也可能很特殊要涵盖很多种语言文字，所以，NGUI 是一个非常贴心好用的插件。

3.10.5 制作下拉菜单的注意事项

我们在制作下拉菜单时，一定要注意以下事项：

（1）一定要有接收单击事件的 BoxCollider；

（2）填写选项时，一定要注意换行；

（3）如果制作下拉菜单是为了让玩家选择语言，则要更加注意本地化的设置和 Font 的设置。

第 4 章　UI 动画

4.1 常见的两种 UI 动画介绍

4.1.1　要区分 UI 动画和 UI 特效两个概念

UI 动画的目的是为了让 UI 能够动起来，它的本质原理是通过每隔一定时间去改变 UI 的某个参数来实现动画效果。例如，每隔 0.5 秒就让 UI 的 Transform 组件的 Position 的 X 轴正向移动 1 个单位，持续 5 秒，那么就构成了一个 5 秒内 UI 朝 X 轴正向运动的动画。也就是说，UI 动画是在改变 UI 的组件参数，让 UI 实实在在地动起来了。

而 UI 特效，虽然效果上看着是 UI 特别绚丽的动态效果，但是，它的本质是叠加了一个特效在 UI 上，UI 本身是没有发生任何变化的。例如，我们经常在游戏中看到领取奖励的 UI 按钮在可以领取奖励时，会不停地闪烁发光，这其实是在领奖按钮上叠加了一层闪烁发光的特效，当可以领奖时，这个特效就激活。

所以，UI 动画和 UI 特效是两个概念，UI 特效具有独立性，可以通过叠加特效让 UI 看上去很绚丽，但是无法让 UI 本身动起来。而 UI 动画可以让 UI 本身动起来，却无法给 UI 赋予额外的特效效果。UI 特效需要额外的特效资源，UI 动画不需要任何的额外资源。

4.1.2　关于 Tween 动画

Tween 动画是动画中一种非常常用，同时也非常简单的一种动画。Tween 动画简单一点的解释是：中间动画。它的原理是设定动画的起点和终点，以及这过程中每一个中间点的值，然后让物体按照设定的这个流程去插值地改变值。

例如，我们通过 Tween 动画来做一个物体的 X 轴位置改变的动画，设定该物体 X 轴位置的 Tween 路线为 0、10、5 这 3 个点，设定好了之后，物体的 X 轴位置就会变化为 0，然后很平滑地变到 1、2、3……10，这个过程会根据时间计算出它变化的速度，然后一点一点地去改变，而不会瞬间变为 10，这就是所谓的插值。当物体的 X 轴位置变为 10 之后，它又会很平滑地慢慢变为 5，然后动画结束。

利用 Tween 动画可以做很多 UI 的动画效果，比如按钮被单击时会弹一下、按钮在某种情况下开始自己一蹦一蹦地上下浮动等。

在 NGUI 中，自带了一套非常精简实用的迷你 Tween 动画库，这个动画库虽然不能支持强大的 Tween 动画效果，但是，在 UI 的动画表现中已经非常实用。我们将会在后文详细讲解这个迷你 Tween 动画库。

4.1.3 关于 Animation 动画

Animation 动画就是 Unity 引擎自身的 Animation 动画系统，它的功能非常强大，从原理上来说，它和 Tween 动画几乎是一样的原理，通过插值去平滑地过渡每一个关键帧。但是，它支持 Unity 引擎中绝大部分组件的绝大部分参数，而且支持各种各样的运动曲线编辑，可以让动画按照一个自定义的、任意的节奏进行变换，类似于 Tween 动画的终极形态。

在 NGUI 中自带的迷你 Tween 动画库有一定的局限性，它只能实现一些常用的简单的动画效果，而 Animation 是 Unity 引擎原生的动画系统，非常强大。例如，我们希望让一个点光源的灯光不停地明暗变化，做出一种夜晚灯光闪烁的效果，或者天上星星闪烁的效果，我们使用 NGUI 自带的 Tween 动画库就难以做到，就需要求助于一些专业的 Tween 动画库，但是，我们也可以使用 Animation 轻松做到类似效果。

使用 Animation 来制作 UI 的动画主要是对付一些复杂的动画效果，一般情况下，优先使用 NGUI 自带的 Tween 动画，因为它简单，利于操作和维护。在碰到特殊情况下，才去使用 Unity 自身的 Animation 动画系统。

下面我们将逐一介绍 NGUI 的迷你 Tween 动画库中的一些常用的动画效果。

4.2 渐隐渐现动画（透明度动画）

4.2.1 透明度动画的介绍和应用

透明度动画的原理是改变 UI 控件的 Alpha 值来实现。在前文我们讲解 UI 控件的时候，讲到了很多 UI 控件都带有 Widget 的设置，如 Sprite、Label 等都有 Widget 的设置，在 Widget

设置里可以改变控件的颜色（其中包括了透明度）、尺寸、深度等。透明度动画改变的 Alpha 值就是改变的这里的颜色设置中的 Alpha 值。

使用透明度动画可以做 UI 的渐隐和渐现，比如一个 UI 按钮出现时，它是慢慢地从透明变为不透明出现，消失时也是慢慢地透明掉。

我们也可以使用透明度动画做 UI 的若隐若现效果，例如，界面中有一行文字时而消失时而出现，不停地重复这个动画过程构成了一个若隐若现的效果。

4.2.2　使用透明度动画 TweenAlpha

我们需要为某个 UI 增加透明度动画时，可以通过为它增加一个 TweenAlpha 组件，这个组件在 NGUI 的 Tween 动画库中，添加方式为依次选择 AddCompent→NGUI→Tween→TweenAlpha。

添加成功后的 TweenAlpha 组件设置界面如图 4.1 所示，我们来了解一下如何设置它来制作一个透明度动画。

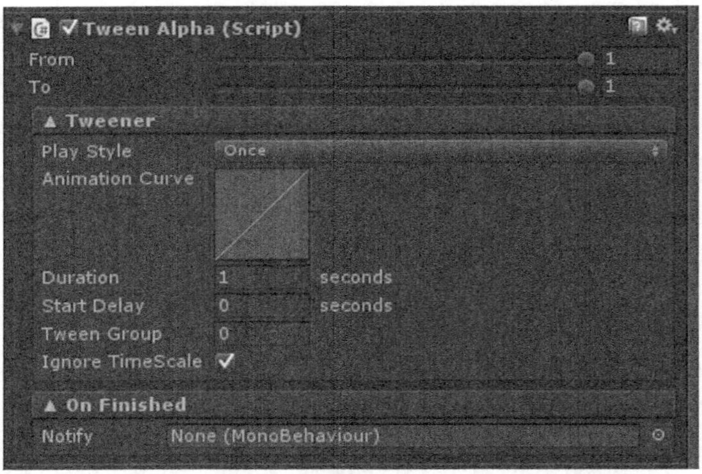

▲图 4.1

1. From 和 To

这是 Tween 动画的核心设置项，起始点的设定。值得注意的是，在 NGUI 自带的迷你 Tween 动画库中，一个 Tween 动画一般只支持起始点的插值动画。

在 TweenAlpha 中，我们可以在 From 和 To 中设置动画的初始透明度和结束时的透明度，0 为全透明。1 为默认值，也就是不透明。

2. Play Style

这里是播放的风格，可以理解为循环模式，一共有以下 3 种形式。

- Once

只播放一次，播放完了之后，就停止。

- Loop

循环播放，播放完了之后它会立即瞬间回到起点接着播放。我们举一个比较形象的例子：有一个动画是从透明度为 1 变为透明度为 0，那么 Loop 模式下，动画播放时透明度的变化为 1→（中间插值）→ 0 → 瞬间变为 1 → （中间插值）→ 0 →…… 如此无限循环下去。注意：这里从 0 慢慢插值达到终点 1 之后，是瞬间变回 0 进行下一遍播放的。

- PingPong

乒乓模式，顾名思义，动画会像乒乓球一样来回播放，它和 Loop 最大的区别在于，Loop 在播放完了之后是瞬间回到起点然后继续播放，而 PingPong 模式在动画播放完了之后，会倒着插值播放。还是那个例子：有一个动画是从透明度为 1 变为透明度为 0，在 PingPong 模式下，动画播放时透明度的变化为：1→（中间插值）→ 0 →（中间插值）→ 1 → （中间插值）→ 0 →…… 如此无限循环下去。

3. Animation Curve

这是动画的曲线编辑，可以编辑一些动画的节奏。我们单击这个设置项中的曲线图片，会弹出以下界面，如图 4.2 所示。

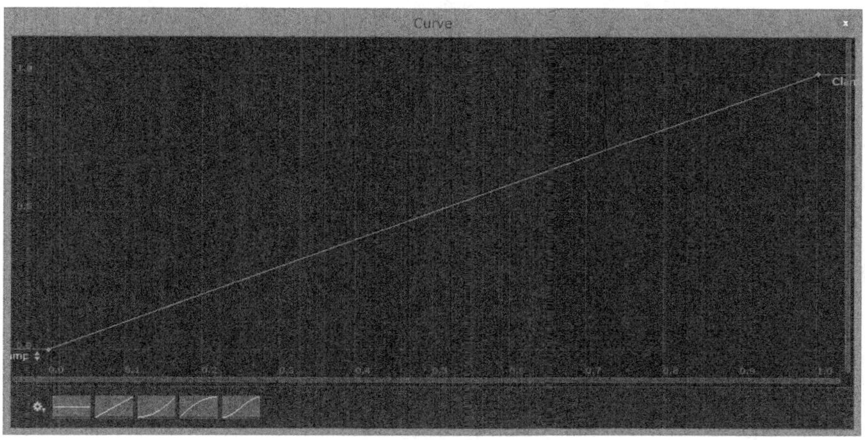

▲图 4.2

从图 4.2 中可以看到一条默认的曲线，为一条直线。它是单次动画内的曲线编辑，直线的意思是起点的值会在持续时间内，非常平均地进行插值改变，最后变为终点。我们在图 4.2 中底部的几个小灰块中可以看到，有几条预设好的曲线供我们选择，熟悉函数的应该都明白它的意思，我们只需要单击其中一种曲线，即可将这条预设好的曲线作为我们需要应用的曲线。

我们简单介绍一下几种预设好的曲线。

如图 4.3 所示，为水平的一条横线，这种模式比较特殊，代表着没有插值动画，动画在过渡时，不论动画需要过渡多少时间，它都会一瞬间跳到终点，完全没有中间过程，动画一旦开始播放就会立即达到终点播放完成。

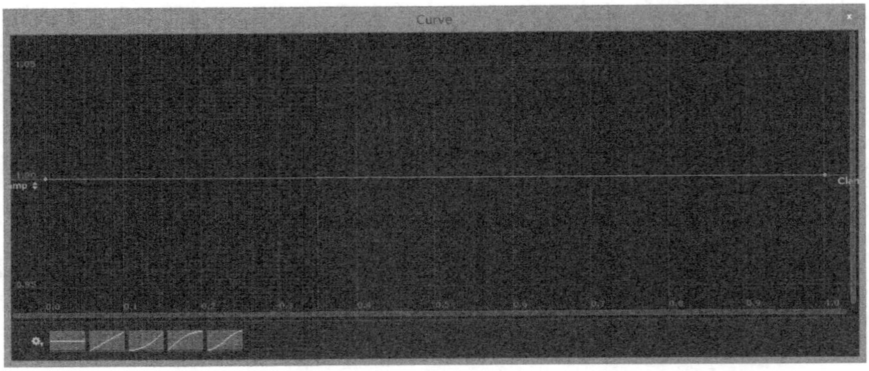

▲图 4.3

如图 4.4 所示，为直线，动画将会匀速从起点过渡到终点。

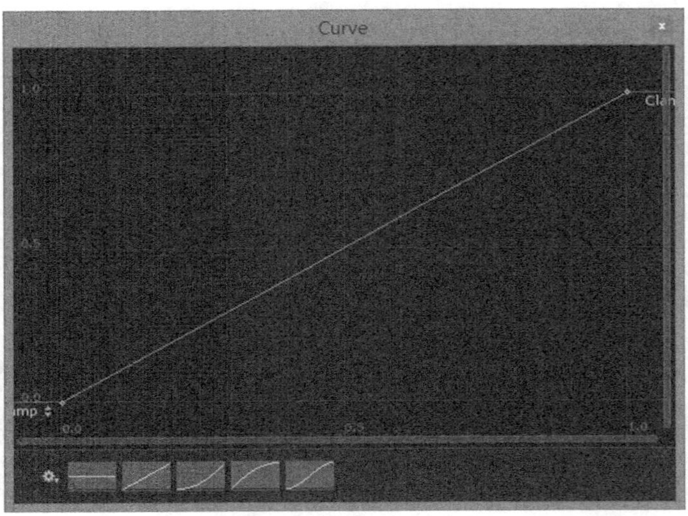

▲图 4.4

如图 4.5 所示，为先慢后快的曲线，动画将会以先慢后快的方式从起点过渡到终点。

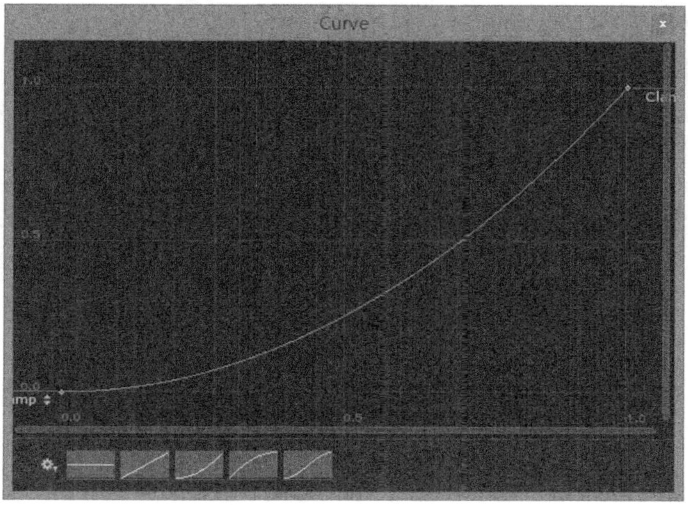

▲图 4.5

如图 4.6 所示，为先快后慢的曲线，动画将会以先快后慢的方式从起点过渡到终点。

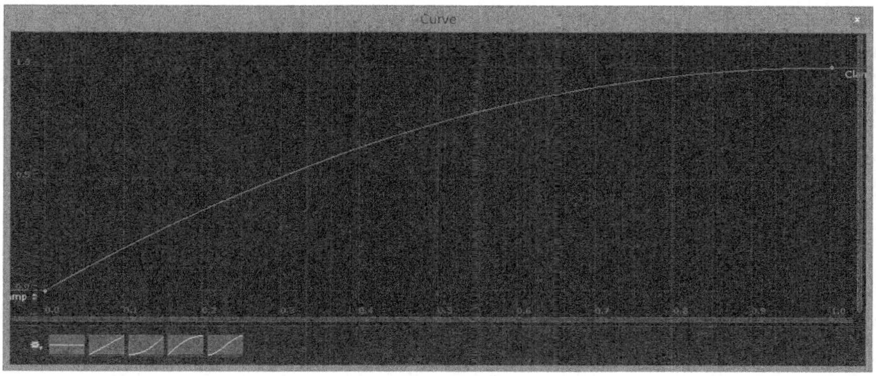

▲图 4.6

如图 4.7 所示，为先慢后快最后再慢的方式，动画过渡时，在开始时比较慢，然后变快，快到达终点时又开始变慢。

如果我们对它预设的曲线还不满意，我们可以在曲线中进行拖动设置，方法和 Unity 的 Animation 曲线一样（这个属于 Unity 的原生系统我们就不多讲述了）。我们也可以通过单击预设曲线左边的齿轮符号，在弹出的预设曲线界面中单击 New 来新创建一个预设曲线，以便于以后我们更方便地应用自定义的曲线。

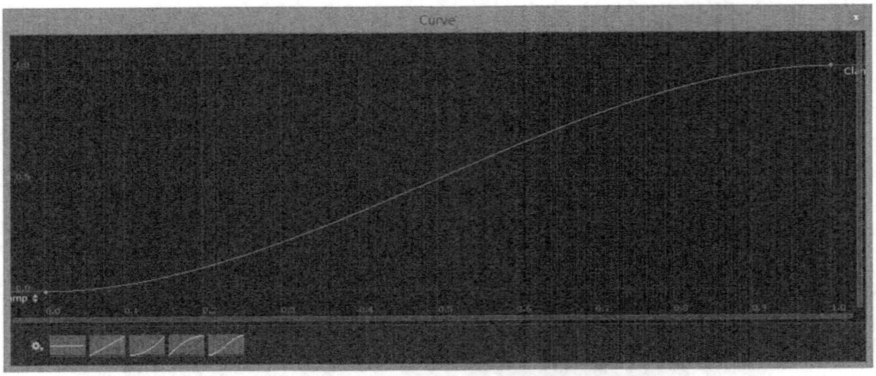

▲图 4.7

4. Duration

持续时间，单位为秒，默认为 1 秒。这里可以填浮点数，如 0.5 秒。

5. Start Delay

播放延迟时间，单位为秒，默认为 0 秒，支持浮点数。

6. Tween Group

动画所属的组，默认为 0。这个设置会在后文讲解 UIPlayTween 时讲到，它的主要作用是通过分组来整体控制多个 Tween 动画。

7. Ignore TimeScale

是否忽略时间缩放，默认为是。

这个选项用得极少，但是知识点很重要。我们都知道 Unity 中有一个 TimeScale 的概念，我们在某些比较简单的情况下会直接使用 TimeScale=0 这种方式来使游戏中的时间停下，达到游戏暂停的效果。而这里的是否忽略时间缩放，就是指当游戏中的 TimeScale 改变时，这个动画的时间是否跟着受影响。

8. On Finished

在动画播放完毕时候触发的函数，这里的设置和之前 UI 控件的回调函数设置方法一样，就不多描述了。

4.2.3　使用透明度动画的注意点

NGUI 的 Tween 动画看上去都比较简单，容易操作。但是，在实际开发中使用透明度动画时，我们要注意一些比较隐藏的、又比较重要的规律。

（1）从起点播放到终点，就算动画播放完了一遍。但是，在动画结束的触发事件中，我们需要注意的是，如果动画模式是 Loop 或者 PingPong，那么它将永远不会结束。

（2）透明度动画会实实在在地改变 UI 的透明度，并不是一个"临时"透明度。例如，我们设置了一个透明度从 1 变为 0 的渐渐消失动画，当透明度变化到 0.5 时，我们就将动画组件关闭，此时 UI 的透明度将会一直停留在 0.5。

（3）如果有自定义动画曲线，那一定要检查曲线是否和自己想要的效果一致。

（4）动画组件激活后，它会立即开启 StartDelay 的计时，然后播放动画。

（5）如果动画播放设定为播放一次，那么动画播放一次之后，就会自动关闭该组件。

4.3 颜色变化动画（变色动画）

4.3.1　变色动画的介绍和应用

变色动画是通过 NGUI 的 TweenColor 组件来实时改变 UI 控件的颜色来实现动画效果。我们之前讲过 UI 控件的 widget 中改变 Color 的设置中，原理是颜色的相乘。UI 图片中的每个像素都有一个 RGB 值来表示这个像素的颜色，在 Unity 中会将 RGB3 个值由 0～255 的数值转变为 0～1 的一个数，然后和 UI 控件的 widget 的 Color 中设定的颜色值（设置的时候是为 RGB 分别填入 0～255 的数，但是也会被转换为 0～1 的数）进行相乘。在变色动画中，原理也是色值相乘。

例如，设置动画的起点是白色，终点是黑色，那么 UI 的最终颜色将会是：UI 图片的原色*白色→UI 图片的原色*黑色。这个动画变化过程也是插值的。

变色动画在游戏中的应用非常广泛，比如我们选中某个 UI 时，它会明暗闪烁，则是一个白色到黑色的 PingPong 动画。再比如当某个 UI 我们无法单击时，它会不停地闪红色，则是一个白色到红色的 PingPong 动画。

值得注意的是，我们在制作游戏的 UI 动画时，一定要区分透明度动画和颜色动画，比如说明暗变化，如果用透明度动画来制作，它其实没有变暗，是变得半透明了看上去有一点变暗的效果，而用颜色动画，则透明度没有变化，是颜色实实在在变暗了。

4.3.2 使用颜色动画 TweenColor

我们需要为某个 UI 增加变色动画时，可以通过为它增加一个 TweenColor 组件，这个组件在 NGUI 的 Tween 动画库中，添加方式为，依次选择 AddCompent→NGUI→Tween→TweenColor。

添加成功后的 TweenColor 组件设置界面如图 4.8 所示，我们来了解一下如何设置它来制作一个变色动画。

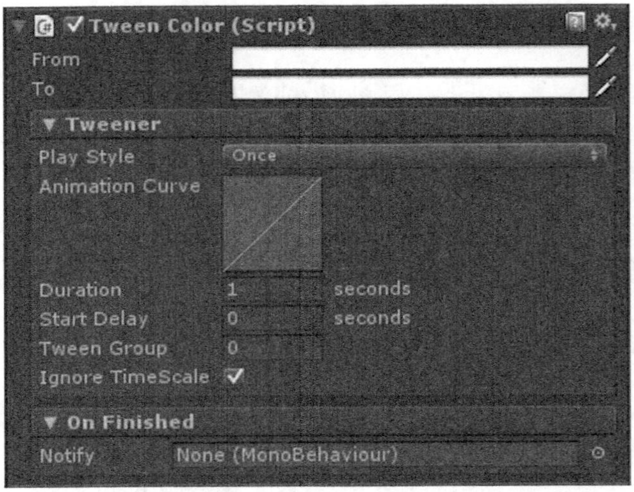

▲图 4.8

从图 4.8 中可以看到，变色动画的组件和透明度动画的组件从界面上来看非常相似。是的，所有的 NGUI 自带的 Tween 动画，几乎都是一模一样的结构，只是其中的设置有一些不同。

TweenColor 一样只支持起点和终点两个点的设置，然后通过插值曲线来过渡。其中 Tweener 模块和之前讲过的透明度动画的 Tweener 模块是一样的，这里就不多赘述。如果对 Tweener 模块还不了解，可以参看 4.2 节。

关于这个 TweenColor 组件，我们要着重讲一下它的起始点设置。它的起始点设置是两个颜色设置板，和 UI 控件的 widget 模块中的颜色设置板一模一样。我们可以点进去设置想要的颜色。既然是用 UI 控件的 widget 模块中的颜色设置板来设置颜色，颜色有 RGBA4 个值，所以也可以通过设置它的 A 值来实现一个透明度动画。

4.3.3 使用颜色动画的注意点

使用颜色动画的时候，需要注意以下一些注意点。

（1）从起点播放到终点，就算动画播放完了一遍。但是，在动画结束的触发事件中，需要注意的是，如果动画模式是 Loop 或者 PingPong，那么它将永远不会结束。

（2）颜色动画是实实在在地改变了 UI 控件的颜色，并不是“临时改变”。例如，一个动画是将 UI 从白变黑，那么当动画播放完毕之后，UI 是真的变黑了，并不会自动变回原来的颜色。

（3）颜色改变的原理是将 UI 控件的原色和动画中设置的颜色进行相乘，这个原理一定要深刻理解，如图 4.9 所示，则是一个动画的范例，在 TweenColor 中设置动画的起点为白色，终点为红色。

▲图 4.9

4.4 位置变换动画（位移动画）

4.4.1 位移动画的介绍和应用

NGUI 中的每一个 UI 控件其实都是一个带有 NGUI 脚本的 Unity 游戏物体（GameObject），它们都有一个 Transform 组件来管理这个物体的位置、旋转、缩放。位置变换动画，就是通过改变这个 UI 物体的 Transform 组件的 Position 实现的。

值得注意的是，在 NGUI 的 UIRoot 树状结构中的物体，Transform 的 Position 一般都是本地坐标（经过了 UIRoot 的缩放），而位移动画的核心组件 TweenPosition 改变的是 Position 中显示的坐标。也就是说，如果我们对 UIRoot 下的 UI 物体使用 TweenPosition，则单位可以理解为像素，如果我们自己在摄像机中挂上一个 UICamera，然后对这个 Camera 照射到的物体（不属于某个 UIRoot）使用 TweenPosition，则单位是 Unity 中的标准单位：米。

位移动画也是在开发游戏时经常使用的一种动画，比如某个按钮或者图片一直不停地上下漂浮等。再比如我们制作比较常用的“抽屉界面”都会用到位移动画，“抽屉界面”的制作我们后面会讲解。

4.4.2　使用位移动画 TweenPosition

我们需要为某个 UI 增加位移动画时，可以通过为它增加一个 TweenPosition 组件，这个组件在 NGUI 的 Tween 动画库中，添加方式为，依次选择 AddCompent→NGUI→Tween→TweenPosition。

添加成功后的 Twe+enPosition 组件设置界面如图 4.10 所示，我们了解一下如何设置它来制作一个位移动画。

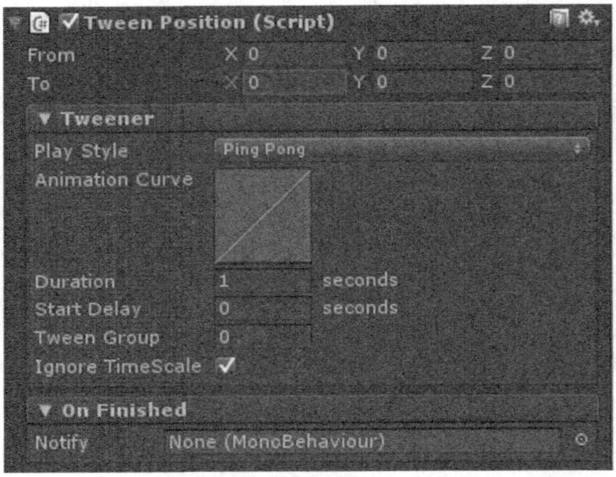

▲图 4.10

TweenPosition 的组件设置和其他 Tween 动画很相似，惟一的区别在于 From 和 To 是一个 Vector3 变量，起始点的设置都需要分别填入 X、Y、Z 的值。当我们成功添加了该组件之后，From 和 To 中会自动读取该物体当前的 Transform 中 Position 的值作为默认值。

4.4.3　使用位移动画的注意点

使用位移动画的注意点可以参看 4.2 节讲解透明度动画时的一些注意点，Tween 动画的很多注意点几乎都是一样的，比如动画如果选择了 Loop 和 PingPong，那么就不会有结束的那一刻。

除此之外，在制作位移动画时，需要特别注意的是位移的单位问题。因为如果物体属于一个 UIRoot，那么它的位置信息是相对位置，单位也是像素。如果物体不属于 UIRoot，那么它的位置信息是空间位置，单位是米。

在制作位移动画时，动画在执行时会先瞬间改变到起始点，然后开始插值位移，所以，我们一定要注意起始点的位置是否是想要的位置，一般情况下，需要起始点的位置是物体的当前位置。虽然添加完组件之后它会自动读取当前位置信息作为默认的位置，但是，如果改变了物体的位置信息，TweenPosition 组件中的值是不会再次自动地去读取的，所以，需要经常检查 From 和 To 的值。

4.5 旋转变化动画（旋转动画）

4.5.1　旋转动画的介绍和应用

Unity 的每一个 GameObject 都有一个 Transform 组件，每一个 Transform 组件上都有 Position、Rotation、Scale3 个信息。上文我们讲解的位移动画则是通过改变 Transform 的 Position 来实现的，这里要讲的旋转动画则是通过改变 Transform 组件的 Rotation 来实现的。

旋转动画在游戏中的应用相对要少一些，比如说通过某个操作会使 UI 图片旋转一下。

4.5.2　使用旋转动画 TweenRotation

我们需要为某个 UI 增加旋转动画时，可以通过为它增加一个 TweenRotation 组件，这个组件在 NGUI 的 Tween 动画库中，添加方式为，依次选择 AddCompent→NGUI→Tween→TweenRotation。

添加成功后的 Twe+enRotation 组件设置界面如图 4.11 所示，我们了解一下如何设置它来制作一个旋转动画。

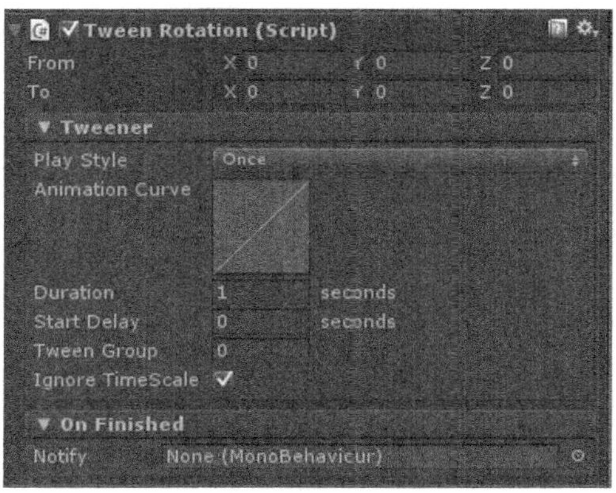

▲图 4.11

从图 4.11 中可以看到，它的设置界面和位移动画非常相似。相同的一些设置就不多赘述了。主要来讲一下它的 From 和 To 起始点设置。

旋转动画的 From 和 To 需要填入的是 3 个方向的旋转角度，0 就是 0°，也就是不旋转。需要注意的是，360°，并不等于 0 度，因为动画有插值算法，例如，在 X 中填写 360，则会顺着 X 轴的方向将图片翻转 360° 一整圈。

关于旋转动画的旋转方向，它会根据填入的 X、Y、Z 值合成一个方向（这个 X、Y、Z 值本身就组成了 Vector3 向量），如果希望它是朝着轴正向的，则填入正数，如果希望它是反向的，则填入负数。

例如，设置 From 的 X、Y、Z 都为 0，也就是以当前原始姿态作为起点，然后在 To 中的 X、Y、Z 中分别填写 X 为 60、Y 为 180、Z 为-360。则在持续时间内，它会插值的沿着 X 轴正向旋转 60°，同时朝着 Y 轴正向旋转 180°，同时朝着 Z 轴的负方向旋转 360°，然后在同一个时间点（动画的结束时间）旋转结束。

我们在设置 From 和 To 时，虽然填写的是一个旋转度数，我们可以填写超过 360 的数字，例如，在 To 中填写 720，则是单次动画过程中旋转 720°，也就是两圈。

4.5.3　使用旋转动画的注意点

使用旋转动画时，我们要注意以下几点。

（1）动画的方向不要弄错，它是由 X、Y、Z 上的 3 个方向叠加起来的。如果只需要 UI 朝一个方向旋转，请将另外两个方向的值设为 0。

（2）只有 From 的 X、Y、Z 都为 0 时，才是从原始形态开始旋转。

（3）0° 和 360° 区别很大。虽然 0° 和 360° 看到的结果是一样的，但是，因为动画有一个插值过渡的过程，所以 0° 不会旋转，而 360° 则会旋转一整圈回到原样。

（4）记住正数为正方向，负数为负方向。

（5）填写的数值可以超过 360，例如，填写一个 720° 旋转，则是单次动画转两圈的意思。

4.6　大小变化动画（放缩动画）

4.6.1　放缩动画的介绍和应用

放缩动画和旋转动画和位移动画一样，都是通过改变物体的 Transform 组件来实现的。位移动画是改变的 Transform 的 Position 信息，旋转动画改变的是 Transform 的 Rotation 信息，而放缩动画，则是改变的 Transform 的 Scale 信息。

放缩动画在游戏中比较常用，比如某个图片不停地变大变小造成一种“不停的蹦”的效果。

4.6.2 使用放缩动画 TweenScale

我们需要为某个 UI 增加放缩动画时，可以通过为它增加一个 TweenScale 组件，这个组件在 NGUI 的 Tween 动画库中，添加方式为，依次选择 AddCompent→NGUI→Tween→TweenScale。

添加成功后的 Twe+enScale 组件设置界面如图 4.12 所示，我们了解一下如何设置它来制作一个放缩动画。

从图 4.12 中依然看到了一个非常熟悉的设置界面，依然是设置 From 和 To 的起始值和 Tweener 模块，以及 OnFinished 回调函数模块。这里就不多讲解了。

但是在图 4.12 中我们发现这个 TweenScale 组件和其他组件不一样的地方在于多了一个选项：Update Table，这是一个 Bool 型变量，打勾为选中，不打勾则为不选。这个选项在开发时暂时没什么用，可以不用管它。

值得注意的是，TweenScale 改变的是 LocalScale。

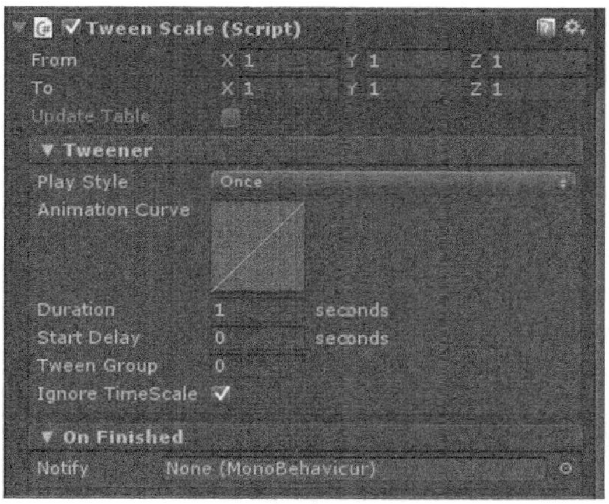

▲图 4.12

4.6.3 使用放缩动画的注意点

放缩动画比较简单，在使用时注意两点即可：① 它改变的是 LocalScale。② 它会连同子物体一起给改变了。

4.7 Tween 动画总结

在前几个小节中，我们已经讲解了游戏开发中最常用的一些 UI 动画效果。在 NGUI 中还提供了一些其他的 Tween 动画，比如说：改变音量的动画、整体 Transform 改变的动画、摄像机的正交尺寸动画等。

因为 NGUI 的 Tween 动画的原理和结构几乎都一样，所以，对于其他的 Tween 动画我们就不多讲述了，大家有兴趣的可以去尝试一下。我们现在来总结一下 Tween 动画的特点。

（1）都要设置 From 和 To，也就是动画的起点和终点，然后动画会根据这两个点，插值出中间过渡点，最后完成起点到终点的过程。

（2）都有一个 Tweener 模块，里面需要设置动画的曲线、持续时间等。

（3）都有一个 OnFinshed 模块，可以设置动画播放完成之后触发的事件函数。

（4）Tween 动画都是实实在在地去改变 UI 的相关参数，并不是一个“临时效果”。

Tween 动画一般很少单独使用，一般来说它都需要配合 UIPlayTween（一种 UI 动画的控制器）组件来使用，甚至是和代码结合起来使用。因为在游戏开发中，UI 动画的规则会受游戏规则的一些影响而有不同的需求，如果仅是 Tween 动画单独使用会有很多缺陷，而配合 UIPlayTween 则会更加强大和方便，在某些更高级的动画控制需求中，还得用代码去控制动画。

只有在它永久存在的时候（如 Loop 或 PingPong）才会单独使用，例如，需要让一行字永远在 UI 面板中上下漂浮，那么可以设置一个 TweenPosition 选择 PingPong 或者 Loop 模式直接完成制作，这个 Tween 动画就是单独使用。

在后面我们就将介绍两个很重要的动画的控制组件：UIPlayTween 和 UIPlayAnimation。

4.8 动画控制组件 UIPlayTween

4.8.1 为什么要用 UIPlayTween

首先，我们需要了解，什么是 UIPlayTween？UIPlayTween 是一个 NGUI 的组件脚本，它的作用是对物体身上的 Tween 动画进行自定义的控制，比如我们之前讲解各种 Tween 动画时，在 Tweener 设置模块就有一个 Group 设置，这个 Group 就是为 UIPlayTween 准备的变量，可以让 UIPlayTween 对动画进行整组控制。

为什么我们要使用 UIPlayTween 呢？在之前我们讲解各种 Tween 动画时，讲到了 Tween 动画的一些特点，这些特点有一部分也是 Tween 动画单独使用的硬伤，比如 Tween 动画组件在激活时就会直接播放，播放完一次之后就再也不会播放了。Tween 动画如果单独使用，很难满足我们在游戏开发中的很多常见需求，例如，我们需要每次单击某个按钮时，都让一张图片播放一个 Tween 动画；或者我们需要第一次单击某个按钮，一张图片会正向播放动画，再单击一次按钮，这个图片会倒着播放动画，再单击再正向播放……这些需求都是 Tween 动画单独使用无法做到的。

综上，我们需要对动画进行事件关联的时候，也就是我们需要让动画按照一些规则来进行播放的话，我们一般就需要结合 UIPlayTween 组件来使用。对于某些更高级的需求，甚至需要通过代码来控制。

4.8.2 动画核心组件 UIPlayTween 讲解

UIPlayTween 组件我们可通过依次选择 AddCompent →NGUI→ Interaction→ PlayTween 来完成添加。值得注意的是：UIPlayTween 需要接收外部单击事件，所以一般来说，都会将 UIPlayTween 放在一个有 BoxCollider 可以接收事件的物体上。

图 4.13 是 UIPlayTween 的组件设置界面，先来了解一下 UIPlayTween 组件的设置方式和特点。

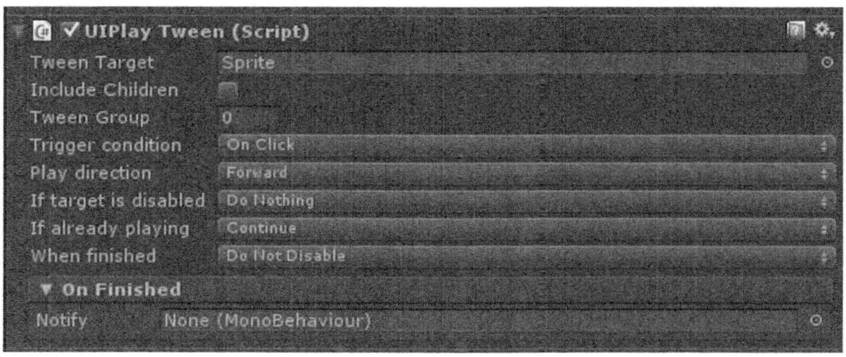

▲图 4.13

1. TweenTarget

动画播放目标物体。

我们刚讲过 UIPlayTween 组件的核心意义在于控制物体身上的各个 Tween 动画组件，而这个设置项的意义在于设定 UIPlayTween 组件控制的是哪一个物体身上的 Tween 动画组件。它的默认值是自身的物体，但是，它不一定非得是自身，它可以控制其他的物体。

例如，假设我们希望通过单击按钮 A 来使物体 B 播放身上的 Tween 动画，我们需要将 B 物体拖动到 A 物体的 UIPlayTween 组件的 TweenTarget 设置处，这样就将这个 PlayTween 组件和物体 B 关联起来了。

一个 UIPlayTween 只能关联一个物体，关联的物体身上的 Tween 动画组件不管是否激活都可以被 UIPlayTween 控制，一般情况下都会提前关闭物体身上的 Tween 动画组件，让 UIPlayTween 组件按照事件来控制 Tween 动画的激活与播放。

2. Include Children

是否包含子物体。

这里指的是 UIPlayTween 组件是否控制目标物体的子物体身上的 Tween 动画。如果不勾选，则 UIPlayTween 只会控制目标物体身上的 Tween 动画播放；如果勾选，则会使 UIPlayTween 不但控制目标物体身上的 Tween 动画，而且会同时控制目标物体的子物体身上的 Tween 动画。

3. Tween Group

控制的 Tween 动画的组。

UIPlayTween 组件虽然是控制目标物体身上的 Tween 动画组件的播放，但是，它并不是直接控制目标物体身上所有的 Tween 动画。我们在前文讲解 T　　ween 动画组件的时候，讲到过每一个 Tween 动画都有一个 Group 设置，UIPlayTween 组件身上也有一个 TweenGroup 的设置，它只会控制目标物体身上 Group 和自身的 TweenGroup 相同的 Tween 动画。

例如，目标物体身上有 A、B、C3 个 Tween 动画组件，它们的 Group 分别是 0、1、2，而 UIPlayTween 组件的 TweenGroup 为 0，那么 UIPlayTween 将只会控制目标物体身上的 A 动画组件，因为 Group 一样。

4. Trigger condition

触发机制。

在这个设置项中，提供了很多选项，如 OnClick、OnPress 等，可以用来设定在什么事件条件下使相关联的 Tween 进行播放。但是，我们之前讲过 UIPlayTween 所在的物体必须要有 BoxCollider 组件才能进行事件接收。

5. Play direction

播放的方向。这里提供了 3 种方向。

- Forward

正向播放，默认方向。也就是 Tween 动画将会正常地从 From 播放到 To。

- Toggle

开关播放，也就是第一次单击，Tween 动画会正常地从 From 播放到 To。第二次单击会从 To 倒着播放到 From，再次单击则再从 From 播放到 To。如此往返循环，像开关一样。

- Reverse

反向播放，Tween 动画将会倒着从 To 播放回 From。

6. If target is disabled

如果要对目标物体进行播放动画的控制时，目标物体却被禁用了（未激活）状态下的设置。这里提供了以下选项。

- DoNothing

不做任何处理，也就是目标没有被激活，那么该次控制就无效。

- Enable Then Play

强行将目标物体激活，然后播放相应的 Tween 动画。

需要注意的是，这里是针对的目标物体是否激活，而不是目标物体身上的 Tween 动画组件是否激活。UIPlayTween 在工作时，不管目标身上的 Tween 动画组件是否激活，UIPlayTween 组件都会强行控制 Tween 动画组件激活并按照规则播放动画。

7. If already playing

如果对目标物体进行播放动画时，目标动画恰好正在播放中的设置。这里提供了以下选项。

- Continue

接着播放，其实相当于不做任何处理，任由它继续播放完。

- Restart

重新播放，强行将正在播放的动画回到起点，然后按照该次控制重新播放一遍。

- Restart If Not Playing

等这次播放完了，再重新返回到起点播放一遍。

8. When finished

播放完毕之后目标物体的处理。这里给出了以下选项。

- Do Not Disable

不要禁用目标物体。其实就是不做任何处理，播放完了就完了。

- Disable After Forward

在正向播放完毕之后，就把目标物体禁用了。

- Disable After Reverse

在反向播放完毕之后，就把目标物体禁用了。

9. On Finished

动画播放完毕之后的触发事件函数。设置方法就不多讲了，前面讲解控件时讲过。

需要注意的是，我们一般都会将动画播放完毕之后的回调函数放到这里，而不是放到单个 Tween 的 OnFinished 中。

4.8.3 使用 UIPlayTween 的注意事项

UIPlayTween 是一个非常有用的组件，它几乎和 Tween 动画形影不离，它不仅可以整组控制 Tween 动画的播放，还可以按照事件来触发 Tween 动画的播放，还有丰富的辅助功能。但是，我们在使用 UIPlayTween 来进行动画控制的时候，要注意以下一些事情。

（1）最重要的一条，UIPlayTween 需要接收各种事件，所以，确保它所在的物体身上有 BoxCollider 组件。

（2）千万要注意 UIPlayTween 的 TweenGroup 和目标物体身上 Tween 动画的 Group。因为，它们的默认值都为 0，如果不注意的话，它会直接把目标物体身上所有的 Tween 动画一起控制了。

（3）谨慎使用 Include Children，特别是在还不确定子物体将会有哪些 Tween 动画时。

（4）一般来说，假设我们需要一批 Tween 动画都播放结束后，触发某事件函数，最好将函数挂在 UIPlayTween 的 OnFinished 中，利于维护。

（5）如果我们不事先禁用目标物体身上的 Tween 动画，那么它在物体激活时就会直接开始播放（也就是 Tween 动画组件自身的规则它会照常执行），所以一般情况下，我们会事先禁用目标物体身上的 Tween 动画组件，让它完全交由 UIPlayTween 来控制激活组件和播放。

4.9 动画控制组件 UIPlayAnimation

4.9.1 为什么要用 UIPlayAnimation

我们还是首先来了解一下什么是 UIPlayAnimation。UIPlayAnimation 是 NGUI 自带的一个动画控制的脚本组件。它和 UIPlayTween 几乎是一模一样的功能，最大的区别是 UIPlayTween 是控制目标物体身上的 Tween 动画，而 UIPlayAnimation 是控制目标物体身上的 Animation 动画。

我们知道 Animation 动画是利用 Unity 自带的 Animation 系统制作出的 AnimationClip（动画剪辑），然后将这个 AnimationClip 挂到物体身上的 Animation 组件中（这个组件下面会讲如何添加），实现和 Tween 动画一样的用途。UIPlayAnimation 的出现就是为了控制目标物体身上的 AnimationClip。

4.9.2 为 UI 添加 Animation 组件

为 UI 添加 Animation 组件的方法是，依次选择 AddCompent→Miscellaneous→Animation，然后得到如图 4.14 所示的 Animation 组件，将 AnimationClip 文件从 Project 视图中拖动到第一个 AnimationClip 设置项中即可完成默认动画的设置。

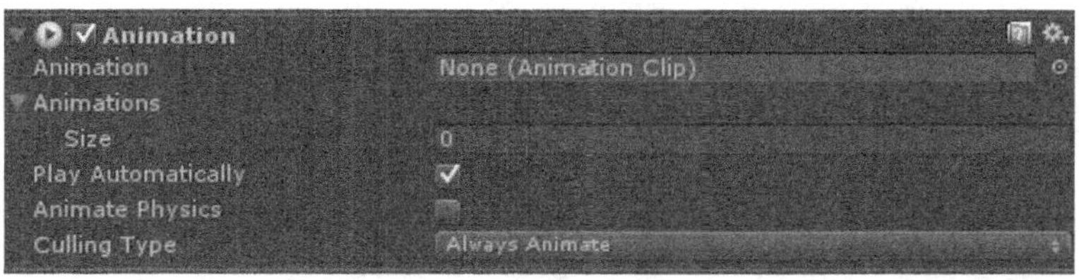

▲图 4.14

需要注意的是，在使用 Tween 动画时，如果要为 UI 添加多个 Tween 动画，我们的方法是添加多个 Tween 动画组件。而使用 AnimationClip 时，如果我们要为 UI 添加多个 AnimationClip，则我们只需要使用一个 Aniamtion 组件即可，只需要将 Animation 组件中的 Size（这个选项代表着该物体身上 AnimationClip 的个数）设为一个想要的数量，就会出现图 4.15 所示的界面，会多出相应数量的 AnimationClip 设置项，然后只需要将 AnimationClip 都拖上去即可。

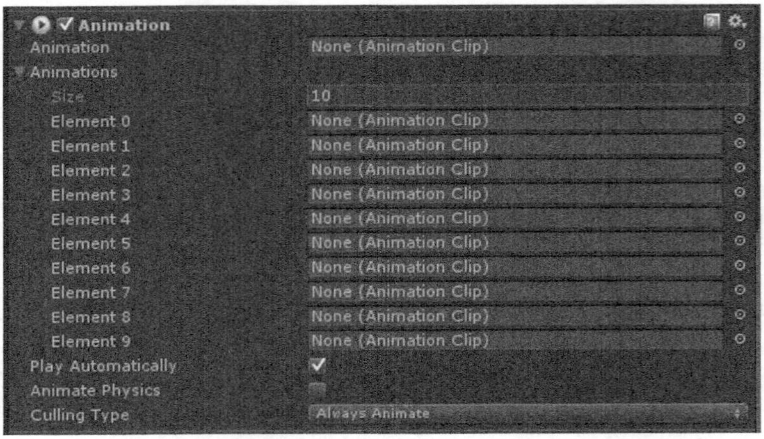

▲图 4.15

我们最初设置的第一项 Animation 是默认的 Animation，类似于 Tween 一样，组件激活就会自动播放，就像状态中的默认状态一样，其实这一项 Animation 不设置也没有关系。而其他这么多的 AnimationClip 怎么来控制呢？在旧版本的 Unity 中，程序员一般是通过代码来控制不同的动画播放，而在 NGUI 中，因为这些动画都是针对 UI 的，所以，可以利用 NGUI 自带的 UIPlayAnimation 更方便地进行控制。

4.9.3　动画核心组件 UIPlayAnimation 讲解

再次强调，虽然 AnimationClip 是通过 Unity 的 Animation 系统制作出来的，但是 UIPlayAnimation 组件是 NGUI 的一个组件。它的添加方法为：依次选择 AddCompent→NGUI → Interaction →Play Animation。

UIPlayAnimation 组件的设置界面如图 4.16 所示，我们先来了解一下这个组件，虽然它的功能和 UIPlayTween 大体差不多，但是在设置上还是有一些区别。

▲图 4.16

1. Animation

第一行的 Animator 我们不需要设置也无法设置，这里就不讲了。需要设置的第一个项是 Animation，这里设置的其实是一个带有 Animation 组件的物体，并不是一个 AnimationClip！

我们需要确保这个 UIPlayAnimation 组件控制的目标物体身上有一个 Animation 组件（上一小节讲到的组件），然后将这个目标物体拖动到这个 Animation 设置项中来，即可完成设置，和 UIPlayTween 中设置 Target 是一样的原理。

2. StateName

需要播放的动画片段的名称。

我们也许在目标物体身上的 Animation 组件中添加了很多的 AnimationClip，而这里的 StateName 就是填写要播放哪一个动画，填入的是动画的名称，必须保证这里填入的名称和目标物体身上相应的 AnimationClip 的名称完全一致，包括大小写。

3. Trigger condition

和 UIPlayTween 一样。

4. Play direction

和 UIPlayTween 一样。

5. Selected object

对选中的物体的设置，一般保持它为默认的 KeepCurrent 即可。

6. If disabled on start

和 UIPlayTween 一样。

7. If already playing

和 UIPlayTween 一样。

8. When finished

和 UIPlayTween 一样。

9. Onfinished

和 UIPlayTween 一样。

4.9.4　使用 UIPlayAnimation 注意事项

UIPlayAnimation 在使用的时候，和 UIPlayTween 还是有一些区别，我们在使用时，要注意以下一些事项。

（1）最重要的一条，UIPlayAnimation 需要接收各种事件，所以，确保它所在的物体身上有 BoxCollider 组件。

（2）UIPlayAnimation 没有 Group，目标物体的 Animation 组件中也没有 Group，所以，单个 UIPlayAnimation 组件是无法整组控制一批 AnimationClip 的播放。

（3）确保目标物体身上有 Animation 组件，并且确保 UIPlayAnimation 组件中填写的 StateName 和目标物体身上 Animation 组件中的相应的 AnimationClip 名称完全一致，因为，它的判断方式是字符串相等。

（4）使用 Animation 来制作 UI 的动画时，我们一般不需要事先就禁用目标物体身上的 Animation 组件。

第 5 章　其他组件

5.1 使用 Toggle 制作页签

5.1.1 页签的工作原理

页签的功能，相信大家都非常常见，页签会将内容分类来显示，同一时间内，只能选中一个页签，并且只显示该页签所属的内容。这个功能和我们讲解 Toggle 制作复选框时有些相似，其实页签就是一个单选框，由多个同组的开关（Toggle）组成，同一时间只能选中一个选项。

页签和这个单选框功能的区别就是，页签中包含有要显示的内容。当切换开关时，不但要自动将其他开关关闭，并且还要将当前选中的开关所包含的内容显示出来，这就是页签的功能原理。

在制作页签时，我们的思路也是先使用 Toggle 制作一系列同组的开关（单选框），然后为每一个开关再增加一个 ToggleObjects 组件，通过 ToggleObjects 组件来设定每个开关包含的内容。当该开关没有被激活时（即该页签没有被选中），它所包含的内容会自动隐藏（包含的物体被 Disable 掉），当该开关被选中时，它所包含的内容会自动激活显示。

5.1.2 一个完整的页签界面

下面我们就来试着做一个简单的页签，我们将要做的页签效果如图 5.1 和图 5.2 所示。

5.1.3 制作两个页签按钮

为了制作出如图 5.1 和图 5.2 所示的页签界面，我们从图中观察得知，这个范例界面一共只有两页，所以先来制作两个页签按钮。

▲图 5.1

▲图 5.2

（1）先创建一个 3DUI（2DUI 也可以），然后在 UIRoot 下生成两个 Sprite，分别将它们命名为 Button1 和 Button2。

（2）选择 NGUI 自带的 WoodenAtlas 中的 window 作为 Sprite 的图片资源，然后将 Sprite 改为 Sliced 模式，设定它的尺寸到想要的大小。然后为 Button1 和 Button2 分别 Attach 一个 BoxCollider。Inspector 面板如图 5.3 所示。

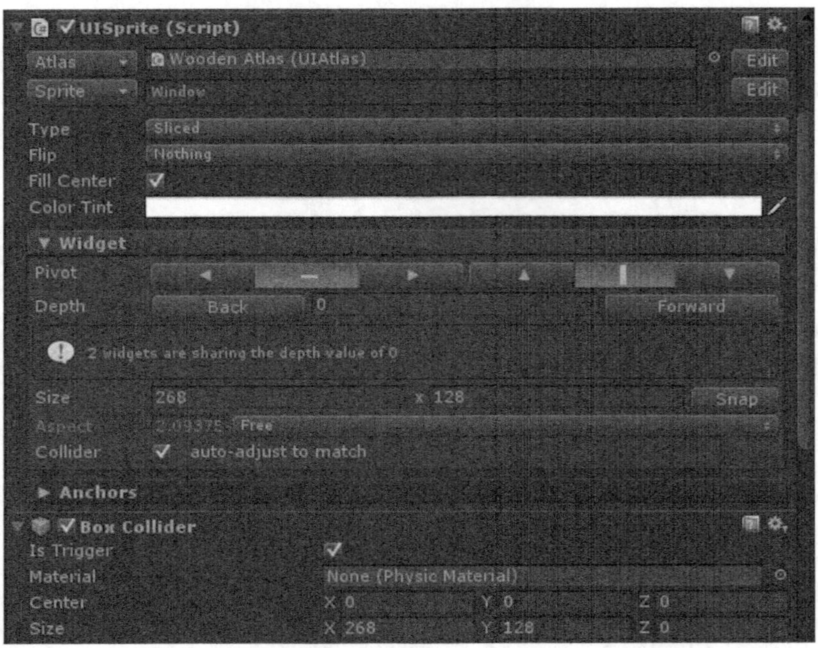

▲图 5.3

（3）分别在 Button1 和 Button2 下创建一个 Label 作为子物体，Button1 下的 Label 的文本写上“第一页”，Button2 下的 Label 的文本写上“第二页”。

（4）分别在 Button1 和 Button2 下创建一个 Sprite 作为子物体，这个子物体将来表示该页签被选中了，我们选用 NGUI 自带的 WoodenAtlas 中的 Highlight-Thin 作为 Sprite 的图片，并改变它的颜色为纯红色。UI 结构和子物体的 Sprite 组件如图 5.4 所示。

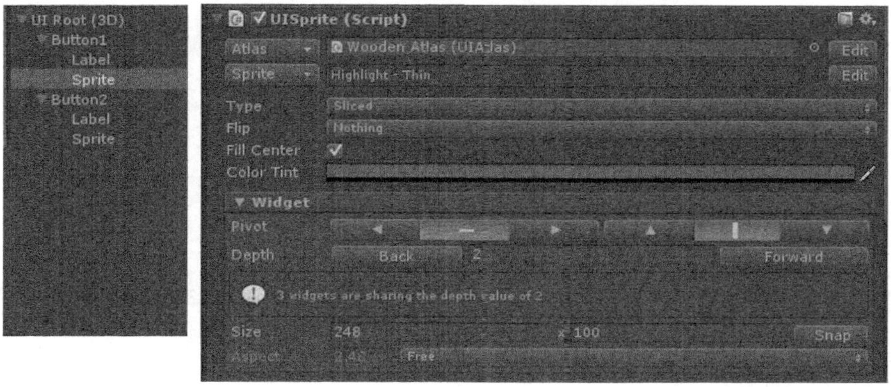

▲图 5.4

（5）分别为 Button1 和 Button2 附加一个 Toggle 组件，将它们的 Group 都设为 1，并且将 Button1 的 Toggle 的 Starting State 勾上，表示 Button1 为默认显示的页签。然后将 Button1 和 Button2 下面用来表示选中状态的 Sprite 子物体分别拖到 Button1 和 Button2 的 Toggle 组件的 Sprite 设置项中，这里注意不要弄混了。Button1 和 Button2 的 Toggle 组件如图 5.5 所示。

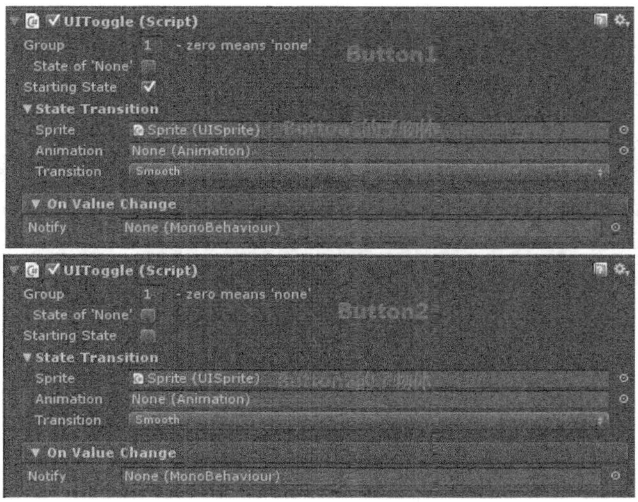

▲图 5.5

到此为止，就制作好了两个页签按钮，我们可以看到它们看上去都处于激活状态，不过没有关系，运行游戏时，它们就会变成正常状态，可以自由地切换，如图 5.6 所示。

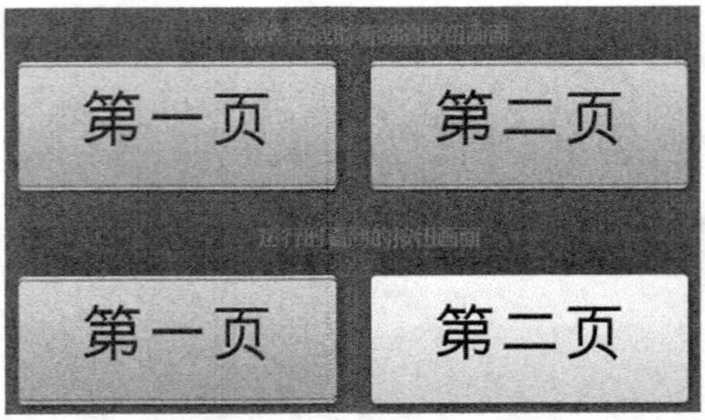

▲图 5.6

5.1.4　使用 ToggleObjects 来记录页签内容

我们首先需要制作两个页签所需要显示的页面，从图 5.1 和图 5.2 可以看到，两个页签需要显示的内容很简单，页签 1 显示的是一个绿色的面板，上写着"第一页的内容"；页签 2 显示的是一个红色的面板，上写着"第二页的内容"。

我们先制作两个 Sprite 分别命名为 Tab1 和 Tab2，然后使用 NGUI 自带的 WoodenAtlas 的 Highlight-Thin 作为图片，将它的尺寸设定为需要的大小，调整好颜色，并且分别在这两个 Sprite 下创建一个 Label 子物体，文本内容分别写上"第一页的内容"和"第二页的内容"。上一小节我们做好了两个页签按钮，Button1 页签需要显示的内容就是 Tab1，Button2 需要显示的内容为 Tab2。

然后为 Button1 和 Button2 这两个页签按钮分别增加一个组件：ToggleObjects。增加方法为：依次选择 AddCompent →NGUI→ Interaction →ToggleObjects。组件界面如图 5.7 所示。

▲图 5.7

在 Activate 设置中，就可以设置这个开关被选中时，需要显示的内容，这些内容在该页签没有被选中时会自动隐藏，只有当该页签被选中时，才会自动显示出来。

在 Activate 设置中，可以设定该页签包含的内容有多少个物体，目前情况下，每个页签只需要显示一个物体即可，所以将 Size 设为 1，然后会多出一个 Element0，让我们设定第一个内容元素。我们将 Tab1 物体拖动到 Button1 的 UIToggledObjects 的 Element0 中，同理将 Tab2 物体拖动到 Button2 的 UIToggledObjects 的 Element0 中，就算完成了页签包含内容的设定。

我们的页签到此就算制作完成，制作完后，从 Game 视图中看到的情况如图 5.8 所示，可以看到页签的内容都重叠在一起了，没有关系，在运行游戏时，没有被选中的页签会自动隐藏掉自己需要显示的内容。

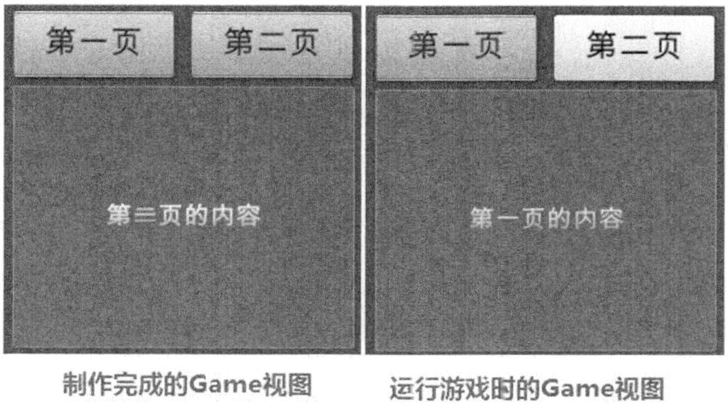

▲图 5.8

5.1.5　制作页签注意事项

制作页签时，我们需要注意以下事项。

（1）确保每个页签身上都有 BoxCollider。

（2）确保每个页签身上都有 UIToggle 和 UIToggleObjects 两个脚本。

（3）确保所有的页签身上的 Toggle 的 Group 一致，且不为 0。

（4）我们并不需要提前去禁用某些物体或组件，一切都会在运行游戏时自动处理。

（5）这并不是制作页签功能的惟一准则，当我们明白了页签的原理后，可以自由按照自己的想法去实现页签效果。

5.2　拖动摄像机来浏览超大界面

5.2.1　拖动相机功能的介绍和应用

所谓超大界面，一般来说，指一个完整的界面非常庞大，视图大小已经超过了摄像机的照射范围，也就是一屏幕之内无法完全显示，一般来说这种超大界面应用于 2D 游戏中，经常作为一个 Scene 的背景图存在。

超大界面在游戏中有着广泛的运用，例如，世界地图的查看，因为世界地图很大，需要拖动地图来进行查看。再比如 SLG（经营策略类）游戏中，经常会涉及主城场景视图的拖动。

我们之前讲解 ScrollView 时，讲过 ScrollView 的主要目的是为了让一个 Panel 显示不完的内容可以通过滑动来方便地进行浏览。但是，这里的情况不是特别一样，本节讲解的超大界面，一般是整个屏幕都用来显示这个界面（这个界面一般都是背景），而且还显示不完全，我们浏览时，需要借助拖动摄像机来自由浏览，而且摄像机还不能被拖出边界（否则会看到界面以外的东西）。

图 5.9 展示了本章需要讲解的超大界面浏览的一个实例：图 5.9 中的背景图尺寸大小远远超过了 2D 正交相机的照射范围，需要快速实现拖动摄像机来浏览整个背景图的功能，同时要求摄像机不能照射到背景图之外的地方，否则会画面穿帮。

▲图 5.9

图 5.10 展示了本节要讲解的功能中，相机的拖动边界的概念。

图 5.10 中 4 个蓝色部分，就是该功能下相机的 4 个极限位置。

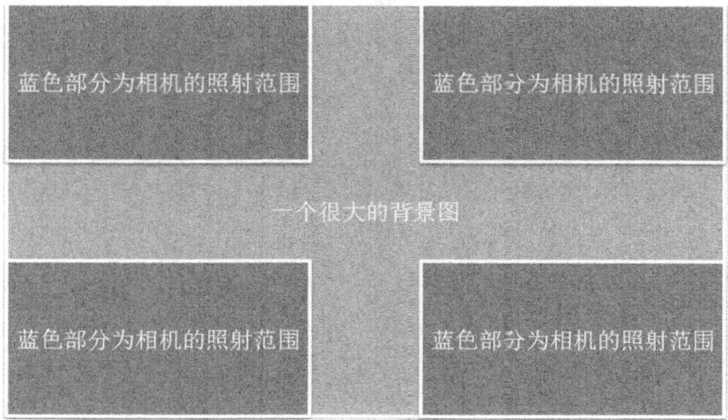

▲图 5.10

5.2.2 核心原理和组件介绍

核心组件原理如图 5.11 所示。

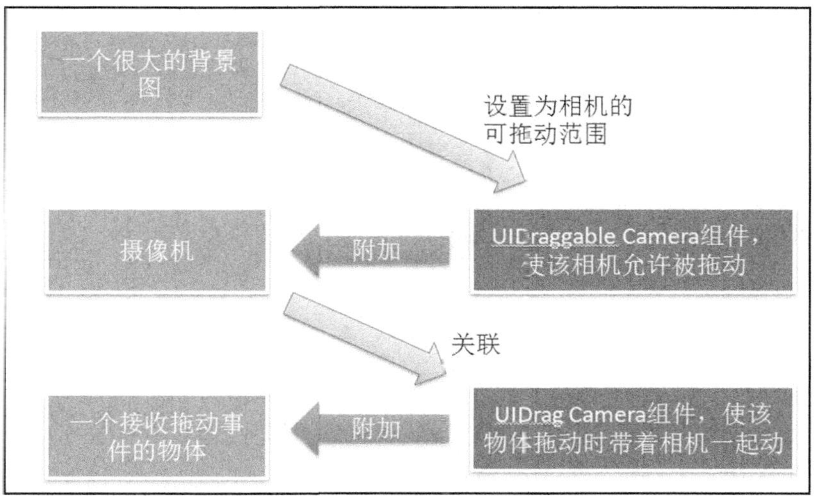

▲图 5.11

如图 5.11 所示，可以看到该功能主要用到了两个核心组件：UIDraggable Camera 和 UIDrag Camera。

首先来了解一下 UIDraggable Camera 组件，该组件必须添加到摄像机物体上，它的作用是使附着的摄像机变为可拖动的。该组件的添加方式为：依次选择 AddCompent → NGUI →

Interaction → Draggable Camera。UIDraggable Camera 组件的设置界面如图 5.12 所示，我们来了解一下组件的设置。

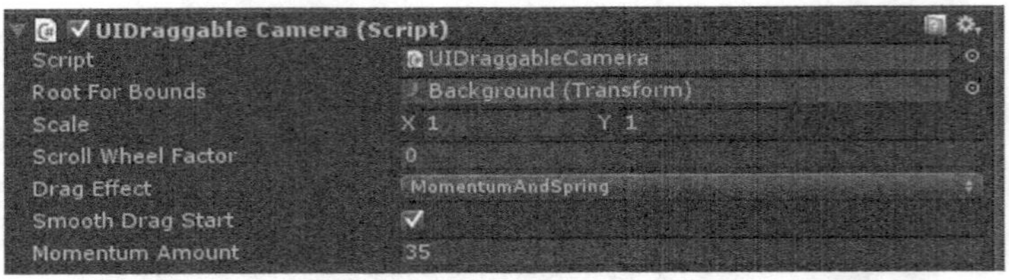

▲图 5.12

1. Root For Bounds

这是最重要的一个设置项：相机拖动的范围边界。

在设置这个选项时，我们不能直接将背景图拖进去，需要将背景图的根物体拖进去（可以是父物体），如图 5.9 中，我们的背景图是 Texture，但是，我们设置摄像机的拖动边界时，会把 Texture 的父物体 Background 拖进去，这样它将会自动计算出这个物体包含的内容的边界（NGUITools 类中有类似函数，一共会得出 minX、maxX、minY、maxY4 个值），来限定摄像机的移动边界。

2. Scale

可以理解为相机被拖动时在 X 和 Y 上的速度。

3. ScrollWheelFactor

讲解 ScrollView 时讲过，鼠标滚轮的影响系数。

4. Drag Effect

和 ScrollView 一样，详情参看 ScrollView 的讲解。

为了保证相机完全不被拖到边界以外，我们一般选择 None，也就是没有拖动效果。否则惯性和弹性可能会导致相机拖动时看到背景图以外的内容。

5. Smooth Drag Start

和 ScrollView 一样，详情参看 ScrollView 的讲解。

6. Momentum Amount

和 ScrollView 一样，详情参看 ScrollView 的讲解。

然后我们再来了解一下 Drag Camera 组件，该组件一般附着在一个具有 BoxCollider 的物体上，以此来接收拖动事件，来使摄像机拖动，但是一定要注意：这个物体本身是不会被拖动的，因为我们无法看到相机也无法直接操作相机，所以我们需要这么一个超过相机视图面积的 BoxCollider 来接收到的拖动事件，它的拖动事件会被 DraggableCamera 和 DragCamera 两个组件转化为了相机的拖动事件。

通常情况下，我们可以将该组件附着在背景图上，并为背景图附加 BoxCollider，让背景图来充当拖动摄像机的事件接收者，因为背景图足够大并永远不会消失在视野中（相机会被设定边界，不能拖到背景图边界以外的地方）。不过也可以新创建一个空的 GameObject，通过 AddCompent →Physics→ BoxCollider 为它附上一个很大（比相机的移动范围还大，永远在相机的照射范围内）的 BoxCollider，然后为它附上 DragCamera 组件，以这个空物体来作为相机的拖动事件的接收体。

本文以背景图作为相机拖动事件的接收体来作为案例讲解。我们为背景图 Attach 一个 BoxCollider，然后为它附加一个 DragCamera 组件，方法为：依次选择 AddCompent → NGUI → Interaction → Drag Camera。这个组件的设置界面如图 5.13 所示，我们先来了解一下它的设置。

▲图 5.13

从图 5.13 中可以看到，Drag Camera 组件的设置非常简单，将我们要拖动的摄像机拖动到 DraggableCamera 设置项中即可，但是注意，必须确保被设置的摄像机身上有 DraggableCamera 组件。

然后运行游戏，我们拖动背景图，可以看到相机也被拖动了，并且相机永远都在背景图范围内照射，这样就可以拖动来浏览整个背景视图的全貌了。

需要注意的是，虽然我们是拖动背景图来实现相机的拖动，**但其实背景图本质上是没有动的！**我们对背景图的拖动事件，被 UIDraggableCamera 和 UIDragCamera 两个组件转化为了相机的拖动事件。

5.2.3　拖动相机浏览超大界面的注意事项

这个功能在制作 2D 游戏中有非常广泛的应用。我们在使用这个功能时，需要注意以下事项。

（1）尽量确保相机是正交相机，这样可以完美地得到图片边界。一定要保证相机的窗口大小没有超出背景大小。

（2）在整个 Scene 大背景都需要被浏览时，才使用这个功能。界面内部的拖动浏览还是使用 ScrollView 更好一些。

（3）一定要设置背景物体的父物体作为 DraggableCamera 组件的边界设置，这样可以避免很多问题。

（4）DraggableCamera 的拖动效果最好设为 None，否则拖动到边界时，摄像机会因为惯性超出边界。

（5）确保各组件正常关联，接收拖曳事件的背景图（或一个比背景图更大的空物体）有 BoxCollider 和 Drag Camera，并设置了具体要拖动哪一个摄像机。

（6）深刻理解这个方法和 ScrollView 的原理上的不一样：ScrollView 是拖动剪辑视窗内的内容来完成拖动浏览。而本文中讲解的方法虽然拖动的是要浏览的内容，但是，拖动事件被转化为了相机的拖动事件，所以，内容其实没有动，动的是摄像机。

5.3 使用 Grid 自动排列 UI

5.3.1　自动排列 UI 的应用

在游戏中，我们会经常碰到 UI 需要排列的情况，比如我们有 4 个选项，我们希望它们一字排开，一般情况下我们的做法是手动去定义这 4 个选项的位置，但是，手动定义的位置的同时，要使每个 UI 元素之间的间隔相同会比较麻烦，而且如果要排列动态加载的元素那更是比较麻烦。这个时候，就需要一个工具来自动按照一定的间距方式排列 UI。

5.3.2　自动排列 UI 核心组件 Grid 介绍

Grid 是我们自动排列 UI 元素的一个常用组件。它的用途是让 UI 元素按照一定的间距来网格化排列。一般情况下，我们会创建一个 Grid 物体，然后将需要排列的 UI 元素放入这个 Grid 物体下作为子物体存在，如图 5.14 所示。

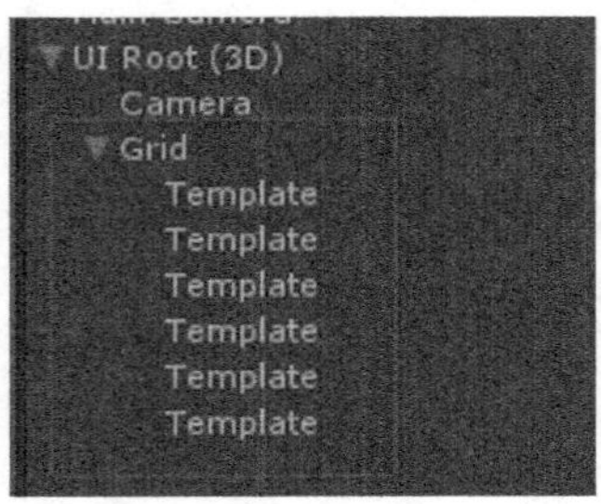

▲图 5.14

Grid 的创建方法有两个：第一种方法是选中要创建 Grid 的 UI 节点，然后通过 Unity 顶部 NGUI 菜单中 Creat→Grid 即可。第二种方式是创建一个空物体到 UI 节点下，调整它的层和 UI 一样，然后为这个空物体增加一个 UIGrid 的组件，添加这个组件的方法为依次选择 AddCompent→NGUI→Interaction→Grid。

创建好后的 Grid 组件设置界面如图 5.15 所示，我们先来了解一下 Grid 组件的设置。

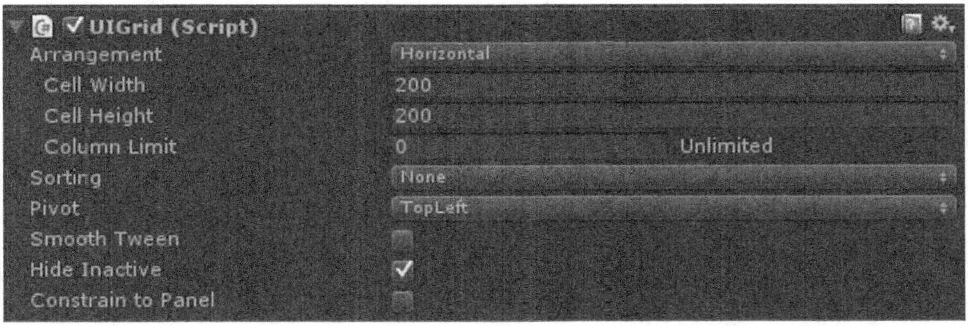

▲图 5.15

1. Arrangement

这是设置网格的排列方向，目前只支持两种方式：水平排列和纵向排列。

2. CellWidth

每一个网格的宽度。

Grid 的排列原理是先制造出一系列整齐的网格，然后将每个 UI 元素置于网格中。

3. CellHeight

每一个网格的高度

4. ColumnLimit

数量限制，默认为 0 无限制。一般情况下，不需要去限制它排列的数量，保持默认就可以。

5. Pivot

锚点，也就是网格的起始点，一共有 9 个点。默认为左上角开始排列网格。

6. 其他组件

我们一般不需要进行设置。

如图 5.16 所示，创建了 5 个 Sprite（每个 Sprite 为一个方块）在 Grid 下，然后设置 Grid 为水平排列，每个网格大小为 200*200，图 5.16 即为运行游戏之后看到的情况。

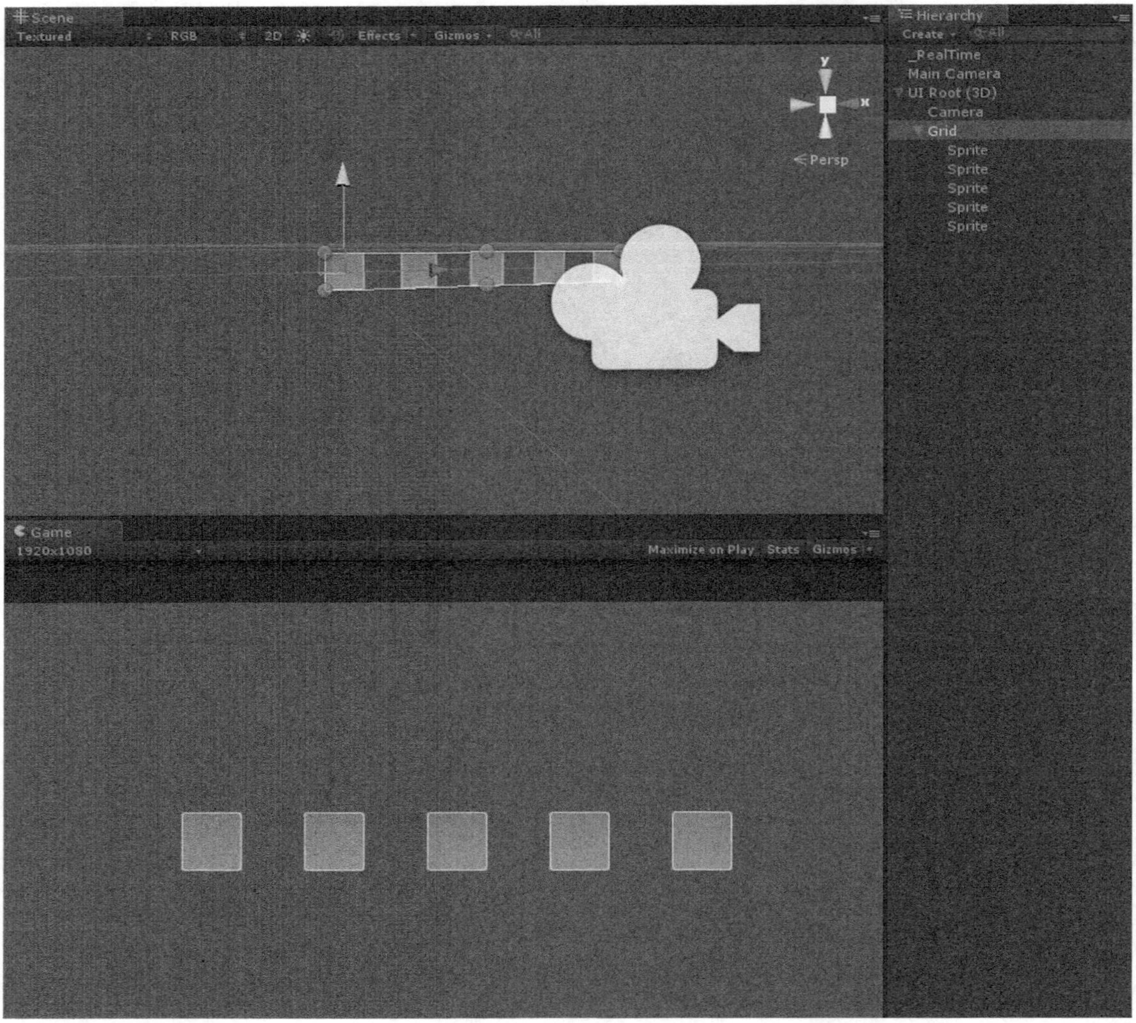

▲图 5.15

5.4 使用 DragObject 直接拖动物体

当我们需要让某个物体可以任意被拖动时，一般情况下会去写脚本监听用户的拖动操作，然后改变物体的位置。在 NGUI 中，如果需要拖动某个 UI，完全不需要自己写脚本，只需要为该 UI 物体附上一个接收事件的 BoxCollider，然后为它添加一个 DragObject 组件即可。

DragObject 组件添加的方法为，依次选择 AddCompent →NGUI →Interaction →Drag Object。该组件的设置面板如图 5.17 所示，我们先来了解一下它的设置。

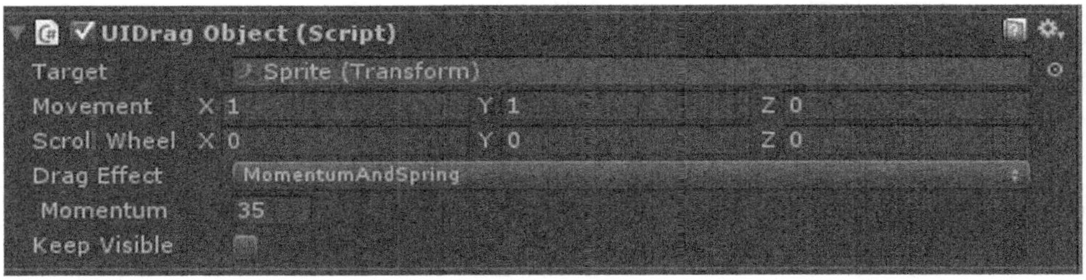

▲图 5.17

1. Target

目标物体。指的是拖动这个物体，会导致哪一个物体移动。一般情况下，会把物体自身拖动到这里完成设置。

2. Movement

移动的灵敏度，可以设置 XYZ 的值，一般拖动 UI 都是在一个平面内拖动，所以，大部分情况下设置好 X 和 Y 的值即可。

3. ScrollWheel

滚轮的灵敏系数，需要的话可以设置。

4. DragEffect

和 ScrollView 的拖动效果一样，这里就不多介绍了。

5. Momentum

动能，和 ScrollView 的动能设置一样。

6. KeepVisible

让被拖动的 UI 物体永远在一个矩形内保持可见，一般情况下不需要设置，如果勾选，则会自动多出一个 UIRect 的设置框。

我们新创建一个 Sprite，为它添加 BoxCollider 和 Drag Object 组件并完成设置之后，运行游戏，就可以随意拖动它了。

5.5 让玩家通过拖动自由改变控件大小

在游戏中，也许会碰到需要让玩家自由拖大、拖小 UI 控件的需求，就像 Windows 系统的各个窗口，我们可以拖动窗口的 4 个角来自由地改变窗口的尺寸一样。面对这样的需求，一般情况下需要写很复杂的代码，但是在 NGUI 中，可以很简单地通过添加一个组件实现。

NGUI 中提供了一个 DragResize 的组件，将它附着到一个拥有 BoxCollider 的物体上，就可以通过拖动这个物体来改变控件的尺寸。DragResize 的组件设置界面如图 5.18 所示，我们先来了解一下组件的设置。

1. Target

这是设置拖动这个物体需要改变哪一个控件物体的尺寸？只需要将目标物体拖动到此处即可。

2. Pivot

这是设置改变尺寸的锚点，即拖动此物体时，目标物体的尺寸改变是以哪个点开始改变。例如，我们设置锚点为 BottomRight（底部右方），那么拖动物体时，目标控件的尺寸会由右下点开始改变。

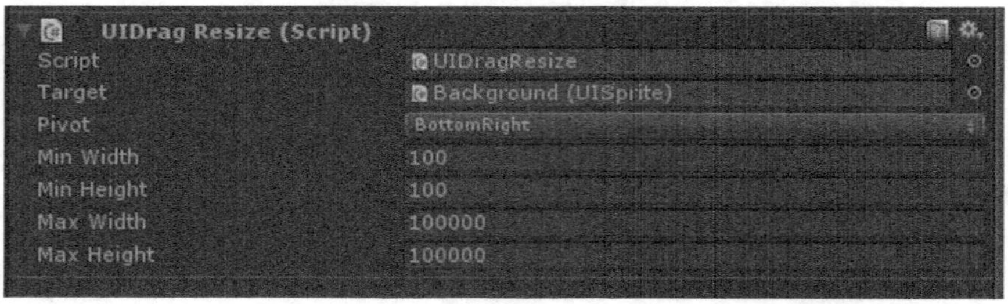

▲图 5.18

3. Min/Max Width，Min/Max Height

设置尺寸改变的最大、最小的宽度和高度，这是为了设置改变控件尺寸的极限值。

我们可以创建一个背景图，在它的右下角创建一个小 Sprite 作为拖动块，按照上文描述的方法添加了 BoxCollider 和 DragResize，并完成设置之后如图 5.19 所示，运行游戏，拖动右下角的小 Sprite，就可以看到背景图的尺寸被改变了。

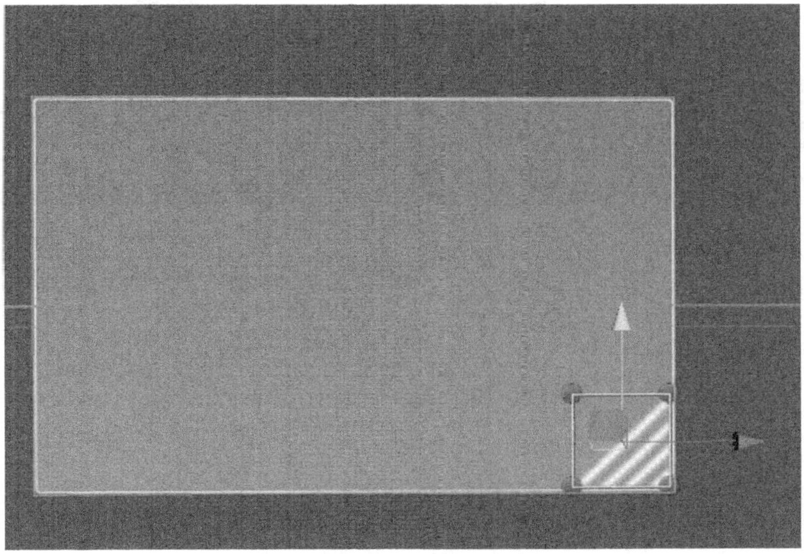

▲图 5.19

但是我们在拖动小 Sprite 的时候可以看到，小 Sprite 和背景图的相对位置也变了，这个没有关系，我们在后面讲解 UI 位置的适配时会详细讲解怎样相对屏幕和物体来固定 UI 的位置。

5.6 制作序列帧精灵动画（SpriteAnimation）

5.6.1 什么是序列帧精灵动画

所谓的序列帧动画，就是将动画制作成一系列的单帧图片，然后迅速地依次序替换这些图片达到播放的效果。所谓的序列帧精灵动画，是指将一系列序列帧当成 Sprite 放置到一个图集内，通过让这个 Sprite 依次替换来达到播放的效果。

在 2D 游戏中，所有的动画效果都是序列帧动画，包括了角色动画、特效等。而在 3D 游戏中，在很多 UI 特效上，也有可能用到精灵动画。

在 NGUI 中，提供了一种非常便捷的制作精灵动画的方式，我们可以为任何一个精灵赋予 SpriteAnimation 组件，即可让这个精灵不停地在图集内按次序替换图片，达到动画效果。

5.6.2 SpriteAnimation 组件

制作精灵动画，必须确保这个物体上有 Sprite 组件，也就是说必须在 Sprite 控件上制作精灵动画。我们将会用到一个 NGUI 的组件 SpriteAnimation，添加方式为：依次选择 AddComponent

→ NGUI →UI → SpriteAnimation。组件界面如图 5.20 所示。

▲图 5.20

- Framerate

帧率设置，每秒播放多少帧。这里的帧率和游戏的 FPS 渲染帧率不是一个概念，这里的帧率是这一套序列帧精灵动画每秒播放多少张。

- NamePrefix

名称前缀，可以限定只播放该 Sprite 图集中带有该前缀名称的精灵。例如，我们将待机动画和跑步动画都放到一个图集里，待机的图片名称前缀全部都是 idle，跑步动画的图片名称前缀全部都是 run，这样就可以通过名称前缀的设定让动画只播放图集中的一部分精灵。

- Loop

是否循环。

- PixelSnap

是否保持原像素大小进行播放，如果勾选则图集中用到的精灵图片都会在播放时以原像素大小来展现。

使用精灵动画需要了解的还有一旦禁用精灵动画组件，则动画就停了，类似于暂停的效果，如果我们启用这个组件，则动画会接着从之前地方继续播放。除此之外，一定要记住 SpriteAnimation 组件完全依赖于 Sprite 组件，只有在带有 UISprite 组件的物体上添加 SpriteAnimation 组件才有效果。

第 6 章　NGUI 实战进阶

6.1 UI 开发核心问题——UI 随屏幕自适应

6.1.1　屏幕分辨率对 UI 适配的影响

我们使用 Unity 开发的是游戏项目的客户端部分，在开发时就不得不面对一个严峻的问题：不同的显示设备有不同的分辨率和宽高比。这将会对 UI 的显示造成巨大的影响，例如，我们在讲解 UIRoot 的时候，讲解过 UIRoot 的几种缩放 UI 的方式，如果是不进行缩放完全保持原像素大小，那么在分辨率高的显示屏幕上 UI 将会显得较小，同理在分辨率低的显示屏幕上 UI 会显得相对较大。

一般来说，我们 UIRoot 都会选择 FixSize 的缩放模式，这样可以让 UI 随着分辨率而自动缩放，保持和屏幕相对的大小比例不变，让 UI 整体看上去不会有变大变小的奇怪现象。但是，还有另一个真正严重的问题：不同屏幕的宽高比不一样。

▲图 6.1

在 Unity 中，不同屏幕的宽高比，一般都会以高度为基准而拉伸宽度，比如 4:3 的屏幕换到 16:9 的屏幕上，我们会发现屏幕被拉宽了。如图 6.1 和图 6.2 所示，图 6.1 中我们在 4:3 的屏幕模式下的 4 个角放上了一个 UI 图片，然后将屏幕模式切换到 16:9 下，会出现图 6.2 所示的画面。

▲图 6.2

切换屏幕比例模式的方法为单击图 6.3 所示的位置（Game 视图中），会出现图 6.3 所示的屏幕比例菜单，FreeAspect 为不限长宽比，我们可以在其中选择想要的长宽比。

▲图 6.3

如果屏幕比例菜单中没有想要的屏幕比例，可以单击菜单最底部那个小小的加号按钮，会弹出图 6.4 所示的界面来让我们自定义一个新的屏幕比例模式，图 6.4 中的 Label 选项中，可以输入一个名称来为我们这个自定义的屏幕比例命名。在 Type 中可以选择 FixedResolution 和 Aspect Ratio 两个选项，如果选择 FixedResolution，可以在下面的 Width&Height 中输入我们的分辨率的宽和高的具体像素；如果选择 Aspect Ratio，可以在下面的 Width&Height 中输入我们的分辨率的宽高比。设定好之后单击 OK 按钮，即可保存这个自定义的屏幕分辨率模式。

因为 NGUI 的 UIRoot 具备 FixSize 模式，所以，一般在进行 UI 随屏幕自适应时，主要着重解决的是屏幕宽高比发生变化之后的自适应。

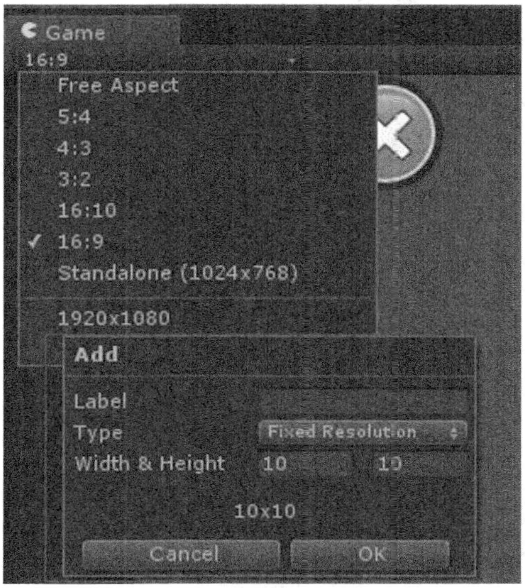

▲图 6.4

6.1.2 主流设备的屏幕分辨率

作为一个客户端程序，在开发游戏时必须先了解一下市面上主流设备的分辨率和宽高比，这样才能在开发的时候做到有备无患，如表 6.1 和表 6.2 所示。

表 6.1 为 IOS 设备。

表 6.1

设备名	屏幕分辨率	屏幕宽高比
Iphone4	960*640 像素	3:2
Iphone4S	960*640 像素	3:2
Iphone5	1136*640 像素	16:9
Iphone5S	1136*640 像素	16:9
Iphone6	1334*750 像素	16:9
Iphone6 plus	1920*1080 像素	16:9
Ipad2	1024*768 像素	4:3
Ipad3	2048*1536 像素	4:3
Ipad4	2048*1536 像素	4:3
Ipad Air	2048*1536 像素	4:3
Ipad mini 1	1024*768 像素	4:3
Ipad mini 2	2048*1536 像素	4:3

表 6.2 为 Android 设备。

因为 Android 设备品牌型号繁多，所以只列举一部分，大部分 Android 设备是 16:9。

表 6.2

设备名	屏幕分辨率	屏幕宽高比
三星 Note2	1280*720 像素	16:9
三星 Note3	1920*1080 像素	16:9
三星 S3	1280*720 像素	16:9
三星 S4	1920*1080 像素	16:9
三星 S5	1920*1080 像素	16:9
小米 3	1920*1080 像素	16:9
小米 4	1920*1080 像素	16:9
魅族 MX3	1800*1080 像素	15:9
华为酷派等其他品牌	一般为 1920*1080 像素	一般为 16:9

至于 PC 显示器和 Mac 电脑的屏幕在这里就不一一介绍了，有兴趣的读者或者开发 PC/Web 游戏的读者可以自行去查一下。

小结：不论是 PC 设备还是移动设备，屏幕分辨率一般处于 4:3 到 16:9 之间，一般来说，我们只需要考虑这两个值作为极限值即可。

6.1.3　自适应核心组件 Anchor 的使用

NGUI 作为一款最强大和成熟的插件，自然有非常成熟的屏幕自适应技术，它就是 Anchor 组件。Anchor 组件从旧版本一直更新到新版本，依然是主流的屏幕适配方式。

所谓 Anchor，即为锚点，它的工作原理是它会自动地绑定摄像机的某一个点作为锚点，锚点一共有上左、上、上右、左、中、右、左下、下、右下 9 个点可以设定。当相机变动时，Anchor 组件所在的物体位置也会跟随相机的变动而变动，并始终处于相机边界的锚点位置。

有了 Anchor 的这个特性，我们一般会在 UIRoot 下创建 Anchor 的子物体，例如，我们在 UIRoot 下创建一个 Anchor 物体，绑定到相机视窗的左上角，然后将需要始终处于屏幕左上方的 UI 控件放置于这个 Anchor 之下，利用 Unity 中子物体会跟随父物体的变化而变化以保证相对位置不变的特点，实现 UI 控件随屏幕自适应。

我们先来了解一下 Anchor 的创建方式，选中要创建 Anchor 的 UI 节点，在 Unity 顶部 NGUI 菜单中选择 Creat→Anchor 即可，如图 6.5 所示。

Anchor 组件的设置界面如图 6.6 所示，我们来了解一下 Anchor 组件的设置。

- 从图 6.6 中可以看到 UICamera 选项自动锁定了该 Anchor 所在的 UI 的摄像机，它将会绑定这个摄像机边缘上的某一个点作为锚点。Container 即为包含的物体，一般情况下无需设置，因为将物体放置于 Anchor 的子物体中，就可以利用“子物体跟随父物体”实现跟随 Anchor 的锚点。

- Side 一项为核心项，选择该 Anchor 的锚点，一共 9 个点，分别对应相机边缘的上左、上、上右、左、中、右、左下、下、右下。

- RunOnlyOnce 意为执行一次，即只在开始的时候进行一次适配，默认为勾选上，一般不需要去修改它。

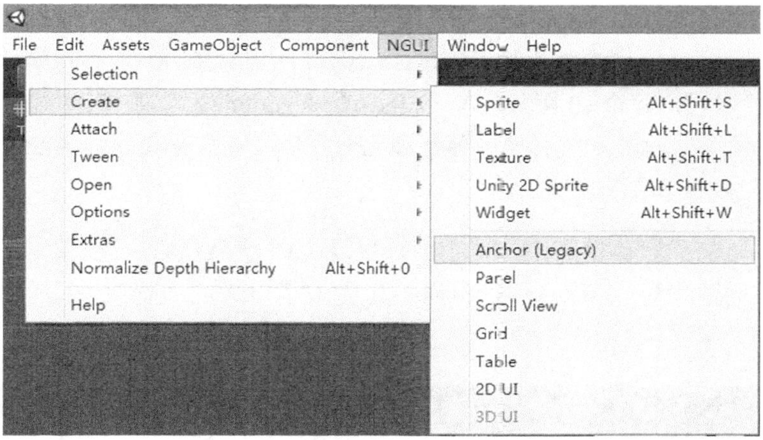

▲图 6.5

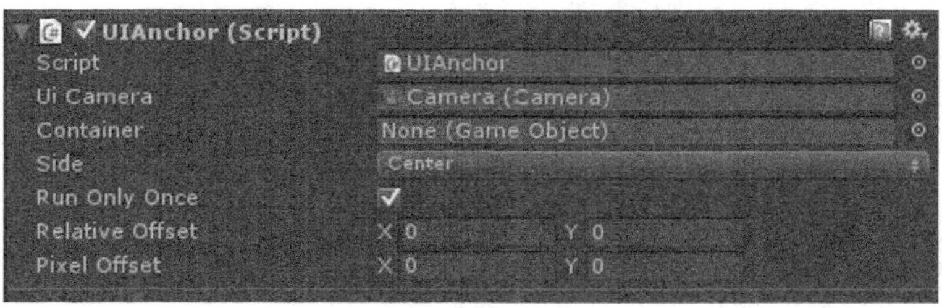

▲图 6.6

- RelativeOffset，这是 Anchor 的相对位置偏移，百分比形式的。比如我们填入 X 值 0.1，即为 Anchor 相对于相机边缘上的锚点向 X 正方向移动 10%屏幕宽度的距离。也就是说，如果设定 Anchor 为 Left，但是又将 RelativeOffset 的 X 值设为了 0.5，就相当于 Anchor 跑到了中点。

• PixelOffset，像素偏移，Anchor 会相对于相机边缘上的锚点以像素为单位进行偏移，例如，我们填入 X 为 100 像素，那么 Anchor 就会朝 X 方向偏移 100 像素的距离，这个距离因为是像素单位的不是以屏幕百分比为单位的，所以，分辨率越高的屏幕肉眼看到的偏移量就越小。

一个简单的自适应案例：

我们现在来简单对图 6.1 中的 4 个角的 UI 图片进行屏幕自适应设定，以加深对 Anchor 的了解。我们在 UIRoot 下创建 4 个 Anchor，分别命名为 Anchor_TopLeft、Anchor_TopRight、Anchor_ BottomLeft、 Anchor_BottomRight，然后将它们的 Anchor 组件中的 Size 分别设为左上、右上、左下、右下 4 个点。然后我们将 4 个角的 UI 图片分别拖到它们所属的 Anchor 下作为子物体，并 Reset 它们的 transform 组件（让它们的本地坐标归零，回到 Anchor 所在的位置），如图 6.7 所示。

从图 6.7 中看出，每个 UI 图片都只露出了一部分，因为它们的中心点和 Anchor 所在的锚点重合了。现在可以设定每个 UI 图片的 Transform 的 Position 位置（直接改坐标或者拖动都可），让它们达到我们满意的程度，然后当屏幕宽高比变了后，它们也会跟随 Anchor 所在的锚点一起发生变化，如图 6.8 和图 6.9 所示。

如果我们在调整了屏幕宽高比模式之后，发现 UI 没有自动适应位置，这是因为 Anchor 还没有运行，只需要运行一下游戏即可看到 UI 完成了自适应（确保 UI 是在 Anchor 物体下作为子物体存在）。

▲图 6.7

▲图 6.8

▲图 6.9

6.1.4 使用 Anchor 的注意事项

Anchor 是开发项目几乎必用的一个非常核心的组件，我们在使用时，需要注意以下一些问题。

（1）我们在设定了 Anchor 的 Side 锚点之后，Anchor 会自动跑到相应的锚点位置上去，不需要我们手动拖动 Anchor。

（2）不论是 3DUI 还是 2DUI，Anchor 的用法是一模一样的，不要手动拖动 Anchor 的位置。

（3）一般情况下，尽量不要去设置 Anchor 的 RelativeOffset 和 PixelOffset，就让 Anchor

保持锚点原位置，然后将 UI 控件放到 Anchor 下作为子物体，再去调整 UI 控件的位置。

（4）Anchor 物体身上，尽量保证只有 Anchor 一个组件，以便于管理维护。

（5）一套 UI 体系中，可以有无数多个 Anchor（例如有 5 个 Anchor 都定位于左上角是被允许的），但是，尽量确保 Anchor 的父物体中没有 Anchor，也就是尽量避免 Anchor 中套 Anchor。Anchor 的父物体可以是 UIRoot，也可以是一个空物体。

（6）不要滥用 Anchor，如果相机边缘的 9 个锚点中的每个点都有多个 Anchor 来定位，那么一定是 UI 结构的设计有问题了。

6.1.5　正式开发 UI 之前必须明确的几个问题

我们在正式开发游戏时，适配是必须提前考虑的问题，如果没有考虑好，可能会在项目后期造成大量的麻烦。所以，在正式开发 UI 之前必须明确如下问题。

（1）我们针对的是什么样的平台？

（2）我们游戏的设备屏幕宽高比最大、最小是几比几？

（3）我们游戏开发时的标准分辨率是多少像素？这将关系到美术制作图片资源的标准。

（4）检查 UI 设计草图，和策划人员明确哪些 UI 会在屏幕宽高比变化时自适应位置？

（5）明确需要自适应位置的 UI 分别属于哪一个锚点，并设计一个最佳的 UI 结构。

6.2　UI 元素的相对自适应

6.2.1　什么是 UI 元素的相对自适应

UI 元素的相对自适应，顾名思义，是指两个 UI 元素之间保持一种相对的位置不要变化，例如，UI 元素 A 永远处于 UI 元素 B 右边的 50 像素处位置。再比如，一个 UI 背景框，不论屏幕尺寸怎么变化，框的左边缘永远距离屏幕左边 100 像素，框的右边缘永远距离屏幕右边 100 像素。

6.2.2　Anchors 的介绍及使用

在 6.1 节中讲到了整个 UI 随屏幕自适应的问题，使用了一种比较强大的锚点定位组件：Anchor，这里将要学习 NGUI 新版本中提供的一种全新的定位工具：单个 UI 控件的 Anchors

单独定位。

Anchor 的主要作用是一个组件，它将会自动去寻找摄像机的边缘和中心点一共 9 个点，以此作为基准点进行定位适配。而 Anchors（为了区分，以下皆用相对 Anchors 来形容）是每一个 UI 控件都会附带的选项，它能为每一个 UI 控件设定绑定对象和绑定的方式。相对 Anchors 的界面如图 6.10 所示，默认情况下为 none，意味着控件默认情况下无相对定位。

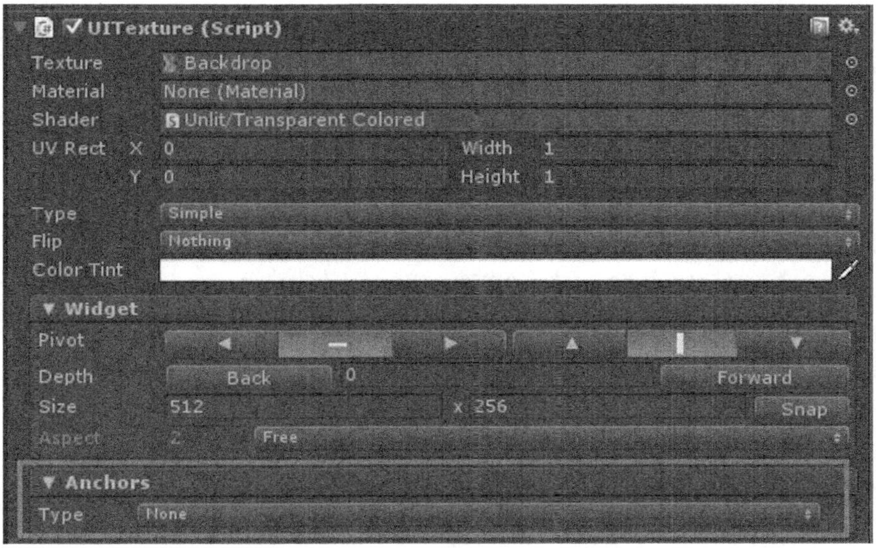

▲图 6.10

我们来了解一下这个相对 Anchors 选项的工作原理。首先，选择控件的 Anchors 的 Type 为 Unified，会看到如图 6.11 所示的界面。

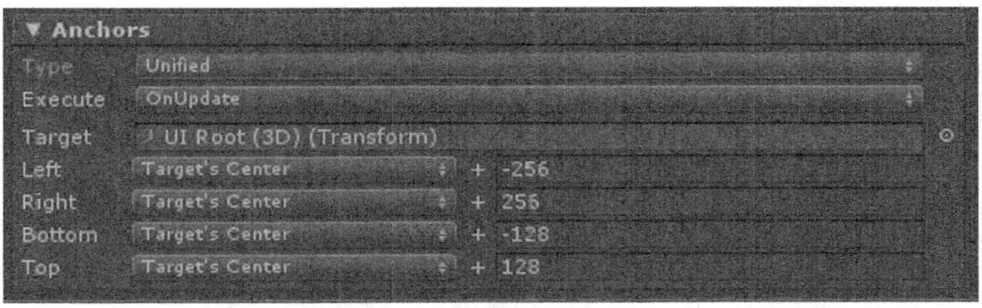

▲图 6.11

在界面中，Type 为 Anchors 定位的类型，一共有 None（默认状态，无相对定位）、Unified（统一的标准定位）、Advanced（高级定位）。统一的标准定位和高级定位之间的区别在于，高级定位能够有更加复杂的定位设置，但它们的定位原理是一样的。

Execute 选项为设定相对定位执行的时机，一共有 3 个选项可以选择：OnUpdate、OnEnable 和 OnStart，我们知道 Update、Start、OnEnable 是 Unity 中脚本自动执行的函数，如果选择了 OnUpdate，则这个控件的定位会随着每一帧去进行更新，如果选择了 OnEnable，那么意味着这个控件只会在激活的时候更新一次定位，然后不再更新，直到下次激活再进行更新，如果选择了 OnStart，那么这个控件在场景加载之后只会更新一次相对定位信息。一般来说，为了节省性能又照顾需求，我们会选择 OnEnable。如果有特殊需求，例如，我们在打开一个界面时，可以拖动界面的 4 个角来改变界面的尺寸，而界面中的某个元素又需要实时地和改变之后的界面进行相对位置的匹配，就需要选择 OnUpdate，它会每一帧都去更新相对位置的信息。

Target 选项为这个控件相对位置选取的参照物，也就是这个控件以哪一个物体作为锚点来进行相对位置的绑定。

下面可以看到有 4 个选项：Left、Right、Bottom、Top。它们的作用是设置这个控件的 4 个边的对位信息，我们在每个选项旁边的下拉菜单中选择 Target's Center（以目标点的中心点作为参照）等目标体身上的参照点，最右边的数字表示的是像素偏移，加号为向 X 轴正向偏移一定像素，减号为向 X 轴负向参照目标点偏移一定像素。

从上文的介绍中可以看出，Anchors 适配的核心原理为：为该控件的 4 条边分别设定相对位置的参照点，这个参照点可以选择参照物体身上的中点、左边点等，然后设定一定量的偏移像素。这样当相对 Anchors 执行时，控件的 4 条边会分别按照定位信息朝 4 个方向“拉扯控件”，来达到相对位置适配的效果。所以，Anchors 本质上是点对点的（自身控件的 4 条边的中点，分别去对应一个参照点）。

图 6.12 所示为 Anchors 的 Advance 模式下的设置界面，可以对比 Unified 模式的设置界面，很容易发现 Advance 模式只是比 Unified 多了一些功能，可以给控件的 4 边分别设置不同的参照物。

▲图 6.12

6.2.3 使用 Anchors 的范例：背景图的全屏适配

下面我们来做一个 Anchors 适配的范例：让一张背景图，无论在什么屏幕比例下面，都能刚好充满全屏（即使被拉伸）。

如图 6.13 所示，我们在场景中添加了一张 Texture。

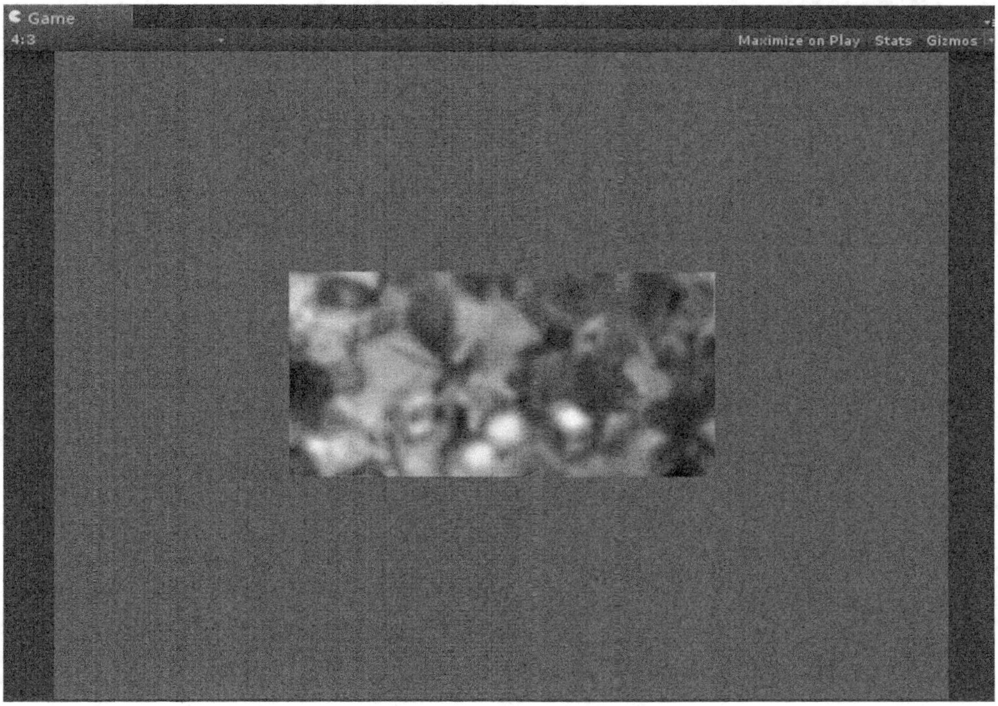

▲图 6.13

在它的 Anchors 设置选项中，首先选择 Unified 标准模式，然后选择执行方式为 OnEnable 的时候执行一次。

既然希望这张图永远充满全屏幕，屏幕就是相机的视窗，当屏幕比例发生变化的时候，本质上是相机的视窗大小发生变化了，所以，这里我们相对定位的参照物为渲染这个 UI 的摄像机。

因为屏幕长宽比变化的时候，会根据高度进行相机的长度变化（4:3 变化到 16:9 其实效果类似于屏幕被“拉长”了）。所以，我们设置这个 Texture 控件的左边定位点为目标的左边，右边定位点为目标的右边，上下两边的定位点为目标的中心点即可。然后将像素偏移全部设为 0，这样就让控件的 4 个边全部被拉到和它们的锚点重叠，造成全屏效果。

如图 6.14 是我们对 Texture 组件的 Anchors 的设置，图 6.15 是完成之后运行游戏的效果，在 4:3 和 16:9 的情况下，背景图都刚好充满了全屏，但是，在进行相对点定位的过程中，导致了图片发生了形变。

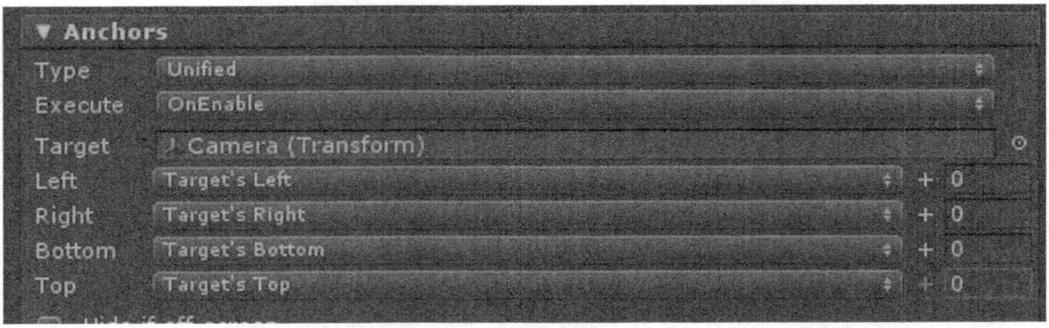

▲图 6.14

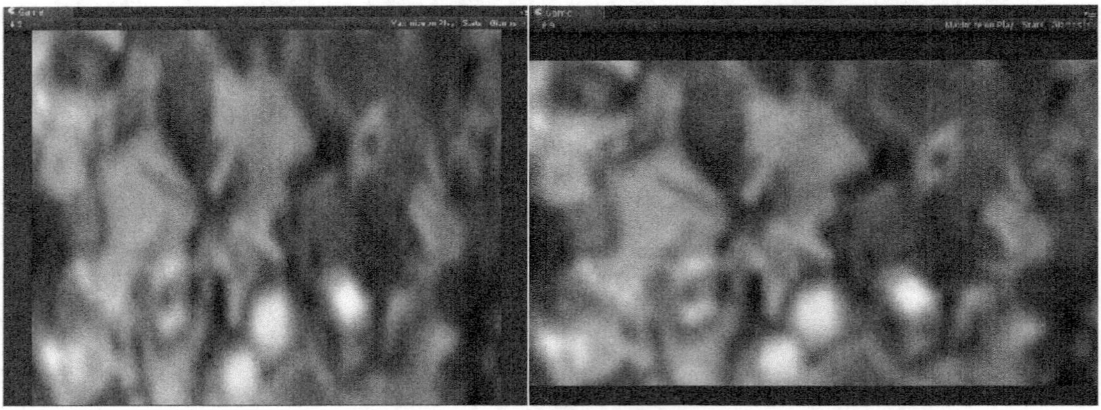

▲图 6.15

6.2.4　使用 Anchors 的注意事项

因为存在 Anchor 组件和每个控件的相对 Anchors 两种定位方式，所以，使用相对 Anchors 时，我们一定要注意以下一些事项。

（1）Anchors 需要对每个控件都进行详细的锚点定位设置，工作量巨大，所以，在没有必要的情况下，尽量用 Anchor 组件，可以减少很多工作量。

（2）使用 Anchors 时一定要切记它在屏幕分辨率变化的情况下，很可能会导致控件形变（控件 4 边被拉发生变形）。

（3）如果一定要使用 Anchors，又不希望它形变，就将 Anchors 的 4 边定位都以目标物体的同一个点（如 Target's Center）作为参照点。

（4）使用 Anchors 来进行相对定位，一定要深刻熟悉它的原理，并谨慎设置，以免产生不希望见到的 Bug。

6.3 多摄像机同时协作运行

6.3.1 摄像的渲染层的概念

Unity 中，每一个物体都有一个所处的“层”的概念，也就是物体的 Layer，而摄像机中可以通过设置 CullingMask 来决定该摄像机只渲染哪些层的物体。对于 UI 来说，这个原理也一样适用，因为 NGUI 的每一个控件元素，本质上都属于一个 GameObject，都有自己的层；每一个 UIRoot 都会自带一个 UICamera 来渲染 UI。

利用这个原理，我们可以实现多个摄像机来进行 UI 的渲染，例如，场景里可以放置一个 3D 摄像机负责渲染 3DUI，还可以放置一个 2D 摄像机，负责渲染 2DUI 等。理论上来说，可以放置无限多个摄像机来分别渲染不同层的内容。

如图 6.16 所示，当场景中有两个摄像机都会渲染同一个层的时候，会造成画面重复显示，图 6.16 中的 Texture 就被显示了两次。

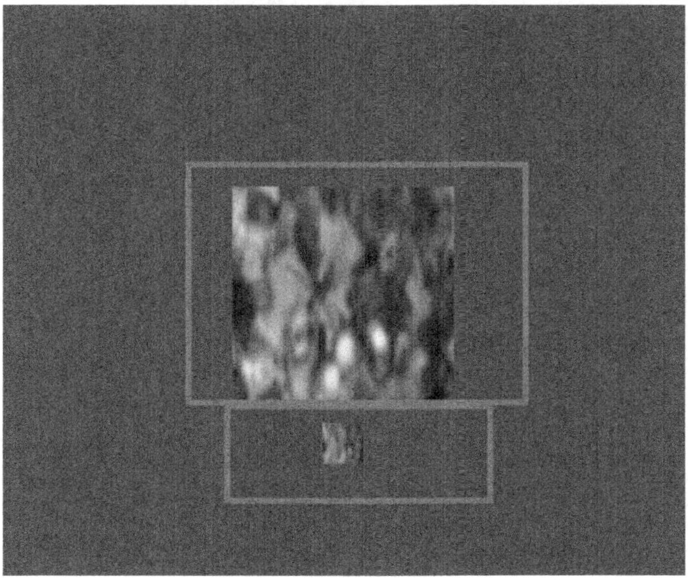

▲图 6.16

6.3.2　多摄像机协作的应用范围

多摄像机协作应用，是为了对付一些比较复杂的 UI 情况，因为 Unity 中很多元素不适合和 UI 控件放在一起进行显示，比如粒子、比如 3D 的模型。例如，在 UI 中显示一个 3D 模型，一般就会使用一个 UI 摄像机来负责渲染 UI 控件，用另一个摄像机来渲染 3D 模型，然后让这两个摄像机渲染的内容进行叠加，呈现出一幅完整的 UI 图像。

图 6.17 中所示的 UI，中间的人物是一个 3D 模型，由一个独立的摄像机进行渲染；周围的装备栏位和背包等 UI 元素，又由另一个独立的 UI 摄像机进行渲染。

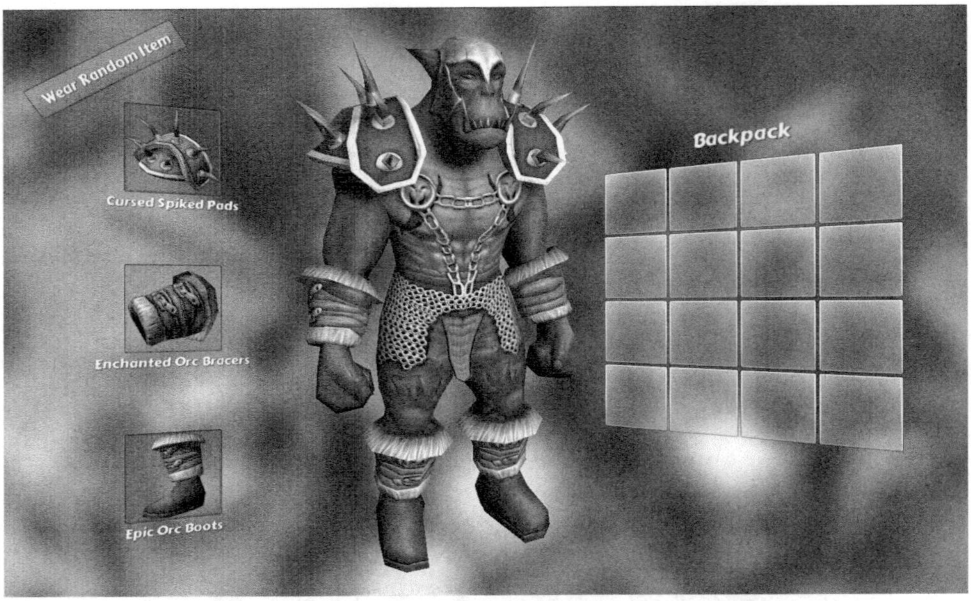

▲图 6.17

6.3.3　如何创建多个 UI 摄像机

在 NGUI 中，如果创建了一个 UIRoot，当我们再点开 Unity 顶部的 NGUI 菜单，企图通过 Creat 菜单去创建一个新的 UI 时，会发现创建 UI 的选项已经变成灰色，无法再创建，如图 6.18 所示，这是因为 NGUI 默认只允许场景中出现一个 UIRoot。

我们要创建多个 UI 摄像机时，首先得考虑是否需要 UIRoot，如果有 UI 图片做成的控件，需要被 UIRoot 根据屏幕自动进行放缩，那么就需要一个 UIRoot 来管理这些 UI 控件。

为了创建多个 UIRoot（每个 UIRoot 会自带一个 UI 摄像机），可以关闭场景中已经存在的 UIRoot 物体的 UIRoot 组件，然后再单击 Unity 顶部 NGUI 菜单通过 Creat 创建，如图 6.19 所示。

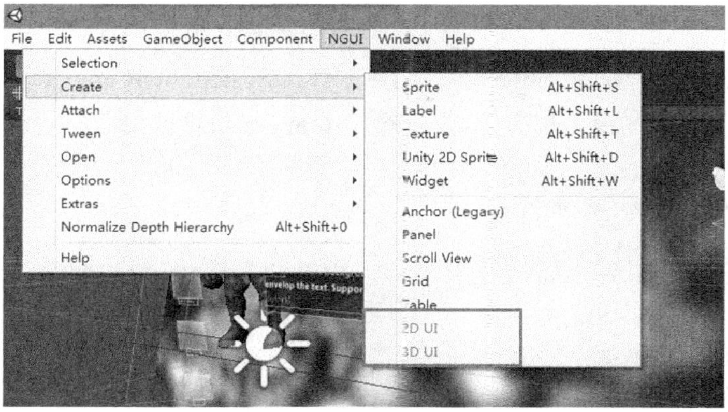

▲图 6.18

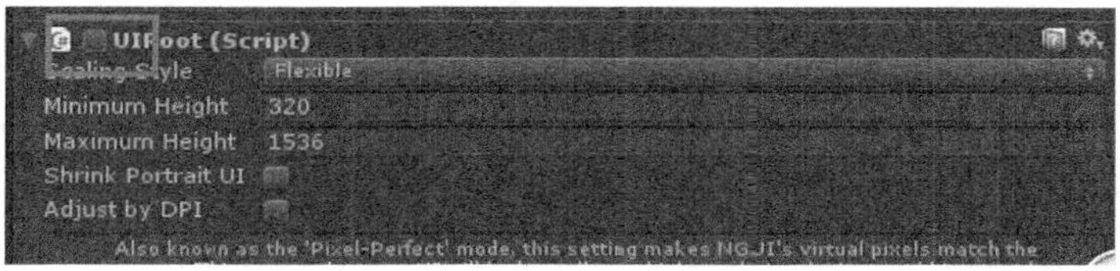

▲图 6.19

如果不需要多个 UIRoot，只需要一个新的 UICamera，那么可以在场景中新创建一个摄像机，创建方式为，在 Unity 顶部菜单单击 GameObject，选择 Creat 创建一个，如图 6.20 所示。

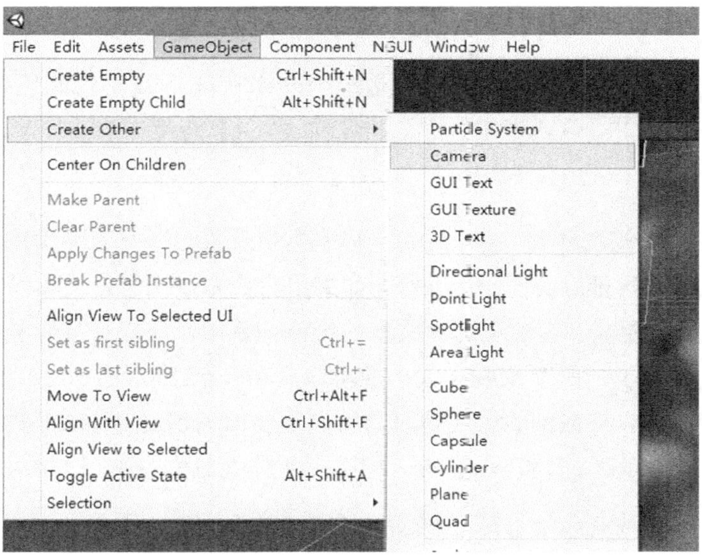

▲图 6.20

然后在这个新创建的摄像机上附上一个 UICamera 组件即可，组件附加方法可以在 Inspector 面板中依次单击 AddCompent→NGUI→EventSystem（UICamera）。如果它渲染的物体不需要接收 UI 的事件（如单击拖曳等），这个 UICamera 组件就没有必要附上。

6.3.4　多摄像机协作的注意事项

因为摄像机直接关系到画面的渲染显示，所以，多个摄像机协作时，一定要注意以下事项。

（1）规划并设置好每个物体的 Layer，不要混乱。

（2）设置好每个摄像机的 CullingMask，确保场景中的摄像机之间不会重复渲染同一个层。

（3）对于多个 UIRoot 的情况，更要检查它们所属的层和该 UIRoot 渲染的层是否对应。

（4）尽量不要滥用多摄像机协作。

6.4　巧用九宫格以减少 UI 资源量

6.4.1　项目安装包大小对项目的影响

我们制作游戏完成后，最终发布时都会生成一个发布的“安装包”。对于 PC 来说，它是一个客户端安装包，对于 Web 来说，它是一个网络在线下载的资源包，对于安卓和苹果平台来说，它是一个 APK 包或者 IPA 包，不管怎样，最终都会有一个“打包资源并发布”的过程。

如果一个游戏的安装包过大，会导致用户成本急剧升高。每一个游戏在招揽玩家时都会付出一定的成本，比如广告推广、运营活动等，如果用户成本过高，会导致付出同样运营成本的情况下，游戏的玩家会更少。在这个用户成本的价值体系中，安装包大小占了很重要的一部分因素。拿安卓平台做例子，一个 50MB 大小的游戏，和一个 200MB 大小的游戏，它们在付出同等运营资源的情况下，50MB 的游戏获取的用户数会大大超过 200MB 的游戏，虽然这过程会受游戏品质、题材、美术风格等的影响，但是，总体上包大会吃很大的亏。

由此可见，对于客户端程序来说，资源的整合和优化，让项目的资源量尽可能变少是对整个游戏有巨大帮助的。

6.4.2 UI 资源量对资源包大小和内存的影响

UI 资源在这里单独拿出来分析，一是因为我们主要讲解 UI 的制作开发，二是因为 UI 资源在游戏项目中相对比较特殊，它具有以下特点。

（1）UI 资源几乎都是图片，而图片是最占资源量的资源类型之一。

（2）Unity 不支持外部压缩，即使在外部将一个 10MB 的图片压缩到只剩 1MB，导入引擎之后它也会被解压出来变成 10MB，然后转换为各平台特有的格式。

（3）UI 资源一般都贴着相机视窗显示在最上层，也是游戏中人机交互的重要部分，一般需要保证高质量，所以一般都使用 RGBA32 位色（真彩色），这会让资源量更大。

（4）UI 资源一般涉及大量图标、背景框等，如果要保证高分辨率，它们将会导致资源量很大。例如，为 1080P 的屏幕做一个全屏的背景框，就导致一个背景框就是一张 1920*1080 的图片，这种资源量大，我们必须想办法进行优化。

而且因为 UI 资源几乎都是以图集形式展现，所以在加载的时候，它会被整个一块儿加载进内容，如果不优化好 UI 资源量，会增大内存的开销。

综上，我们可以知道，UI 资源虽然不一定是项目中最大头的资源部分，但 UI 资源一定是项目开发中必须优化好的一块“重地”。

6.4.3 什么是九宫格 UI

九宫格，顾名思义，就是 9 个格子，是一种做 UI 常见的方式，来增强 UI 资源的复用性并减少资源量。九宫格的主要目的是处理图片拉伸效果，我们知道图片一旦被拉伸，它就会出现形变、模糊等问题，但是，有的图片它的某一些部分又是允许被拉伸的。例如，一个 UI 背景框，它的中间部分几乎是一个纯色，允许被拉伸（纯色被拉伸不会发生质量问题），但是，边缘的 4 个角可能有一些特殊花纹或者倒角不允许被任意拉伸，这个时候就可以用九宫格，来使 4 个角不进行拉伸放大，只让中间部分进行拉伸放大，达到一个小框拉大成一个大背景框使用的同时图片质量又不会发生损伤的目的。

如图 6.21 所示，我们将一个 UI 背景板分割成了 9 块，像一个九宫格一样，这 9 个格子并不要求一定要相同大小。

当我们拉伸放大的时候，1、3、7、94 个角落的格子不会被放大，而 2 号格子会被左右拉伸以填充 1 和 3 之间的缝隙，4 号格子会被上下拉伸填充 1 和 7 之间的空隙，5 号格子会被整体拉伸来填充图片被拉大之后中间的空间。拉伸原理如图 6.22 所示。

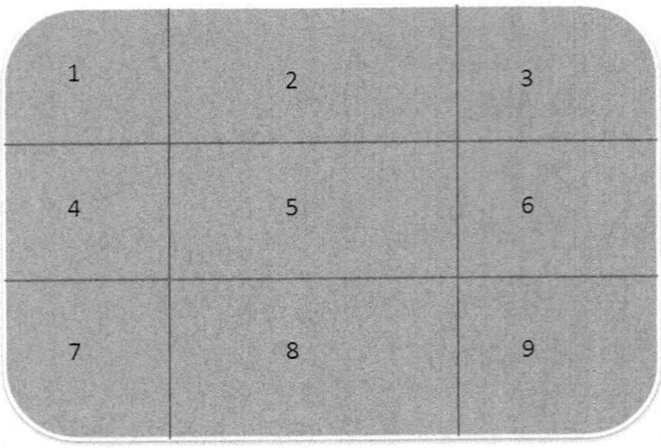

▲图 6.21

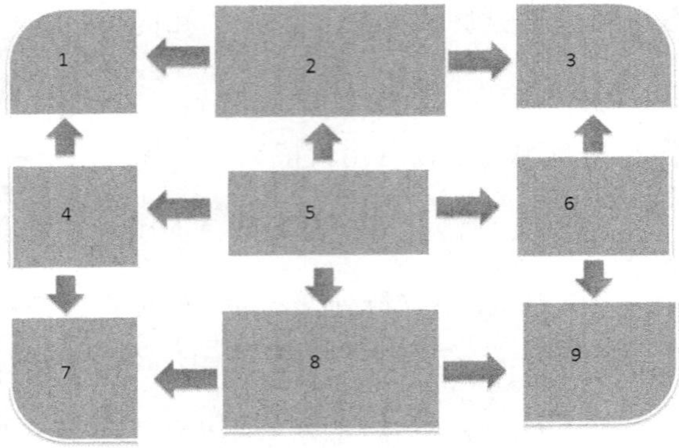

▲图 6.22

6.4.4　如何让美术提供合适的九宫格 UI 资源

如果我们需要一个 UI 背景底框，尺寸是 1920*1080，这个时候如果美术真的提交一个 1920*1080 的底框过来，会导致资源量极其庞大，几乎一个底框就占满了一个大图集。所以，我们得让美术尽量地提供九宫格资源，主要有以下一些原则。

（1）不到万不得已的情况下，对于这种大面积底板性质的 UI，尽量只在 4 个角上做文章，其他地方用可用于拉伸的纯色。

（2）凡是左右可以缩短的 UI、上下可以缩短的 UI，都尽量使用九宫格切短了交给程序来做。九宫格不一定是 9 个格子，也可以是 3 个格子等。

如图 6.23 所示的大底框，它的资源图片只是它右边的那个小框而已，我们通过九宫格的原理，让它拉大到了一个巨大的程度（可以看到它拉大之后边框线条的粗细并没有被拉粗，4 个角的倒角也保持了美术原设计的弧度，这就是九宫格原理起的作用），它依然没有发生分辨率降低等质量问题，但是，资源量却省下了数十倍、上百倍。

6.4.5　如何在 NGUI 中划分九宫格

当美术将一个资源图片合并成一个非常精简小巧的图片交给客户端程序后，客户端程序需要对这个图片进行切割九宫格。切割方法为如下。

（1）将这个 UI 原件制作到图集中去。

（2）选中图集的 Atlas 预设文件（制作好图集后自动生成的那 3 个文件中的预设文件），出现如图 6.24 所示的 Inspector 界面。

▲图 6.23

（3）我们在 Sprite Details 中单击 Sprite 按钮，会弹出这个图集中所有精灵的预览图，从中选中要切割九宫格的那个 Sprite。我们会看到图 6.25 所示的画面，在 6.25 图中的下部会出现这个 Sprite 的预览图。

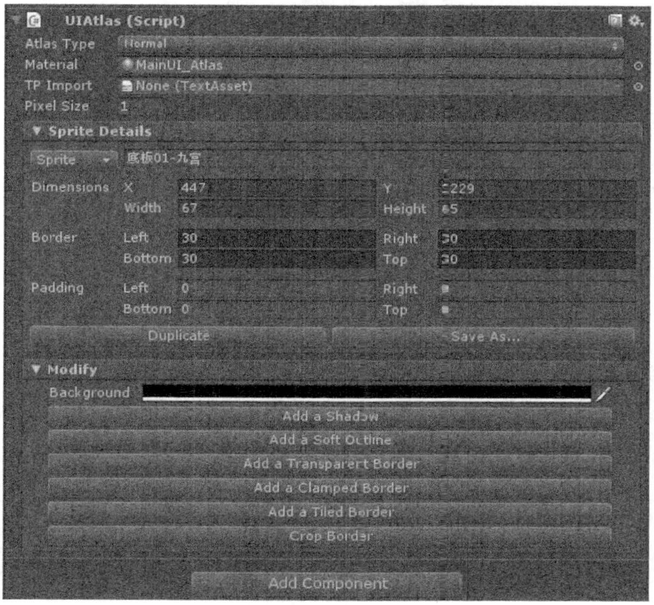

▲图 6.24

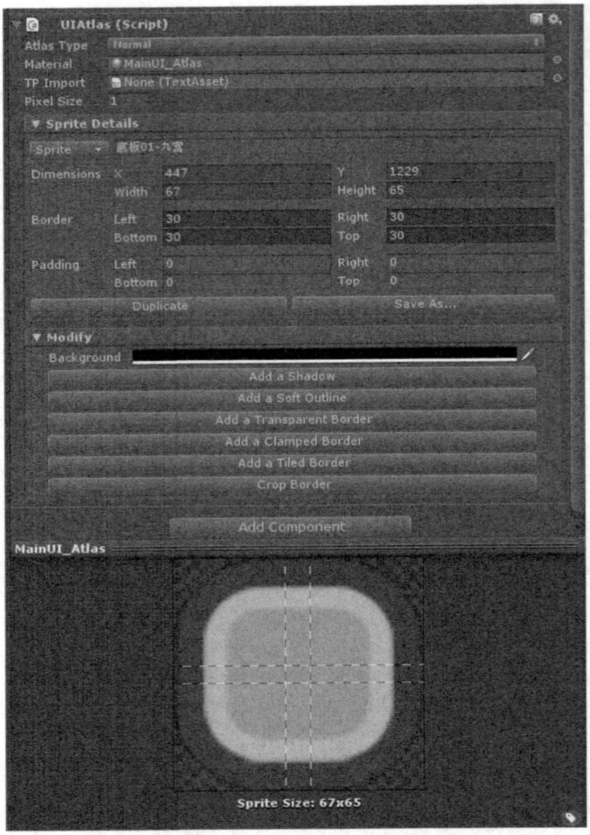

▲图 6.25

（4）我们调整图 6.26 所示的 Border 设置项，这个 Border 就是切割九宫格所需要的设置。它一共需要设置 4 个参数：Left、Right、Bottom、Top，这 4 个项代表着：从左边朝右 X 像素位置处划一条竖着的线，从右边朝左 X 像素位置处划一条竖着的线，从下边朝上 X 像素处划一条横着的线，从上边朝下 X 像素处划一条横着的线。这样 4 条线就将一个 Sprite 切成了九宫格。

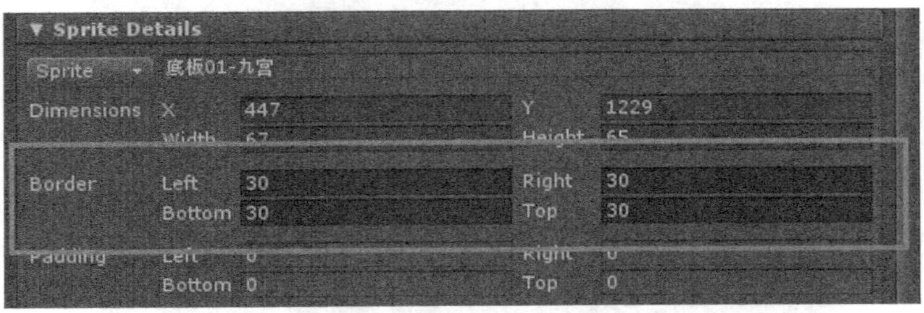

▲图 6.26

如图 6.27 所示，展示了几种九宫格的切法。它们从左到右分别是：可以全方位拉伸的九宫格、只能上下拉伸的三宫格、只能左右拉伸的三宫格。

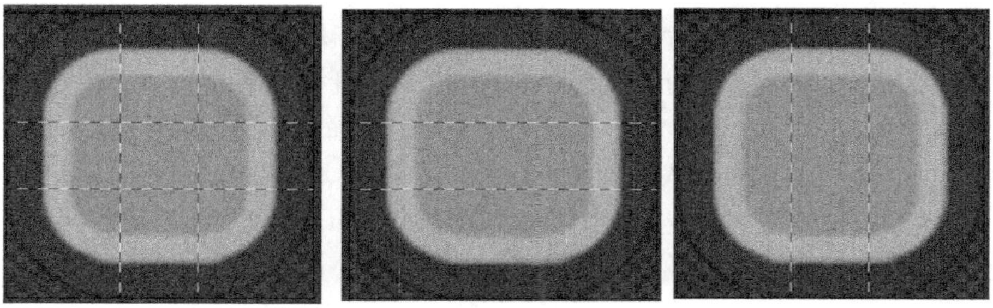

▲图 6.27

6.4.6 如何使用九宫格 UI

使用九宫格 UI 的时候，必须保证这个 Sprite 是已经按照上一小节的步骤切好了九宫格。然后创建这个 Sprite，将它的模式设置为 Sliced 即可，如图 6.28 所示。

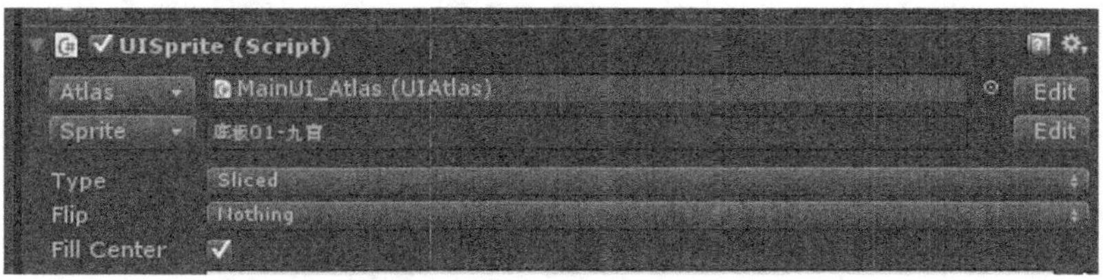

▲图 6.28

Fill Center 选项是自动拉伸九宫中的中心格子来充满中心被拉大的区域，如果不勾选 Fill Center 选项，则九宫格被拉伸之后，中心格子不会自动充满，会出现一个空隙。如图 6.29 所示，左边为勾选之后的情况，右边为不勾选的情况。

▲图 6.29

我们也可以将图片设置为 Advance 高级模式，高级模式的本质区别是，允许对划分的九宫格的每一块设置一个 Type，比如左上角的格子平铺、中心格子拉伸等。

6.4.7 去掉 Mipmap 以进一步降低资源包大小和内存占用

首先我们需要了解什么是 MipMap。

在 Unity 中，MipMap 纹理图片的一个属性，有开启和关闭两种状态。比如说一张 1024*1024 的纹理图片，在导入引擎之后它的默认状态下 MipMap 是开启状态的，这会导致它会自动生成 512*512、256*256、128*128、64*64、32*32 的这么多张额外的图片。主要用途是，当这个纹理离摄像机足够远时（例如一个人跑到了很远的地方去），这个纹理图片在游戏摄像机中就会很小，这个时候为了节省性能和达到更好的显示效果，Unity 会自动选用之前自动生成的众多 MipMap 小纹理中的一张来替代最初的纹理。

NGUI 生成的 UI 图集也是一张纹理图片，它的默认状态下也是选中了 MipMap 的，但是，UI 是附着在摄像机视窗最上层的，几乎不会存在像人物一样跑到很远的地方去的情况。所以，我们可以选中 UI 图集的图片文件，在图片类型中选择 Advance 高级类型，然后取消掉 MipMap 的选项，再 Apply 应用保存即可，如图 6.30 所示。

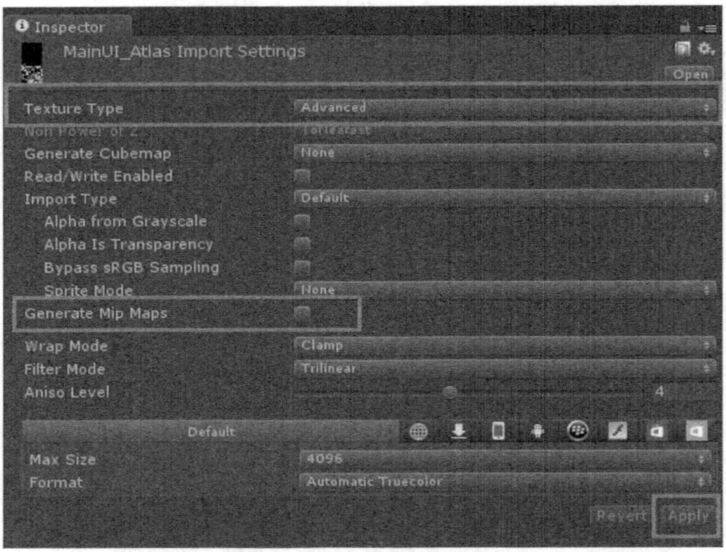

▲图 6.30

6.5 实战开发中 UI 资源制作标准

6.5.1 为什么要设定 UI 资源制作标准

在开发一个游戏项目时，我们应该在项目初期就制定好 UI 资源的制作标准。这套制作标准并不是指 UI 应该用什么美术风格，而是 UI 资源的分辨率标准、输出格式，以及客户端程序和美术人员的“约定”。

比如说，我们也许会在项目开始初期，定好所有的 UI 都将以 1280*768 的画布进行制作并输出，输出的所有格式全部统一为 PNG 等，我们也可以和美术人员约定 UI 资源如何分类、如何对接等。

如果忽视了 UI 资源的制作标准，那么将会给项目埋下巨大的隐患，例如，不同界面的 UI 分辨率标准不同、UI 切割得很乱导致一大堆重复资源浪费了资源包空间。

6.5.2 资源制作标准设定建议

一般来说，如果我们使用 Unity 和 NGUI 搭配起来开发一个游戏的客户端，可以为项目提出一些资源制作标准的设定技巧。

1. 所有的 UI 资源全部采用 PNG 导出

因为 Unity 不支持外部压缩，所以，不论使用 PNG 还是 JPG，只要尺寸相同，资源量在引擎中都会是一样大。所以，可以大胆地采用 PNG 进行输出，以保留和实现更好的色彩效果。

2. 设定好一个客户端的标准分辨率

这将会影响美术人员制作图片，我们在开发游戏时有义务提前考虑好这个游戏的客户端是面向什么样的分辨率的设备，是 1920*1080 还是 1280*768？

3. 提前考虑是否需要跨平台

如果需要跨平台，那么意味着不同平台的设备之间可能会有屏幕长宽比不同的问题，这在设计人员设计 UI 布局时会受到很大的影响。

4. 和美术人员约定非常大的图片尽可能采用九宫格

在上面已经讲过了九宫格的优势和重要性，而美术人员在设计和制作 UI 时，一般不会考虑到程序人员会怎么实现，也不会考虑到资源量大小的控制问题。所以，在开发项目时，我们应该和美术人员沟通，让其在设计和制作一些较大尺寸的资源时，尽可能使用九宫格。

5. 会用作 Sprite 的 UI 元件尽量以最小尺寸切

对于大量的 UI 小元件，例如图标、按钮等，尽量让美术人员以最小尺寸切。所谓的最小尺寸，就是图片刚好包围下这个 UI 元件。因为在 NGUI 中，它会以 UI 元件在打包前的源文件尺寸作为控件的尺寸，这意味着，如果将一个明明只有 100*100 像素的按钮图片放置在一张

500*500 的 UI 图片中，除了按钮图片部分，其他地方都透明掉，这样制作成 UI 图集之后，NGUI 中调用这个 Sprite 时，它的尺寸会被识别为 500*500。

6. 对于会用作 Texture 的 UI 图片尽量保持长宽都为 2 的 N 次方

在 Unity 中，如果图片的长宽不为 2 的 N 次方，那么将无法使用自带的压缩格式导致资源量变大，而且加载和处理效率都会慢上很多。所以，如果一个 UI 图片将会被当作 Texture 来使用，尽量让美术人员将图片做成长宽为 2 的 N 次方，如 2048*1024。

7. 和设计人员沟通，将 UI 元件尽量分类整理避免重复

一个游戏涉及了太多的界面，各种 UI 元件特别多。但是，其实有大量的 UI 元件是重复的，例如，很可能发现在很多界面中用的按钮其实都是同一个按钮。所以，客户端人员在开发 UI 时，需要和设计人员沟通，建议他们尽量将 UI 元件分类整理一下，例如，游戏中一共会存在 3 种形式的按钮、两种形式的界面底框、5 种形式的文字底框等。

6.5.3　程序如何保证 UI 资源的分辨率不失真

当 UI 图片导入到引擎中时，可能有时候会遇上美术人员在用 PhotoShop 设计制作时尺寸刚好，但是放到客户端中就匹配不上的情况。在这种情况下，首先确保一点：Unity 中 Game 视窗的分辨率设置是项目中统一的分辨率，美术人员也是按照这个分辨率作为画布标准来设计的 UI。然后进行如下操作。

如果是 2DUI，那么只需要单击控件的 Snap 即可，让图片还原为原尺寸大小，效果几乎可以做到和美术人员用 PhotoShop 做的一模一样的效果。

如果是 3DUI，因为相机不是正交相机，所以，因为距离、透视等关系，控件生成之后单击 Snap，控件尺寸还原到原文件的大小，但是即使这样，在游戏视窗中它依然会比源文件看上去更大。这种情况下，会导致我们无法还原美术人员的设计图，我们在使用 3DUI 时需要将 3DUI 的 UIRoot 下面的 UICamera 的 Field Of View 的值设为 75，则控件的视觉大小将会和源文件应该有的大小保持一致，可以几乎完全地还原美术人员的设计效果。

6.5.4　针对各大平台设置单独的尺寸和格式

在 Unity 中，跨平台时可以为每个图片设置不同平台下的资源和格式，比如一张 1024*1024 的图片，可以让它在 iOS 平台下为 1024*1024，在安卓平台下就变为 512*512。

如图 6.31 所示，我们选中一个图片文件后，图 6.31 中红框所示的部分即为各个平台的设置。

Default 为默认的设置，向右依次是 Web 的设置、PC/Linux 端的设置、iOS 的设置、安卓的设置、黑莓的设置、Flash 的设置等。可以为图片设置其在不同平台下的尺寸和格式。如果没有设置，它将会在任何平台下都应用 Default 设置。

对于 iPhone4 手机：图片如果超过了 2048 尺寸，将无法显示（显示为一片黑色）。

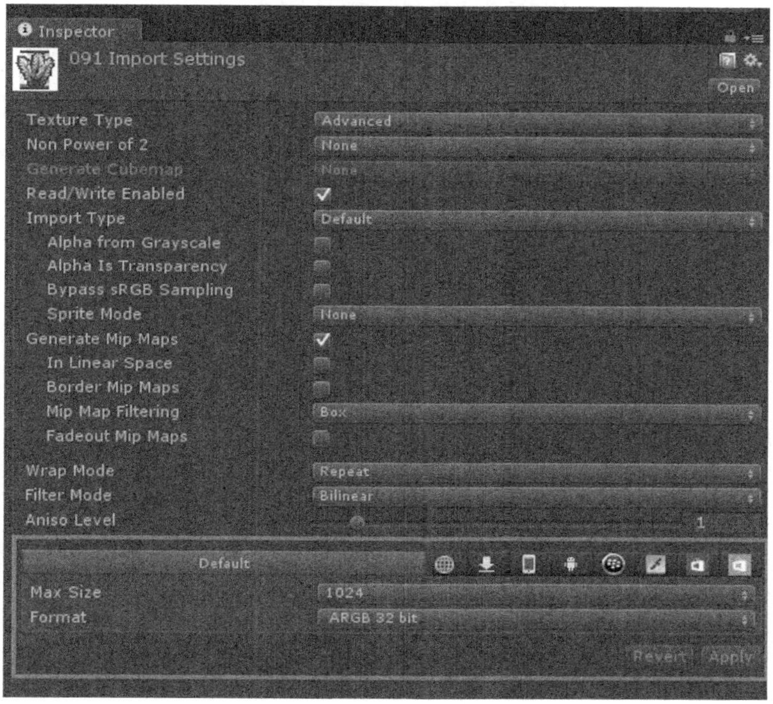

▲图 6.31

6.6 UI 事件监听的击穿

6.6.1 什么是 UI 事件监听的击穿

在我们的游戏视图中，有两个 UI 界面叠在一起的时候，我们单击一个空白处，却触发了被覆盖在下层的 UI 界面中的单击事件，这就是我们的单击击穿了上层界面。

如图 6.32 所示，我们在界面上有一个“上层按钮”，然后整个界面的下层还有一个“下层按钮”，如果我们单击界面上下层按钮的位置，事件会直接击穿界面底板触发下层按钮的响应事件。

▲图 6.32

再比如说，假设我们场景中放置了一个箱子，单击箱子会触发一个开箱事件，如果我们单击一个 UI，恰好 UI 在视觉上将箱子覆盖了，那么它也许就会触发箱子的单击事件。这些都是我们不愿意看到的情况。需要一些方法来管理单击屏幕的事件监听。

6.6.2　如何避免和解决 UI 事件监听的击穿

通过 NGUI 的事件监听原理，我们知道它是通过 BoxCollider 来进行事件响应的。我们有几种方法去应对事件击穿的情况。

第一种方法：用一层 BoxCollider 覆盖，进行遮挡。

在图 6.32 中的例子中，如果在白色的界面底板上 Attach 一个 BoxCollider，然后再单击下层按钮的位置，它的单击射线就会击中白色的界面底板的 BoxCollider，从而避免触发下层按钮的单击事件。

第二种方法：使用 EventMask。

我们知道 Unity 的 Camera 可以设置 CullingMask 来决定渲染的层，对于 NGUI 的事件监听核心组件 UICamera 来说，也有一个 EventMask 的设置。首先将下层物体和上层物体设为不同的层，然后在 UICamera 中设定这个摄像机只接收特定层的事件即可，如图 6.33 所示。

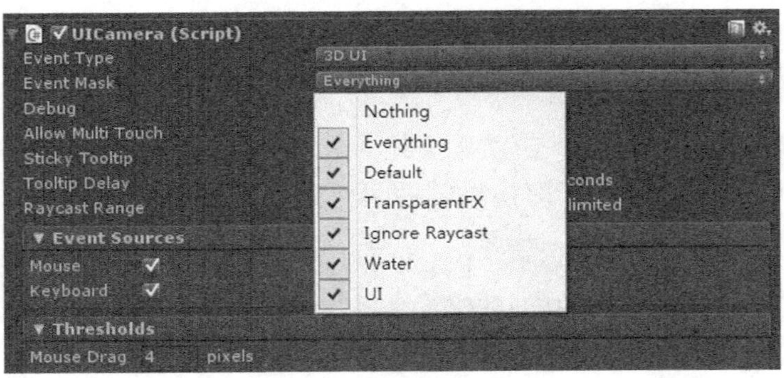

▲图 6.33

6.6.3 事件监听遮挡的妙用

我们可以利用 UI 事件监听遮挡的功能实现一些小的妙用，这里举一个例子。在很多游戏中，我们都碰到了如下需求：假设玩家打开了一个界面，然后玩家如果单击了这个界面以外的任何区域，都将导致这个界面关闭。

对于这种小需求，我们就可以妙用事件监听，在界面的下面放置一个覆盖全屏的大型 BoxCollider 底板，然后给这个 BoxCollider 物体写一个单击事件，就是关闭打开的这个界面。这样当玩家单击到界面以外的任何区域时，它都会响应关闭界面的事件。

6.7 开发之前的思考——UI 结构设计

6.7.1 什么是 UI 结构设计

我们在制作 UI 时，会涉及大量的 UI 控件，它们每一个控件都是一个独立的 GameObject，往往一个场景内的 UI 内容极其复杂，做到后期的时候 GameObject 的结构更复杂。所以，我们需要提前有一套 UI 结构的设计，以此来方便对 UI 体系进行修改、添加和维护。

6.7.2 UI 结构设计遵循的一些要点

1. 尽量不要让 UI 作为 Camera 的子物体。

在旧版本的 NGUI 中，制作 2DUI 时，默认 UI 是在 Camera 下面作为子物体创建。但是，在新版本的 NGUI 中，官方已经不默认这样做。因为 UI 和摄像机敏感的关系，尽量不要将 UI 作为摄像机的子物体，避免出现一些因为透视（3DUI）等问题导致的视觉 Bug。

2. 尽量让 Anchor 组件所在的物体在最上层

因为屏幕自适应的适配工作是游戏避免不了的一个问题，Anchor 组件所在的物体因为它具有定位自适应的重要功能，所以不宜太多，否则很乱不宜管理。最简单的方法就是尽量确保 Anchor 处于最上层。

3. 给 UI 分类，多做节点管理

比如一个场景中，有很多按钮菜单，每一个菜单点开之后都会出现一个相应的子界面，所以，可以用一个空物体（注意要和 UI 同层）作为菜单的总节点，然后用另一个空物体作为所有子界面的总节点。给每一种 UI 类型都做一个节点以此来管理，避免各种 UI 直接放在一起难以管理和维护。

4. 重视深度管理并巧用 Panel

我们知道界面在画面上的显示次序是根据深度来的，这个深度主要指 Panel 的深度和每一个控件的深度。其中 Panel 的深度优先，只要是深度更大的 Panel，它下面的所有子 UI 物体，几乎都将显示在更上层。利用这一点可以轻松地放置一些 UI 之间的层次错乱问题，例如，主界面的按钮菜单和屏幕中央的子界面面板不能重叠，可以让所有的菜单按钮都处于一个深度更低的 Panel 之中，然后让子界面内容处于一个深度更高的 Panel 之中。

5. 重视命名

因为所有的控件本质上都是一个 GameObject，NGUI 的实现全是依赖一个又一个的组件来实现相应的控件功能。所以，这将导致我们的 UI 从名称上识别起来很困难，这个时候命名的作用就体现了出来。例如，一个 Label 物体，希望用这个 Label 来显示名称，可以给这个 Label 物体命名为：Name_Label，这样我们一眼看过去就能知道它的类型（label）和用途（显示 name）。

图 6.34 展示了一个比较简单的 UI 结构的范例。

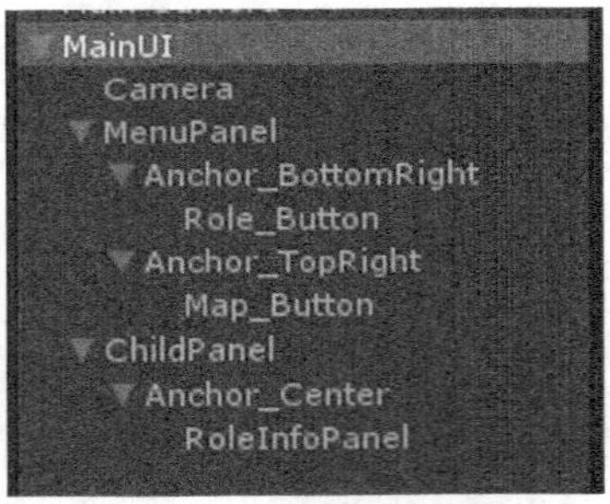

▲图 6.34

6.7.3　需要的时候，分场景以减轻内存负担

因为 UI 图集在使用时，会以一整个图集全部加载到内存当中。如果有 10 个系统，每一个系统的界面都是全屏界面，都有一张巨大的界面独有的背景图，那么这 10 个系统的界面所用到的资源将会导致内存很大。

而 Unity 有一个机制是切换场景之后，会清除以前的内存，所以，在适当的情况下，可以考虑分场景来制作 UI，以减轻内存的负担。相当于点开一个 UI 实则是进入了一个新的场景，看上去就像是全屏界面的效果一样，退出 UI 面板就相当于回到了之前的场景。

第 7 章　用代码深度控制 UI

7.1 代码操作 NGUI 的原理

7.1.1　物体与组件的概念

Unity 引擎的核心架构理念就是游戏物体（GameObject）与组件（Component）构成世界，物体是游戏世界中的核心单位，也几乎是惟一单位，灯光是一个物体、角色是一个物体、地形是一个物体，GameObject 构成了整个游戏世界。

而组件，则是物体产生工作的核心单位，每一个物体都有一个或者多个组件，这些组件决定着这个物体拥有哪些功能，如最基础的 Transform 组件。

NGUI 中，每一个 UI 控件，本质上都是一个 GameObject，它工作的原理是这些 GameObject 上被赋予了 NGUI 的一些脚本组件。

所以，可以通过正常地操作物体一样，获取物体、获取它身上的组件类，然后修改其中的成员实现对 NGUI 的控制。

7.1.2　怎样用代码操作 NGUI

我们来演示一个最简单的例子，用代码来修改一个 Sprite 控件的颜色，如图 7.1 所示。图 7.1 中我们在场景中创建了一套 UI，并新增了一个 UI 控件，它目前是白色的。

首先我们先创建一个 C#脚本（JavaScript 也可以，但是，因为 C#在商业级项目开发中有更广泛的应用，所以，本书均使用 C#作为讲解），命名为 ChangeColor，然后双击打开：

```
using UnityEngine;
using System.Collections;
```

```
public class ChangeColor : MonoBehaviour {

    // Use this for initialization
    void Start () {

    }

    // Update is called once per frame
    void Update () {

    }
}
```

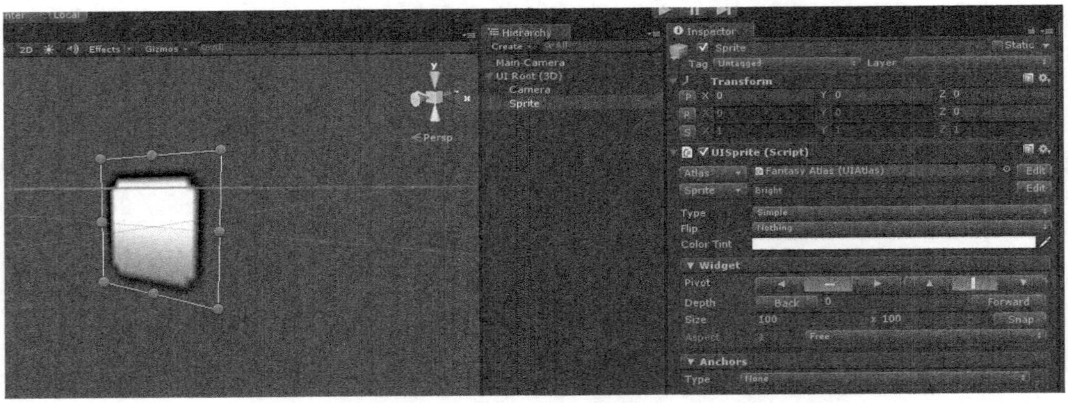

▲图 7.1

这是一个 Unity 中创建的 C#脚本的默认状态，默认生成了一个和文件名同名的类、一个 Start()函数、一个 Update()函数。其中 Start 只会在第一帧 Update 运行前运行一次，而 Update 会在游戏中每一帧都运行一次，这些基础的 Unity 代码知识这里就不多赘述了。

首先，我们要在类中声明一个 GameObject 类型的共有变量，命名为：target_sprite，我们将会使用这个变量作为要修改的 Sprite 的物体引用，然后获取这个 Sprite 物体身上被赋予的 NGUI 的 Sprite 组件，在 Start 中修改它的颜色为红色，最终代码如下：

```
using UnityEngine;
using System.Collections;

public class ChangeColor : MonoBehaviour {
```

```
    public GameObject target_sprite;

    // Use this for initialization
    void Start () {

        //获取目标物体的 Sprite 组件
        UISprite theSpriteComponent = target_sprite.GetComponent<UISprite>();


        //修改 Sprite 组件的 color 成员变量
        theSpriteComponent.color = Color.red;

    }

    // Update is called once per frame
    void Update () {

    }
}
```

然后我们将这个脚本挂在任意一个物体上（最好挂在最上层物体，方便寻找和管理），然后将目标 Sprite 拖入到组件中的共有变量引用中，如图 7.2 所示。

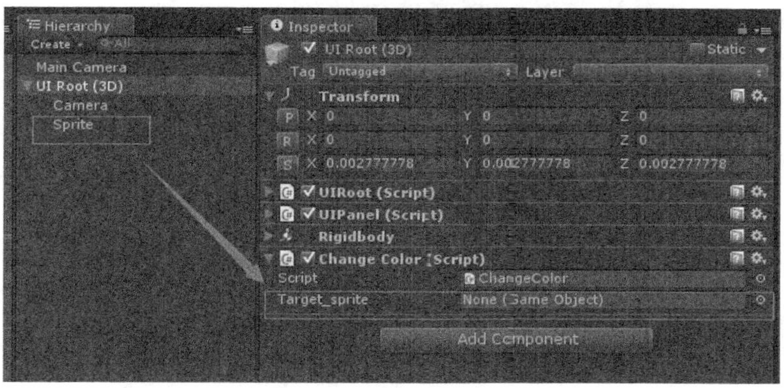

▲图 7.2

最后运行游戏，我们会发现，精灵图片从最开始的白色，变成了红色。

7.1.3　获取组件的几种方法

由上一小节例子可以看到，我们获取 NGUI 组件的方式是声明 Public 变量去引用物体，获得物体身上的组件，然后对组件进行修改。而在游戏开发中，经常会涉及大量的 UI 控件，如果全部都用 Public 变量去进行引用的话，会造成序列化过程耗时太长，并且极其难以维护。如图 7.3 所示的 UI 物体结构，控件量非常大，很难全部 Public 变量去保存引用。

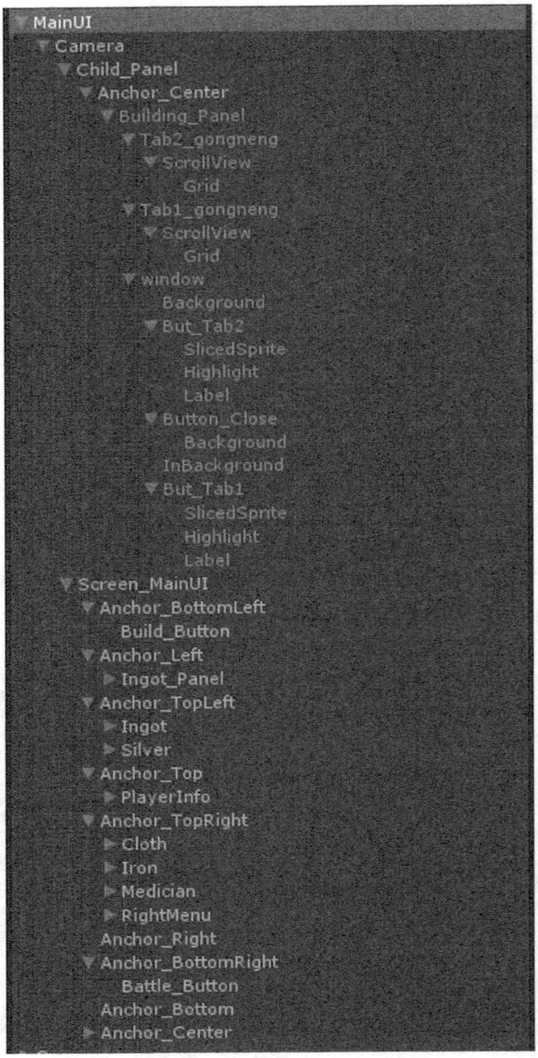

▲图 7.3

因为获取组件这个操作是 NGUI 的代码调用里最最核心的一步前提操作，下面来了解一下几种获取 UI 组件的方法。

1. 方法 1：引用物体

声明 Public 物体变量，然后把物体拖上去保存该物体的引用，用 Awake()或者 Start()函数获取组件。

2. 方法 2：引用组件

声明一个 Public 的、明确的组件类型的变量（如声明一个 public UIButton myBut），然后将物体拖上去即可保存该组件的引用（前提是这个 GameObject 上确实有该类型的组件）。值得注意的是，NGUI 的组件一般都是以 UI 开头的，如 UISprite、UIButton 等。

3. 方法 3：寻找子物体

通过 FindChild 方法来一级一级地找到组件，例如上一小节中，将 ChangeColor 脚本挂在了 UIRoot 上，那么可以修改代码成如下来获取引用：

```
using UnityEngine;
using System.Collections;

public class ChangeColor : MonoBehaviour {

    public UISprite target_sprite;

    // Use this for initialization
    void Start () {

        //先找到目标物体上的组件
        target_sprite = transform.FindChild("Sprite").GetComponent<UISprite>();
        //修改 Sprite 组件的 color 成员
        target_sprite.color = Color.red;

    }

    // Update is called once per frame
    void Update () {
```

```
        }
    }
```

4. 方法 4：Find 方法（耗时，不推荐）

使用 GameObject.Find()方法来寻找一个特定的特殊 UI 物体，但是，这种方法将会遍历场景中的所有物体，非常耗时，不推荐使用。

5. 方法 5：FindWithTag（尽量不要使用）

使用 GameObject.FindGameObjectWithTag 方法去寻找带有某种特殊标签的物体，这种方法性能上比 Find 更快一点，但是与本章前 3 个方法相比并没有优势，并且会涉及标签 Tag 的管理工作，不是很利于维护修改，尽量少使用。

7.1.4　迅速判断可以修改的成员

当我们可以获取 NGUI 的组件时，那么需要知道这个组件到底哪些成员是可以供我们修改的，否则，即使获取到了组件也没有用。而我们并不可能在需要时去详细阅读 NGUI 的源代码，那样将会非常耗时间，而且也失去了这个插件便捷开发者的意义了。所以，需要学会判断哪些成员是可以修改的成员。

一般来说，NGUI 的每一个组件，都将会有一个组件设置界面，如图 7.4 所示的 UISprite 界面。

NGUI 的组件中，提供大家可以修改的成员有两部分，一部分是直接暴露在组件界面中的，例如图 7.4 中的界面中的各个设置项分别对应着：atlas、spriteName 等变量。也就是说：NGUI 组件的设置界面中的几乎所有设置项都有一个相应的成员变量或者成员函数可以进行控制和修改。如果你有需求去修改某一个设置项，而你又不知道它对应的是哪个变量，那么可以直接试着输入这个设置项的名称，一般来说 IDE（VS 和 Mono 均可以）会自动提示出相应的变量和函数。

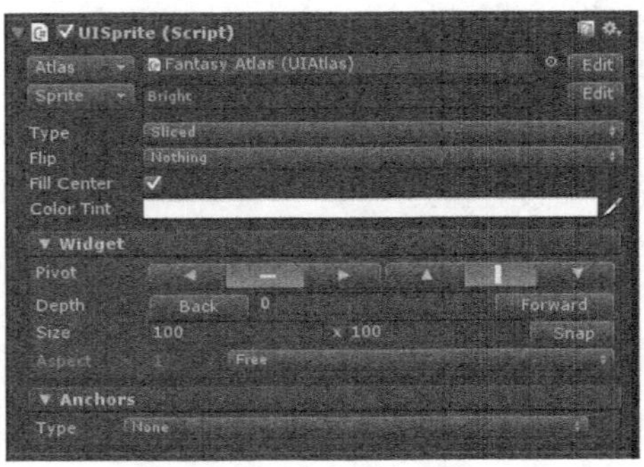

▲图 7.4

而另一部分可以修改的成员没有暴露出来，需要翻看源代码才能知道。我们将在下面罗列出常用的组件中的可修改成员变量。

7.2 动态加载 UI 元素

7.2.1 为什么游戏中会用到动态加载 UI 元素

在游戏中，我们经常会用到动态加载 UI 元素的预设体，比如进入一个场景后，场景内的 UI 是动态加载的。又比如单击一个页面，会根据玩家的信息动态地生成一系列菜单，这个时候菜单 UI 因为会随着玩家的信息不同而改变，可能就会用到动态加载和摧毁 UI。

为什么我们会用到动态加载 UI？因为，如果我们预先就把所有的 UI 都在场景中做好，那么在加载这个场景时，这些所有的 UI 都将会在加载过程中全部加载进去并在初始状态时一次性全部部署好，如果 UI 体系过于庞大，这样可能导致会有卡顿的体验。所以，避免不了会在一些特殊的地方使用到动态加载。

7.2.2 擅用 UI 元素的 Prefab

直接将 UI 物体拖到 Project 视图中，则会自动生成一个 Prefab，这就是这个 UI 的预设体，如图 7.5 所示。

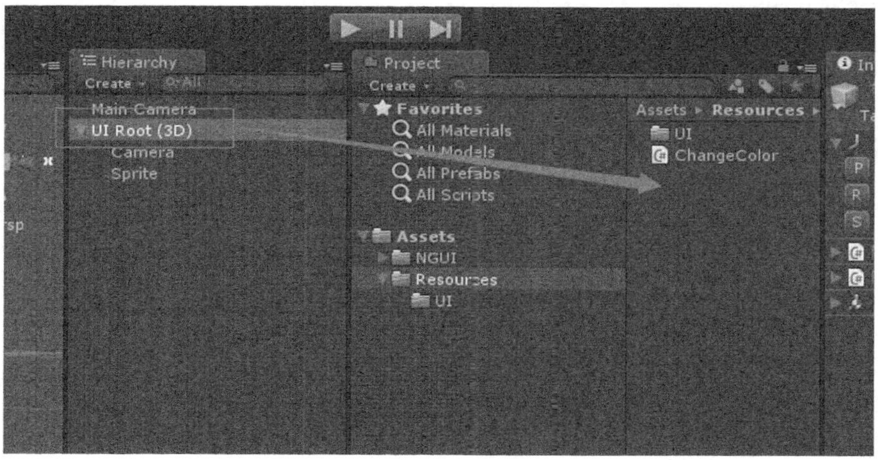

▲图 7.5

我们为什么要用 UI 元素的预设体？首先，只有将 UI 元素事先保存为预设体，才能够允许在游戏运行过程中由代码去控制动态加载。

其次，游戏中的 UI 体系一般都非常庞大，而且，其中有非常多的重复性，所以，在游戏开发中要学会擅用 UI 元素的 Prefab。例如，一个背包有 100 个格子，可以只做一个格子，然后将这个格子保存为一个 Prefab，然后自动生成 100 个。

使用 UI 元素的 Prefab 还有一个非常好的地方在于：修改的时候，可以只修改一个就将所有的同类元素修改了。我们依然拿背包做例子，假设保存了一个背包单个格子的 Prefab，现在我们得到需求：需要给每一个背包格子加上一个外框，这个时候如果我们一个格子一个格子地去加，将会非常浪费时间而且容易出错，我们就可以在 Heirarchy 窗口中对其中的一个格子的预设体进行修改，修改完了之后单击如图 7.6 所示的 Apply 按钮即可自动让所有用到这个预设体的 UI 都更新到最新的状态。

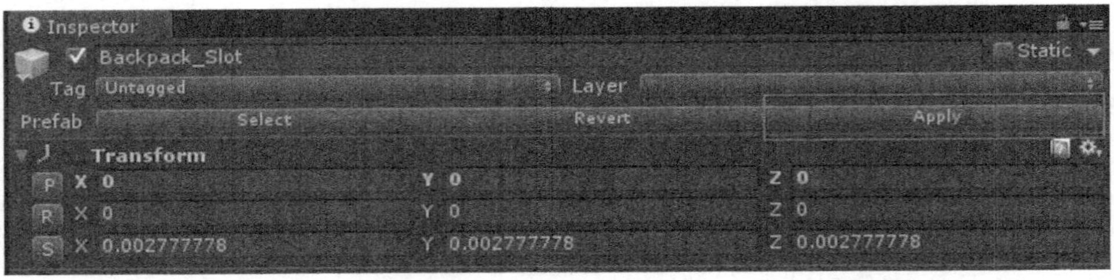

▲图 7.6

7.2.3　将一个物体设置为另一个物体的子物体——NGUITools.AddChild()方法

NGUITools.AddChild()是 NGUI 提供的工具类中最常用的一个方法，它可以直接将一个物体设置为另一个物体的子物体，并且这个子物体的位置直接就在父物体所在的位置。

NGUITools.AddChild 函数可以传入两个参数：父物体和子物体，例如，如下所示的脚本展示了动态加载 NGUI 的元素的使用方法，该脚本动态加载了一个 UI 元素到 Root 下：

```
using UnityEngine;
using System.Collections;

public class LoadPrefab : MonoBehaviour {

    //声明 UIRoot 这个物体的引用，待会儿将会在这个物体下生成子物体
    public GameObject uiRoot;

    //声明要加载的子物体预设的名称
    string prefabName = "Template";
```

```
    void Start () {

        if(uiRoot!=null)
        {
            //根据路径将预设加载进内存作为一个 GameObject 存在
            GameObject go = Resources.Load("UI/" + prefabName) as GameObject;

            //使用 NGUITools.AddChild 方法挂子物体
            GameObject newObj = NGUITools.AddChild(uiRoot, go);

            //可以将新物体的名称打印出来
            Debug.Log("新生成了一个子物体名叫: " + newObj.name);
        }
    }
    void Update () {

    }
}
```

7.2.4 NGUITools.AddChild()和 Instantiate 的区别

我们知道 Unity 中本身有一个实例化预设的方法：Instantiate。那么就来了解一下这两种方法。其实这两种方法本质上是完全一样的，只不过是 NGUI. AddChild 方法进行了包装，以便更快捷地增加子物体而已。

NGUITools.AddChild(parent,child)方法主要用于快速给父物体增加一个子物体，如果要使用 Instantiate 方法来实现，则需要以下代码：

```
GameObject newObj2 = Instantiate(go, uiRoot.transform.position, uiRoot.transform.rotation)
as GameObject;

newObj2.transform.parent = uiRoot.transform;
```

其实这两种方法本质上完全一样，NGUITools.AddChild 方法在源代码中也是通过 Instantiate 去实现的。所以，在开发中不必为这两种方法纠结，根据个人喜好和需求灵活决定使用哪种方法即可。

7.3 擅用 EventDelegate 事件委托

7.3.1 什么是 EventDelegate 事件委托

EventDelegate 事件委托是 NGUI 3.0 以后统一的底层传递消息、监听事件的机制，在 NGUI 3.0 版本以前 NGUI 用的是 SendMessage 方法，但是效率太低。NGUI 3.0 版本以后全部改为了 EventDelegate 机制来进行事件的监听，效率提高了 100 倍。

EventDelegate 本质上和 C#的 Delegate 没有任何区别，它将会负责 NGUI 中所有的事件监听、回调等。例如，单击 Button 按钮触发一个事件，那么 Button 组件中就会有 OnClick 的回调。

对于熟悉 C#中委托的读者可能会更轻松地理解 EventDelegate，不熟悉的读者，可以将 EventDelegate 理解为一个特殊类型的变量，它可以赋值在任何一个带有如图 7.7 所示的 Notify 界面中。

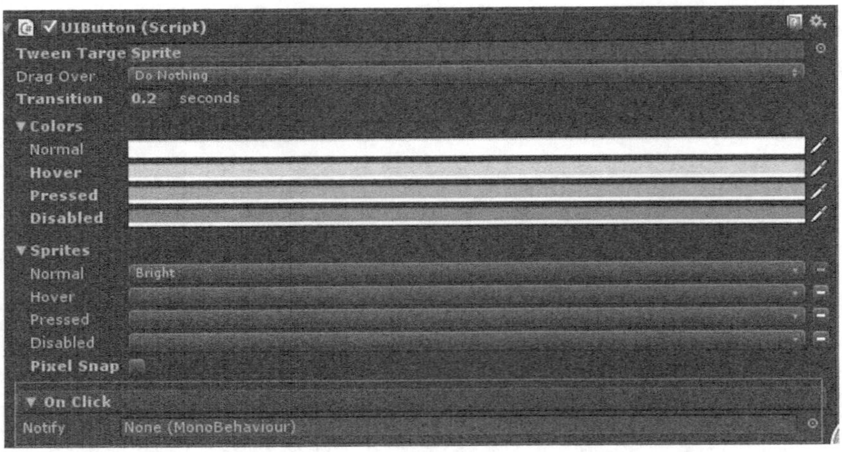

▲图 7.7

7.3.2 事件委托的用法

使用事件委托，可以将一个函数整体当作一个变量，来赋值给各个组件的回调模块，也就是图 7.7 中红框所示的 Notify 模块。NGUI 组件的 Notify 模块是一个事件回调的 List，它可以支持多个回调事件，例如一个按钮的 OnClick 的 Notify 中，可以挂载无数个事件。

以下代码示范了如何将一个函数，由代码动态赋值给 Button 的单击回调事件组，让 Button 单击后能调用这个函数：

```
using UnityEngine;
using System.Collections;

public class ButtonClick : MonoBehaviour {

    //声明 UIButton 这个组件的引用，待会儿将会为这个组件的单击事件赋值
    public UIButton myButton;

    void Start () {

        if (myButton != null)
        {

        //首先将本脚本中的 ClickTheButton() 方法变成一个 EventDelegate 类型的事件委托
            EventDelegate theED = new EventDelegate(this, "ClickTheButton");

        //方法 1: EventDelegate.Add（组件的 Notify 回调组名称 , 一个 EventDelegate 类型的事件）
            EventDelegate.Add(myButton.onClick, theED);

        //方法 2: 因为 Notify 回调本身就是一个事件组，所以直接 Add 一个 EventDelegate 类型的事件
            myButton.onClick.Add(theED);
        }

    }
    void Update () {

    }

    //要作为 EventDelegate 类型的单击事件，一定要是 Public 的
    public void ClickTheButton()
    {
        Debug.Log("我单击了这个按钮！");
    }
}
```

我们将这个脚本挂到一个物体上，将一个带有 BoxCollider 和 UIButton 组件的物体拖到这个脚本组件的 myButton 引用中，然后运行，单击这个按钮，将会看到控制台打印出一句话："我单击了这个按钮！"，证明我们通过代码动态地给 UIButton 赋予了一个单击事件。并且在运行状态下，我们选中这个 Button 物体，可以看到它的 UIButton 组件的单击回调部分如图 7.8 所示，再次证明我们动态赋值单击事件成功（必须运行状态下赋值代码执行了之后才看得到）。

注：图 7.8 中我们看到 OnClick 在运行后被赋予了两个相同的单击事件，是因为我们的脚本中为了展示两种赋值的方法（上文代码中的方法 1 和方法 2），所以被赋值了两遍，实际开发过程中要避免这一点。

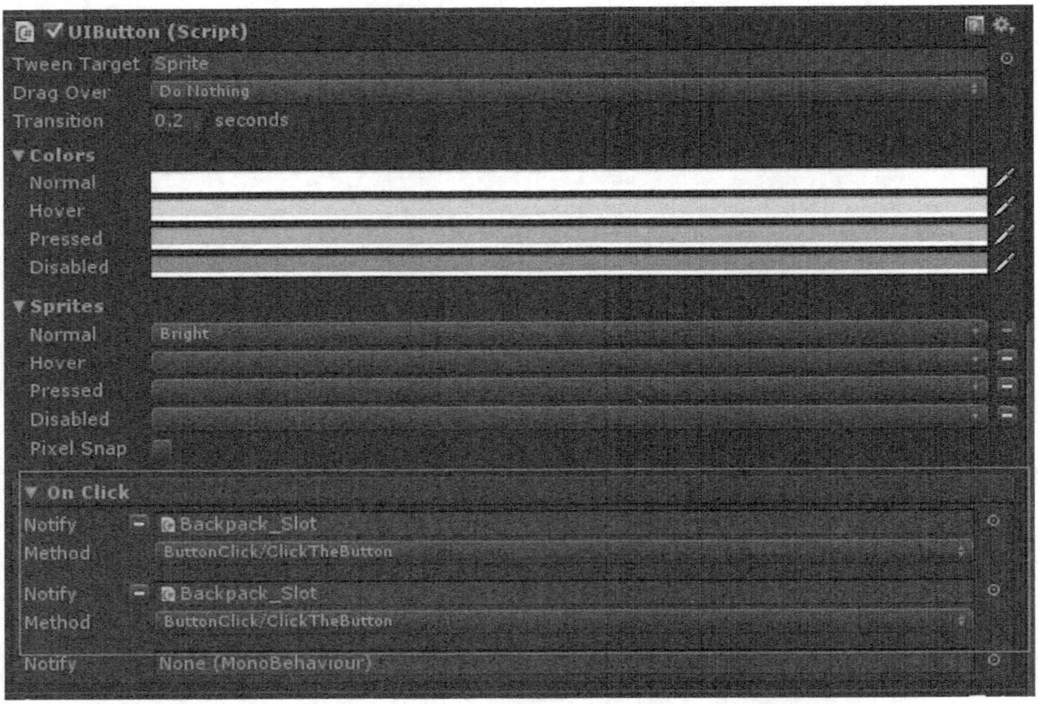

▲图 7.8

7.3.3　哪些地方可以使用事件委托

NGUI 中，所有带有 Notify 回调模块的组件，都可以使用事件委托，比如 Tween 动画组件的 OnFinshed、按钮组件的 OnClick、Toggle 开关组件的 OnValueChange 等。这些组件的事件回调全部都是 EventDelegate 类型的，使用方法和上一小节中按钮的单击事件赋值一样。

7.4 巧用 EventTrigger 组件

7.4.1 什么是 EventTrigger 组件

EventTrigger 组件，是新版 NGUI 中提供的一种统一的监听各种事件的组件。增加方法为，依次选择 AddComponent→NGUI→Interaction→EventTrigger。它可以监听单击、按下、选中、拖曳等各种事件，组件界面如图 7.9 所示。

其中。

OnHoverOver：鼠标光标移动到目标上之后触发。

OnHoverOut：鼠标光标从目标上移开之后触发。

OnPress：按下的时候触发一次，松开的时候再触发一次。

OnDragOver：拖动停住时触发。

OnDragOut：拖动松手后触发。

以上为最常用的效果，其他事件效果欢迎大家自己云尝试，这里就不多赘述。

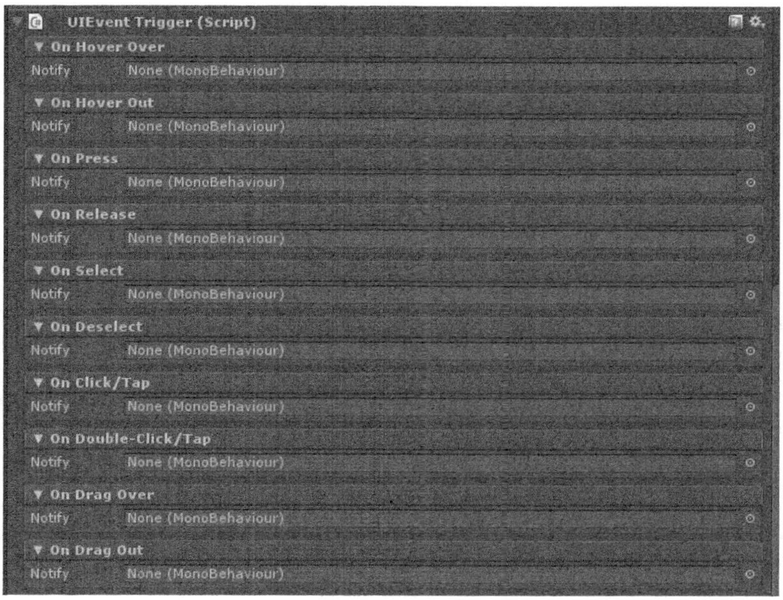

▲图 7.9

7.4.2　EventTrigger 用法

EventTrigger 本质上就是一个事件监听的集合，每一种事件都有一个 Notify 回调事件组，我们可以像为 UIButton 的单击事件赋值一样来为它赋值，比如可以拖动物体到这个 Notity 设置项中，会出现这个物体带有的所有脚体组件中的所有的公共函数（只有 Public 公共函数才会在这里显示，非 Public 是无法外部访问调用的），然后我们在这些出现的公共函数中选择一个我们想要在该事件触发时执行的函数，就完成了这个事件触发的赋值，具体代码如下：

```
    void OnPress()
    {
        Debug.Log("Press");
    }

    void OnDragOut()
    {
        Debug.Log("DragOut");
    }
```

7.5　常用组件的功能调用

7.5.1　UILabel

首先，我们假定获取了一个 UILabel 的实例 label：

```
UILabel  label= GetComponent<UILabel>();
```

- 显示/关闭文字显示：

```
label.enabled = false/true;
label.gameobject.SetActive(false/true);
```

第一种方法是关闭组件，第二种方法是直接隐藏物体。

- 赋值文本内容：

```
label.text = "这里是给文本赋予内容"
```

- 改变字号大小：

```
label.fontsize = 100;
```

这里需要注意的是，Label 的区域限制类型，如果是 ShrinkContent 则字体会被始终自动缩放以限制在控件范围内。

- 整体改变文本颜色：

```
label.color = new Color(1,1,1,1);
label.color = Color.red;
```

在改变颜色时，如果使用 new Color 给颜色赋值，要注意 new Color 需要的参数依次是 RGBA 值，其中最后的 A 值可以没有。对于 RGBA 值，需要将其从 0～255 转换为 0～1 的一个小数，转换方式为颜色的色值除以 255。另外，Color 提供了一些静态的色值供直接调用，如红色 red、黄色 yellow、绿色 green 等。

- 使文本某些文字不受颜色影响：

```
label.text = "不受影响的文字内容是：[c]这里的文字";
```

在这里我们在文本中插入了“关键字”[c]，所谓的关键字，就是指在文本中一旦出现，它就会被当成一种指令不会被显示在文本中，而会影响其后面的文字。在这里的例句中，关键字[c]后面的文字都将不受整体颜色的影响而保持白色。

- 局部改变某些字的颜色。

如果要改变 Label 文本中的字体颜色，可以插入十六进制的颜色值实现，例如：

```
label.text="我将会改变颜色为[FF0000]红色";
```

在这行代码中，[FF0000]会作为关键字不会在文本显示出来，它会将它之后的文本内容全部变成红色。

- 修改深度：

```
label.depth = 10;
```

7.5.2 UISprite

首先，我们假定获取了一个 UISprite 的实例 sprite：

```
UISprite  sprite = GetComponent< UISprite >();
```

- 显示/隐藏图集：

```
sprite.enabled = false/true;
sprite.gameobject.SetActive(false/true);
```

第一种方法是关闭组件，第二种方法是直接隐藏物体。

- 修改精灵图片：

```
sprite.spriteName = "newName";
```

修改图片的名称后，会自动调用当前图集下的该名称图片。如果当前图集下不存在该名称的精灵，则将不会显示任何图像内容。

- 修改颜色和深度。

和修改字体颜色深度一样。

7.5.3　UITexture

首先，我们假定获取了一个 UITexture 的实例 texture：

```
UITexture  texture = GetComponent< UITexture >();
```

- 获取并修改图像内容：

```
texture.mainTexture = Resources.Load("这里是新图片的路径") as Texture;
```

- 修改尺寸：

```
texture.SetDimensions(200,200);
```

这是一个所有控件（label 和 sprite）都可以使用的方法，需要传入两个参数：宽度和高度。

- 修改颜色和深度。

和文字的颜色深度修改方法一样。

7.5.4　UIButton

首先，我们假定获取了一个 UIButton 的实例 button：

```
UIButton  button = GetComponent< UIButton>();
```

既然是一个按钮控件，那必须带有 BoxCollider 来接收操作输入：

```
BoxCollider  boxcollider = GetComponent<BoxCollider>();
```

- 让按钮禁用：

```
boxcollider.enabled = false;
```

特别需要注意的是，按钮的禁用是非常特殊的一种情况，因为，即使没有 UIButton 组件，也能通过 OnClick 等事件监听方式（如 EventTrigger 中那些）实现按键效果，所以，要禁用按钮，我们应该禁用的是接收事件的根本组件：BoxCollider。

也只有当 BoxCollider 被禁用了，UIButton 才会变成 Disabled 的颜色。

- 给按钮赋予事件。

前文讲解 EventDelegate 已经讲过，不再赘述。

7.5.5 UIGrid

首先，我们假定获取了一个 UIGrid 的实例 grid：

```
UIGrid  grid = GetComponent< UIGrid>();
```

- 获取并改变网格的间距：

```
grid.cellHeight = 500;
grid.cellWidth = 500;
```

- 使网格立即重新排列：

```
方法 1: grid.repositionNow = true;
方法 2: grid.Reposition();
```

7.5.6 UISlider

首先，我们假定获取了一个 UISlider 的实例 slider：

```
UISlider slider = GetComponent< UISlider>();
```

- 获取并更改进度条的进度值：

```
slider.value = 1.23f;
```

这里进度值的动态赋值应该是一个 0～1 的浮点数，因为进度的范围就是 0%～100%。当对它进行实时赋值时，就是常见的血量条等。例如：

```
slider.value = currentHP/maxHP;
```

- 获取并更改进度条的透明度值：

```
slider.alpha = 1.35f;
```

- 获取并更改进度条每一步变动的步幅值：

```
slider.numberOfSteps = 10;
```

这里赋值可以设置进度条一共有几个点，也就是进度条将会一段一段地变化。例如，填入 5，则进度条只会存在 0、0.25、0.5、0.75、1 5 种情况。

- 进度条的进度值变动的事件回调：

```
slider.onChange.Add( new EventDelegate(this,"A") );
```

这里赋值的方法，与前面讲解 EventDelegate 一样。

- 可拖动进度条拖动结束后的事件回调：

```
slider.onDragFinished.Add( new EventDelegate(this,"A") );
```

7.5.7　UIToggle

首先，我们假定获取了一个 UIToggle 的实例 toggle：

```
UIToggle toggle = GetComponent< UIToggle>();
```

- 获取并修改它的选中状态：

```
toggle.value = false/true;
```

- 获取并修改它所属的开关组：

```
toggle.group = 10;
```

选中状态改变后的事件回调：

```
toggle.onChange.Add( new EventDelegate(this,"A") );
```

7.5.8　UIInput

首先，我们假定获取了一个 UIInput 的实例 input：

```
UIInput input = GetComponent< UIInput>();
```

- 获取并修改用户输入的内容的值：

```
input.value = "这里是输入框的值";
```

这是 Input 最常用的一个变量，因为经常需要获取玩家输入的内容，这个变量是一个 string 类型的。

- 改变文本颜色：

```
input.activeTextColor = new Color(1,1,1,1);
```

这个功能在登录、注册等功能上很常见，比如当用户输入的文本不符合某种要求时，就让文本变红，如账号错误。

- 提交文本和改变的事件回调：

```
input.onSubmit.Add( new EventDelegate(this,"A") );
input.onChange.Add( new EventDelegate(this,"A") );
```

7.5.9 UIPanel

首先，我们假定获取了一个 UIPanel 的实例 panel：

```
UIPanel panel = GetComponent< UIPanel>();
```

- 改变 Panel 的透明度：

```
panel.alpha = 0.5f;
```

- 改变 Panel 的深度：

```
panel.depth = 100;
```

- 改变 Panel 的渲染次序：

```
panel.renderQueue = UIPanel.RenderQueue.StartAt;
panel.startingRenderQueue = 3000;
```

这个功能会和 Depth 有一些冲突，因为它是最决定渲染次序的。当我们使用粒子系统在 UI 界面上一起显示时，粒子系统的 RenderQueue 一般为 3000，如果 Pnael 的 RenderQueue 高于 3000，则永远会遮挡粒子，反之则粒子会在 Panel 前面。

- 重新渲染画面：

```
panel.RebuildAllDrawCalls();
```

这是重新建立所有的 DrawCall，我们知道 DrawCall 是 CPU 发送给 GPU 的绘图指令，可见这是一个非常霸道的功能，将会有更长的延迟消耗，所以，一般情况不要使用。它一般用在 NGUI 某些层级改变了之后，没有及时刷新的情况下。

例如，我们在游戏中，假设有 Panel A 深度为 1、Panel B 深度为 2。我们动态地将一个控件由 Panel A 下面移到 Panel B 下面，我们有时候会发现这个控件并没有立即因为 Panel B 的高深度而立即显示在 Panel A 的上层，这个时候我们就需要手动刷新显示，就可以使用这个 RebuildAllDrawCall()方法。

7.5.10 UICamera

UICamera 组件一般会极少去调用它，下面来了解几个可能用得上的静态方法或者变量。

UICamera.IsOverUI，返回一个 bool 值，我们单击控件之类的操作在 NGUI 底层都是依赖射线实现的，这个方法是判断最后一个射线是否会打在 UI 上。

UICamera.IsPressed(Gameobject go)，这个方法是检验当前情况下，是否按住了某一个物体，比如传入这个物体作为方法的参数。

另外，我们可以像操控其他控件一样，去获取 UICamera 的实例组件，然后修改它的组件面板中的各项值，方法和操控其他组件一模一样。因为对 UICamera 的操作一般很少见，一般也就偶尔改一下 Depth 之类的，所以，这里就不多描述了，大家可以按照操控其他组件的方式自主进行尝试。

7.6 动画的控制

7.6.1　为什么要把动画单独提取出来

在这里，我们将 NGUI 的动画（主要指 Tween 动画）单独讲解，主要是因为动画它有一个最大的特点：它不停地进行插值改变。例如，我们执行一个位置从（0,0,0）变换到（0,10,0）的 Tween 动画，当执行到一半的时候也就是移动到（0,5,0）的位置时，我们关闭动画组件，会发现物体停在了（0,5,0）的位置。

正因为动画的这种实时改变的特性，所以，经常会碰到以下很多问题。

（1）动画播放完了，再播放第二遍就没有效果了。

（2）动画播放到一半，再重新播放它还是会从一半的地方开始。

（3）很多其他的问题……

NGUI 的动画体系，在游戏的运用中，除了一些基本的、简单的动画可以依靠组件激活时的自动播放去执行以外（如 Pingpong 和 Loop 动画），很多时候都需要代码去手动控制动画。

7.6.2　控制 Tween 动画

获取 Tween 动画组件最简单的方法就是直接获取指定类型的组件，比如对于 TweenPosition 组件，我们可以通过 GetComponent<TweenPosition>()来获得这个位移动画的组件。

Tween 动画都继承自 UITweener 类，所以，如果一个物体身上有很多种 Tween 动画，而我们要一起控制它们，可以直接获取物体身上的 UITweener。比如一个物体身上有 3 个 Tween 动画，一个位置动画、一个放缩动画、一个变色动画，我们可以通过 GetComponents<UITweener>()获得一个数组，这个数组内容就是物体身上所有的 Tween 动画。这里一定要注意 GetComponents（获取多个组件）和 GetComponent（获取单个组件）的区别。

需要注意的是，如果获取具体类型的组件，可以修改所有值，如果获取的是 UITweener，因为这是一个基类，所以只能修改所有动画都共有的那些变量。

- 激活关闭 Tween 动画组件：

```
tween.enabled = true/false;
```

这一个方法在针对 Loop 和 Pingpong 动画时极其有用，因为 Loop 和 Pingpong 动画都是没有结束的，它们属于激活就播放、禁用就暂停。需要注意的是，禁用后物体的状态将会停在动画被禁用的那一刹那，如果禁用后希望动画复原需要手动用代码进行复原。

- 播放 Tween 动画。

对于一次性播放的动画，也就是 Once 类型的动画，播放一次后它将不会再播放第二次，这个时候如果我们需要用代码手动去控制它播放，则可以使用：

```
正向播放：tween.Play(true);或者 tween.PlayForward();
反向播放：tween.Play(false);或者 tween.PlayReverse();
```

如果有多个同类组件，例如有 3 个 TweenPosition 组件，我们希望在一定的场合下只控制其中一个去播放，可以给这 3 个组件分别设为不同的 Group，例如分别设为 1、2、3，然后再进行判断播放，具体代码如下：

```
UITweener  tweeners = GetComponents<UITweener>();
for( int i = 0; i < tweeners.Length; i++ )
{
    if( tweeners[i].group == 1)
    {
        tweeners[i].Play(true);
        break; //找到需要播放的动画后，就跳出循环
    }
}
```

- 复原 Tween 动画。

动画是不会自动复原的，所以，播放时如果碰到没有复原导致的现象时，可以手动通过代码进行复原：

```
UITweener tween = GetComponent<UITweener>();
tween.ResetToBegining();
```

这种方法会使动画回到原点，这个原点并不是指的是起点，如果动画是正向播放，这个原

点就是起点，如果动画当时是反向播放的，这个原点就是终点。

- 改变 Tween 动画变量。

首先我们可以轻易地改变 UITweener 部分的变量，例如修改动画持续时间：tween.duration = 1.0f。

例如修改动画的所属组：tween.group = 3。

如果要修改非 Tweener 部分的变量，就需要获取具体类型的组件，例如，假设要修改一个位移动画的初始值和结束值，这个时候获取 Tweener 就没有用了，因为 UITweener 是一个基类，所以，这种情况下需要获取这个位移动画：

```
TweenPosition   tween = GetComponent<TweenPosition>();
tween.from = new Vector3(1,1,1);
tween.to = new Vector3(2,2,2);
```

- Tween 动画播放完毕的事件回调：

```
tween.onFinished.Add( new EventDelegate (this,"A") );
```

这里需要注意的是，Loop 和 Pingpong 动画是没有结束的。

7.6.3 关于 PlayTween 和 PlayAnimation

关于 PlayTween 和 PlayAnimation 最重要的就是两个用法：播放和复原。对于播放，如果希望手动控制动画进行播放，那么 PlayTween 和 PlayAnimation 最好是 Forward 方向的，然后可以通过 Play(true/false)来进行正向/反向播放。

我们可以在播放前通过 playtween.resetIfDisabled = true 来使动画在播完禁用后自动复原。

我们可以使用 onFinished 来对 PlayTween 和 PlayAnimation 进行结束事件的回调，这样就可以避免了去对具体的 Tween 动画进行结束事件设置，更易于管理和维护。

关于动画的一些更多的成员变量和函数，大家可以多进行尝试。

第 8 章　实用案例演示

在本章中，我们将会进行一系列的案例实战讲解，包含目前主流游戏中的各种主流模块。由于篇幅有限，我们只会挑选最常用的游戏 UI 模块来讲解制作，其中将会包括：

- 模块需求分析
- UI 制作讲解
- 使用逻辑讲解
- 源码讲解

需要说明的是，本章讲解的案例，需要 Unity 4.0 及更高的版本，需要 NGUI 3.6.0 及更高的版本。本章使用的是 Unity 4.5.4 和 NGUI 3.7.2。为了让大家能够更方面地学习案例，在本章所有的案例中，我们都将使用 NGUI 自带的资源，不会使用特殊资源。

NGUI 大多数的知识点都已经在前文当中包含了，所以本章只挑选了几个 UI 模块来讲解。如果读者对 NGUI 的一些模块有疑问，建议详细回顾前面章节中与该模块相关的内容，或者直接参看第 9 章一些常见问题的解答。

如果需要更多的案例，欢迎进入 Project 面板：Assets/NGUI/Examples/Scenes 中观看官方提供的一系列案例。

8.1 角色头像状态栏制作

8.1.1　示意图和需求分析

在本章中，我们将会制作一个如图 8.1 所示的角色头像状态栏界面。这个界面在 RPG 游戏中几乎是必备界面。

下面我们来了解一下这个界面的功能需求：

- 显示角色的头像；
- 显示角色的名称；
- 实时更新角色的血量百分比，精确到小数点后两位；
- 实时更新角色的魔法量百分比，精确到小数点后两位；
- 界面开发分辨率标准为 1920×1080；
- 这个界面模块始终处于屏幕左上角；
- 角色名称最多 4 个字。

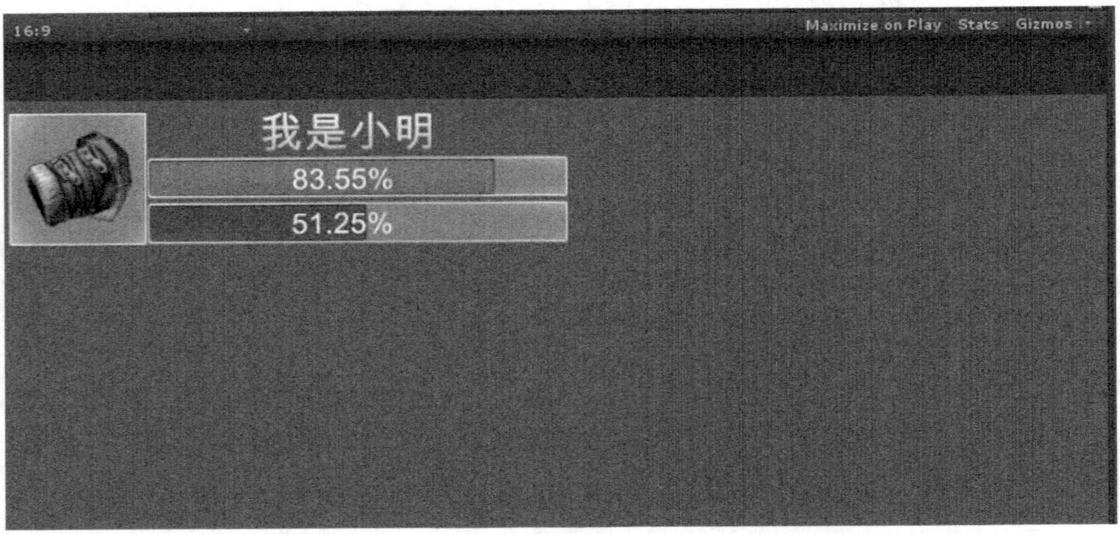

▲图 8.1

8.1.2　设计并制作 UI

我们将会按照以下步骤来制作 UI。

1. 创建 UI

我们在场景中创建一个 3DUI，将 UIRoot 命名为 MainUI。

2. 设置分辨率

因为开发分辨率标准为 1920×1080，所以，将 Game 的视窗大小调整为 1920×1080，并且将 UIRoot 的缩放模式（Scaling Style）改为“缩放”，并设置 Height 为 1080。

3. 设置锚点

由需求知道这个界面模块始终处于左上角，所以，在 UIRoot 下创建一个 Anchor，创建方法为 Unity 顶部，依次选择 NGUI 菜单→Creat→Anchor，并将 Anchor 设置为 TopLeft。为了方便管理，将 Anchor 物体命名改为 Anchor_TopLeft。

4. 制作头像

我们为了管理这个模块，先在 Anchor 下创建一个 Panel，命名为 RoleStateUI，意为角色状态界面。然后在 Panel 下创建一个 Sprite，Atlas 选用 NGUI 自带的 FantasyAtlas，Sprite 选择 Glow，这就是我们要拿来当作头像图标底的精灵，为了美观，我们将这个 Sprite 设置为 Sliced 模式，并命名为 Head。

然后我们移动它到左上角最合适的位置上，在它下面创建一个子物体 Sprite，命名为 HeadIcon，然后 Sprite 图片选用 OrcArmor-Bracers。我们就用这个图片来当作角色的头像图标。

5. 制作血条

我们在 RoleStateUI 下面再创建一个 Sprite，命名为 HP_Slider，意为血条的意思，图片选用图集中的 Glow，设为 Sliced 模式，然后调整尺寸到一个我们需要的血条大小，它将会是角色血条的底子。然后在这个 HP_Slider 上增加一个组件：UISlider，增加方式为，点中这个物体，在 Inspector 面板中依次单击 AddComponent→ NGUI → Interaction → NGUI Slider。

在这个血条底子 HP_Slider 下创建一个子物体 Sprite，命名为 Foreground，它将作为表示血条进度的条子，Sprite 图片选用图集中的 Glow，设置好尺寸大小后，将它的颜色改为红色，表示这是一个血条。并将这个 Foreground 物体拖动到 HP_Slider 物体的 UISlider 组件中的 Foreground 设置项中，将它和进度条组件关联起来。

在这个血条底子 HP_Slider 下再创建一个子物体 Label，命名为 PercentLabel，意为百分比文本，调整文本的大小和位置，为了让文字看上去更清晰，我们可以去掉 Gradient 的勾让它纯白色显示。

6. 制作魔法条

将刚制作好的血条复制一份（直接使用 Ctrl+C、Ctrl+V 复制即可），然后调整它的位置到血条下方，将它的物体名称重新命名为：MP_Slider。

7. 制作角色名文本

在 RoleStateUI 下创建一个 Label，命名为 NameLabel，调整这个文本物体到血条上方，调整好尺寸大小，并去掉 Gradient 的勾让它没有渐变纯白显示。

因为角色名称最多 4 个字，所以，我们需要提前输入 4 个字上去，看看 Label 控件的尺寸是否合适。

制作好后的 UI 结构图就如图 8.2 所示。

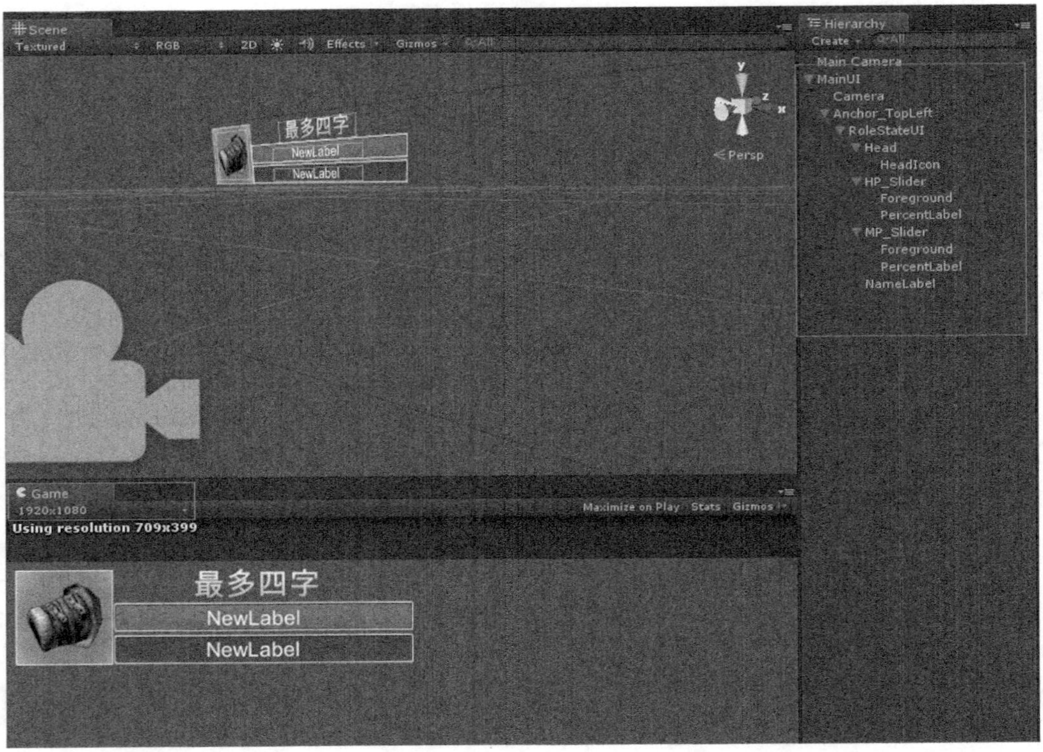

▲图 8.2

这个 UI 结构目前来看，是一个比较合理并且清晰的 UI 结构，我们来梳理检查一下 UI 有没有少关键点。

（1）分辨率相关的设置（UIRoot）。

（2）锚点设置。

（3）血条上的 Slider 组件是否关联了 Foreground。

（4）蓝条上的 Slider 组件是否关联了 Foreground。

（5）各个 Label 的大小和最大文字数量是否已经测试好效果了。

注意：因为大多数时候 NGUI 会自动给新增加的控件的 Depth 增加 1，所以，这里我们没有去检查 Depth，但是在实际开发中，大家要养成检查 Depth 的习惯。

8.1.3 设计并编写代码

声明：本章节所涉及的代码部分，均只为它所属的案例服务，主要目的是给读者讲清楚一个简易的 UI 模块功能的完整开发的思路，并不代表实际开发中的标准代码。在实际开发中，具体项目有具体的代码设计和书写规范，请读者重点理解思路。

一般来说，游戏中会有一个单例脚本来管理角色的一些数据信息，这个脚本不继承自 Mono 类，属于一个单例脚本，主要起一个存取并管理数据的作用。我们先创建一个脚本，命名为 Player.cs，然后打开它，删掉它对 Mono 类的继承，删掉自带的 Start 和 Update 函数（因为这两个函数没有用处了）。

首先，需要在这个脚本中声明一个静态的实例，并书写一个公共的获取静态实例的静态方法，让它像单例一样运作，方便我们存取数据。

然后在这个脚本中声明 5 个私有变量：playerName（string 类型，表示角色名称）、maxHp（float 类型，表示最大生命值）、currentHp（float 类型，表示当前生命值）、maxMp（float 类型，表示最大魔法值）、currentMp（float 类型，表示当前魔法值），我们将名称变量暂时赋值为“张三”，另外 4 个私有变量全部都临时赋值为 1000，并为它们书写公有的设置/获取函数。

注 1：声明私有变量，然后书写共有的设置/获取函数，不但可以保护访问的安全性，还可以在以后可能出现的复杂的数据存取操作中更加方便。

注 2：因为 UISlider 组件的进度值是一个浮点数，我们也需要将进度显示到小数点后两位的百分比，所以，这里对生命 HP 和魔法 MP 全部都采用 float 类型，以方便使用。

具体代码如下（Player.cs）：

```
using UnityEngine;
using System.Collections;

public class Player {
```

```
//声明静态实例
private static Player Instance;

//获取静态实例
public static Player GetInstance()
{
    if (Instance == null)
    {
        Player  ins = new Player();
        Instance = ins;
        return Instance;
    }
    else
    {
        return Instance;
    }
}

//声明私有变量
private string playerName = "张三";
private float maxHp = 1000;
private float currentHp = 1000;
private float maxMp = 1000;
private float currentMp = 1000;



//公有的设置获取方法
public void Set_playerName(string value)
{
    playerName = value;
}
public string Get_playerName()
```

```
{
    return playerName;
}

public void Set_maxHp(float value)
{
    maxHp = value;
}
public float Get_maxHp()
{
    return maxHp;
}

public void Set_currentHp(float value)
{
    currentHp = Mathf.Min(value, maxHp);
}
public float Get_currentHp()
{
    return currentHp;
}

public void Set_maxMp(float value)
{
    maxMp = Mathf.Min(value, maxMp);
}
public float Get_maxMp()
{
    return maxMp;
}

public void Set_currentMp(float value)
{
    currentMp = value;
```

```
    }
    public float Get_currentMp()
    {
        return currentMp;
    }
}
```

现在我们需要做的是制作 UI 脚本，创建一个新的脚本，命名为 RoleStateUI，然后打开，在其中声明 UI 组件的引用并书写逻辑，为了方便，在 Update 中书写一个“扣血”和“加血”的功能，来验证我们的逻辑。

我们先来看看代码：

```
using UnityEngine;
using System.Collections;

public class RoleStateUI : MonoBehaviour {

    public UILabel playerNameLabel;
    public UISlider hpSlider;
    public UISlider mpSlider;
    public UILabel hpPercentLabel;
    public UILabel mpPercentLabel;

      void Start () {

        //检查引用的健全性，这是一个查错的好习惯

        if (playerNameLabel == null)
        {
            Debug.Log("角色名称 Label 的引用丢失了！");
        }
        else
        {
            //为角色名称赋值
            playerNameLabel.text = Player.GetInstance().Get_playerName();
```

```
        }



        if (hpSlider == null)
        {
            Debug.Log("角色血条的引用丢失了！ ");
        }
        if (mpSlider == null)
        {
            Debug.Log("角色魔法条的引用丢失了！ ");
        }
        if (hpPercentLabel == null)
        {
            Debug.Log("角色血量文字的引用丢失了！ ");
        }
        if (mpPercentLabel == null)
        {
            Debug.Log("角色魔法量文字的引用丢失了！ ");
        }

    }

    void Update () {

        //书写一个测试用的方法，来扣血和加血
        //按下 A，则扣血 182，按下 B 加血 114
        if (Input.GetKeyDown(KeyCode.A))
        {
          Player.GetInstance().Set_currentHp(Player.GetInstance().Get_currentHp() - 182);
        }
        if (Input.GetKeyDown(KeyCode.B))
        {
         Player.GetInstance().Set_currentHp(Player.GetInstance().Get_currentHp() + 114);
        }
```

```
    }

    void LateUpdate()
    {
        //在每一帧更新完成后之后，更新血条和魔法量
        float hppercent = Player.GetInstance().Get_currentHp() / Player.GetInstance(). Get_maxHp();
        hpSlider.value = hppercent;
        hpPercentLabel.text = (hppercent * 100).ToString(".00") + "%";


        float mppercent = Player.GetInstance().Get_currentMp() / Player.GetInstance(). Get_maxMp();
        mpSlider.value = mppercent;
        mpPercentLabel.text = (mppercent * 100).ToString(".00") + "%";
    }

}
```

我们在脚本中首先声明了 UI 组件的引用，然后在 Start 中给角色名称赋值，并且检查了所有的组件引用是否存在，这是一个写代码的好习惯，因为，一旦因为不存在引用而导致了 Bug 我们就能第一时间知道问题所在。然后我们在 Update 中写了两个测试用的功能：按 A 扣血和按 B 加血。最后，我们在 LateUpdate 中更新角色的血量和魔法量的 UI 显示。

我们将代码挂在 MainUI（也就是 UIRoot）上，然后将引用的各个组件依次拖上去赋值给它。运行游戏，在运行状态下，我们按 A 会扣血，按 B 会加血，血量进度条和文字会跟着一起实时显示，如图 8.3 所示。

根据这个模块，我们还可以扩充更多的功能：比如头像图标也会根据职业或者角色来显示不同的，再比如血量低于一定百分比之后角色名称和血条会变色等。

角色状态栏一般都和其他的一些主界面菜单一起构成了“主界面”，这个界面一般是在游戏中长期存在的，如果是永久存在，可以在主界面的脚本的开始部分写上这样一句代码 DontDestroyOnLoad(this.gameObject)，就可以让它在场景中永远存在。如果一部分地方存在一部分地方不存在，可以考虑将主界面做成一个预设体，然后在进入新场景时，判断这个场景是否需要主界面，以此决定是否需要加载 Prefab。

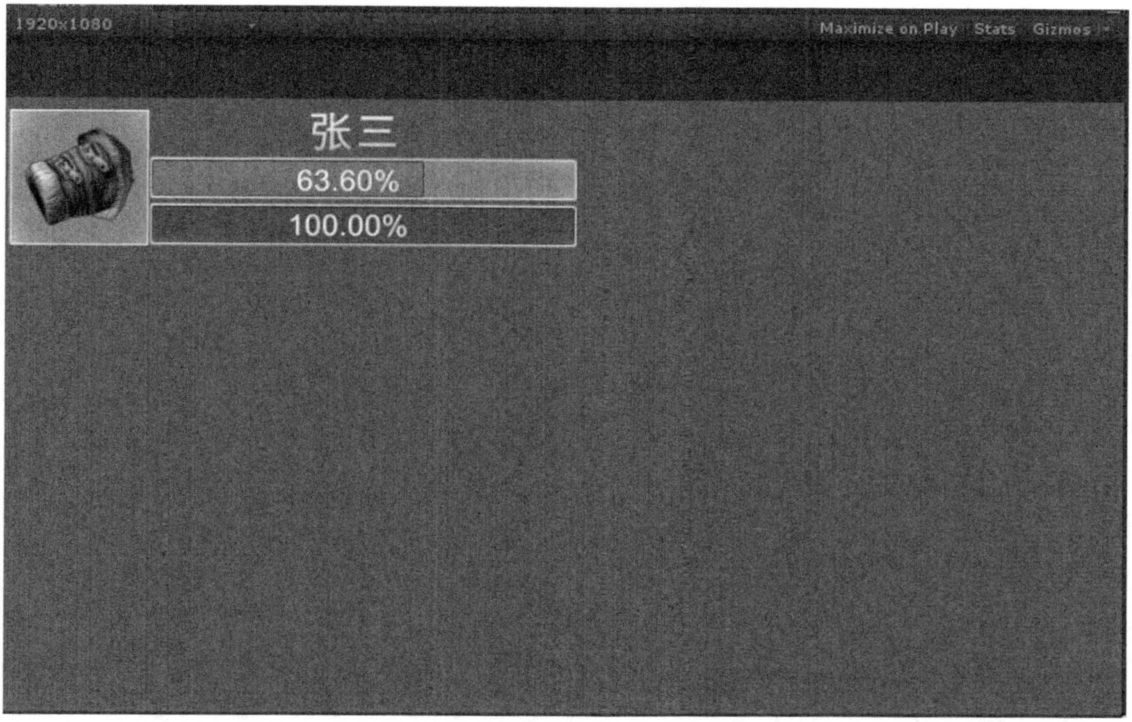

▲图 8.3

8.2 场景加载的进度条界面制作

8.2.1　为什么要做这个界面

在游戏中，我们经常会涉及场景切换，Unity 切换场景时，会清空旧场景的内存，然后将新场景的资源全部加载到内容中。而新场景的内容如果稍大，则会在切换场景的时候出现卡顿，这个卡顿是由于在加载资源到内存造成的。而在稍微大型点的项目中，经常会有资源量很大的场景，这个时候我们需要做一个加载界面，来告诉玩家我们正在加载新场景，并告知玩家加载的进度如何了。

这就是我们所谓的 Loading 界面，如图 8.4 所示。

8.2.2　异步加载的概念

在 NGUI 中，加载新场景分为同步加载和异步加载，所谓的同步加载就是加载完了新场景才会继续执行别的事。所谓的异步加载，就是程序会在后台加载新场景，在此过程中还可以执行其他的事情。

▲图 8.4

同步加载：Application.LoadLevel();

异步加载：Application.LoadLevelAsync();

为了显示这个进度条，我们可以在加载场景的时候，先加载进一个专门的 Loading 场景，因为这个场景只有 Loading 信息，所以加载非常快，然后在这个场景中立马进行新场景的加载，并实时地显示加载进度。

需要注意的是，异步加载虽然是后台在加载，但是，因为程序在对内存进行着大量的操作，所以依然会导致有一定的卡顿。

8.2.3　制作一个单独的加载界面场景

我们新创建一个场景，将场景命名为 LoadingScene。然后在这个场景中制作图 8.4 所示的加载界面。

制作步骤如下。

1. 创建 UI

在这里我们可以创建一个 2DUI 在场景中，并将 UIRoot 命名为 LoadingUI。

2. 设定分辨率

这里我们假定项目标准分辨率是 1920×1080，于是将 Game 视窗调为 1920×1080，然后将 UIRoot 设为缩放模式，Height 为 1080。

3. 创建锚点

因为进度条是靠底部的，在这个案例中假设进度条需要靠近底部定位。所以，先在 UIRoot 下创建一个 Anchor，创建方法为 Unity 顶部 NGUI 菜单，依次选择 Creat → Ancho。然后我们将 Anchor 的锚点设置为 Bottom，并将 Anchor 重命名为 Anchor_Bottom。

4. 创建进度条

我们先在 Anchor_Bottom 下创建一个 Sprite，命名为 LoadingSlider，将它的尺寸调整到我们所需要的底板的大小，然后调整好在屏幕中的位置。为它附加一个 UISlider 的组件，这个 Sprite 将作为进度条的底板使用。

在 LoadingSlider 下创建一个子物体 Sprite，命名为 Foreground，这个 Sprite 将会作为显示进度的上层条使用，调整它的大小和位置。然后，将这个 Sprite 物体拖动到 LoadingSlider 物体的 UISlider 组件的 Foreground 设置项中。

在 LoadingSlider 下创建一个子物体 Label，命名为 ProgressLabel，它将作为进度的文字显示，将 Label 的文本先设定为："加载进度：100%"，然后调整文本的字体大小和颜色。

制作好后，如图 8.5 所示。

这样我们的加载场景和界面基本就算制作完成了。

8.2.4 设计并编写代码

我们在加载新场景时，利用 Loading 场景非常小的特点，先同步加载 Loading 场景，在加载的同时，将真正要加载的场景名称作为一个参数传入到一个全局变量（可以用单例或者静态变量来实现）中保存起来，然后 Loading 场景加载后，立即获取这个变量，立即开始加载真正要加载的场景，并实时显示加载进度。这里的代码逻辑如图 8.6 所示。

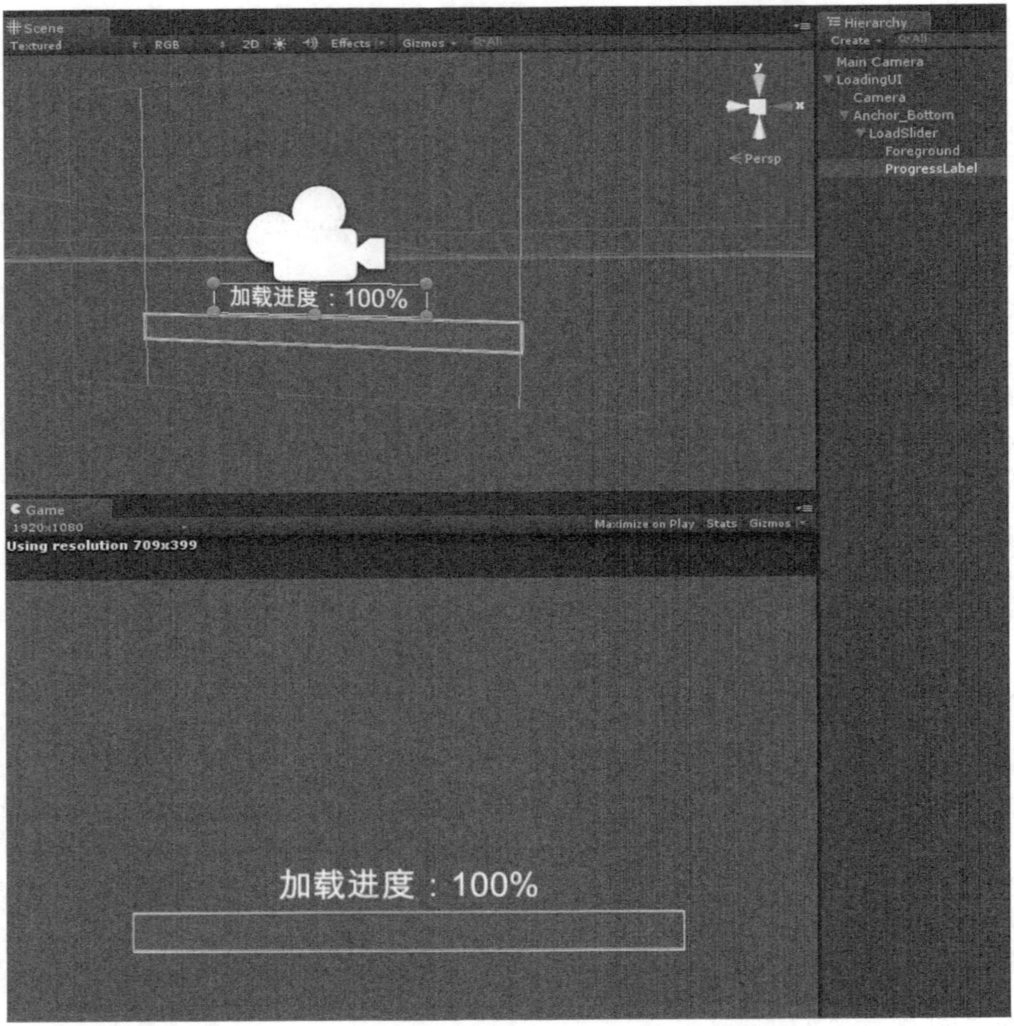
Scene
Textured
RGB
2D
Effects
Gizmos
Hierarchy
Create
Main Camera
LoadingUI
Camera
Anchor_Bottom
LoadSlider
Foreground
ProgressLabel
Persp
加载进度：100%
Game
1920x1080
Maximize on Play
Stats
Gizmos
Using resolution 709x399
加载进度：100%

▲图 8.5

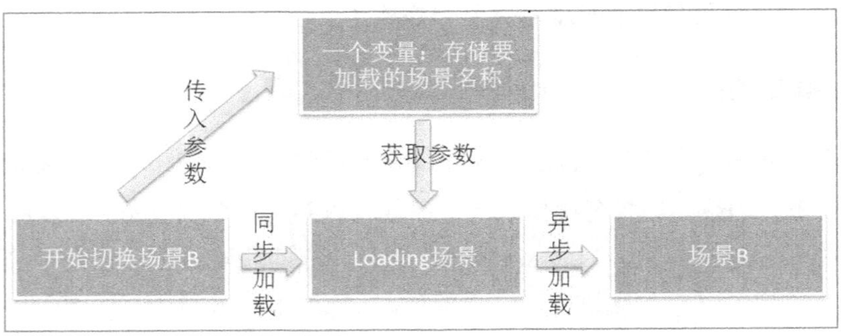
一个变量：存储要加载的场景名称
传入参数
获取参数
开始切换场景B
同步加载
Loading场景
异步加载
场景B

▲图 8.6

我们准备用一个静态变量来临时保存要加载场景的名称。我们新创建一个 C#脚本，命名为 LoadingScene.cs，并双击打开，写上如下代码：

```
using UnityEngine;
using System.Collections;

public class LoadingScene : MonoBehaviour {

    //先声明一个静态字符串变量来保存要加载场景的名称
    public static string LoadingName;

    //引用 UI 组件
    public UISlider slider;
    public UILabel label;

    //声明一个异步进度变量
    AsyncOperation asyn;

    void Start () {

        //检查组件引用的正确性
        if (slider == null)
        {
            Debug.Log("进度条组件丢失！");
        }
        if (label == null)
        {
            Debug.Log("进度显示文字丢失！");
        }

        //进入这个场景就立即协程加载新场景
        StartCoroutine("BeginLoading");

    }
```

```
    void Update () {

        //更新UI
        slider.value = asyn.progress;
        label.text = "加载进度：[FF0000]" + (slider.value * 100).ToString(".00") + "%";

    }

    //加载目标场景的函数
    IEnumerator BeginLoading()
    {
        asyn = Application.LoadLevelAsync(LoadingName);
        yield return asyn;
    }


    //设计一个封装好的静态函数
    public static void LoadNewScene(string value)
    {
        LoadingName = value;
        Application.LoadLevel("LoadingScene");
    }
}
```

在代码中可以看到，声明了一个静态变量 LoadingName 来保存要加载的目标场景的名称，然后封装了一个静态函数 LoadNewScene()来供切换场景时调用。如果需要切换场景 B，我们就调用：

```
LoadingScene. LoadNewScene("B");
```

然后的逻辑是立即将 B 保存到静态变量 LoadingName 中，并且加载 Loading 场景，当 Loading 场景被加载进来之后，在 Start 函数中就开启了一个协同程序去执行 BeginLoading 方法并加载目标场景，同时返回 asyn 异步实例，然后再利用这个 asyn 在 Update 中实时地更新 UI 信息。

因为需要加载进度后面的百分比数字显示为红色，所以，给赋值时加入了 Label 的文本关键字：[FF0000]，当 Label 识别到这个关键字，它就不会显示这个关键字，而是将关键字后面的文本内容全部变成红色。

当异步的进度达到 100%之后，就相当于后台进行加载完成了，程序会自动切换场景到目标场景中。

一次完整的加载流程就到这里结束。因为这个过场加载需要目标场景的内容足够的大，这样加载起来 Loading 进度看着才明显，所以，大家可以自己进行尝试，本文就不配图标示了。制作 Loading 的原理虽然如此，但是代码并不一定非要如此组织，大家可以在理解了这个原理之后，根据自己的喜好自由地去进行代码组织。

特别注明一点：Loading 场景和需要加载的目标场景，一定要已经放到了 BuildSetting 中才可以进行加载！在 Unity 顶部菜单，依次选择 File → BuildSetting，弹出界面，然后将场景文件拖动到界面中即可，如图 8.7 所示。

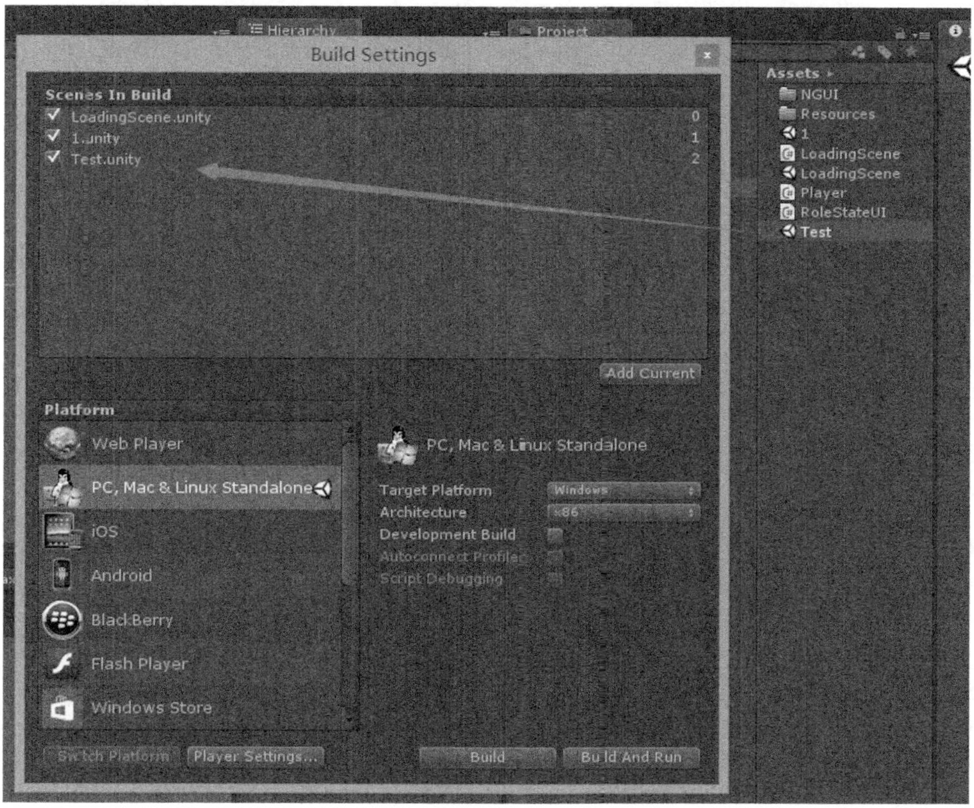

▲图 8.7

8.3 技能快捷栏的制作

8.3.1　示意图和需求分析

技能快捷栏，是大部分游戏中都存在的一种界面，不管是 RPG 游戏、策略游戏、竞技游戏等，都有技能快捷栏的影子。如图 8.8 所示为一个标准的简易技能快捷栏。这也是我们这节要完成的案例目标。

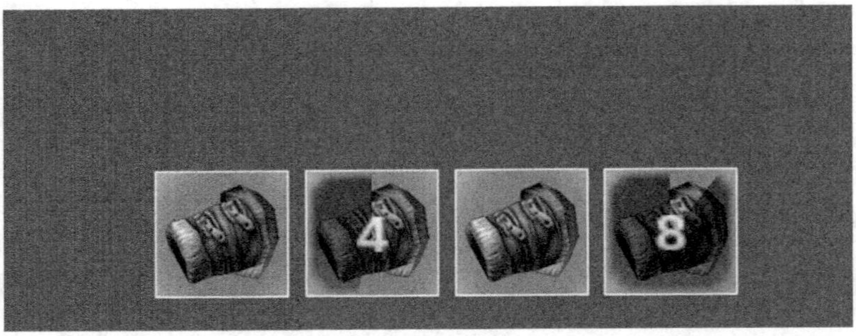

▲图 8.8

从图 8.8 中，我们先来罗列以下制作这个案例的需求。

（1）一共 4 个技能格子，需要显示图标。

（2）单击格子后，技能开始 CD，并出现 CD 进度的遮罩。

（3）CD 时需要实时显示 CD 剩余秒数。

（4）CD 过程中无法再次单击技能。

（5）假定项目标准分辨率为 1920×1080。

（6）UI 需要永远处于屏幕底部位置。

8.3.2　设计并制作 UI

我们新创建一个场景，命名为 SkillUIScene，然后将在这个新场景中完成技能快捷栏的制作，读者也可以在其他场景中进行制作，原理是一样的。先来了解一下制作步骤。

1. 创建 UI

然后在场景中创建一个 2DUI，将 UIRoot 命名为 MainUI。

2. 设置分辨率

每当新创建 UIRoot 后，一定不要忘记设置项目开发标准分辨率。在这里我们将 UIRoot 设为缩放模式，Height 为 1080。并将 Game 视窗的分辨率调整为 1920×1080。

3. 设置锚点

每当在新的 UIRoot 下制作 UI 时，除了分辨率以外，一定不要漏掉锚点的考虑。因为这直接关系到屏幕适配的问题。

在本文的案例目标中，我们看到技能快捷栏偏于屏幕下方，在 UIRoot 下创建一个 Anchor，设置锚点位置为 Bottom，并将 Anchor 物体重命名为 Anchor_Bottom。

4. 制作技能格子 UI

因为技能快捷栏有多个格子，所以，先在 Anchor_Bottom 下创建一个 Panel 来管理所有的技能格子，将这个 Panel 重命名为 SkillPanel。

然后在 Panel 下创建一个 Sprite，命名为 SkillTemplate，这个 Sprite 将作为技能格子的底子。因为这个格子要承担被单击的任务，所以，为它 Attach 一个 BoxCollider。然后在这个 Sprite 下创建一个 Sprite 子物体，命名为 Icon。

在这个案例中，我们是假设 4 个技能都已经装备上了，所以，提前把 Icon 设置好，可以从 Atlas 中选择一个图标作为技能图标。

然后继续在 SkillTemplate 这个物体下创建一个 Sprite 子物体，命名为 Cover，选择一个白色的色块图片作为 Cover，首先我们将 Cover 的颜色调为纯黑色，并让它半透明。然后，将它的模式设为 Filled，并将 Filled Dir 设为 Radial360。这样在技能 CD 时，这个遮罩就可以转圈表示 CD 进度了。

最后我们在 SkillTemplate 下再创建一个 Label 子物体，命名为 CD，用来表示技能剩余的 CD 时间的文本。

做到这一步，调整好各个控件的尺寸大小到合适的大小，并调整 SkillTemplate（这个物体目前就已经代表了一个完整的技能格子）到合适的位置。然后要进行一件很重要的事情：Depth 深度检查，因为技能界面层级较多，而且层级关系不能混乱，所以，一定不要忘记检查 Depth，从技能格子的需求来看，深度关系应该为：CD 的 Label > 技能遮罩的 Sprite > 技能图标的 Sprite > 技能底板的 Sprite。

图 8.9 表示了制作好的 UI 界面雏形。图 8.10 表示了 Cover 遮罩的 Sprite 组件设置。

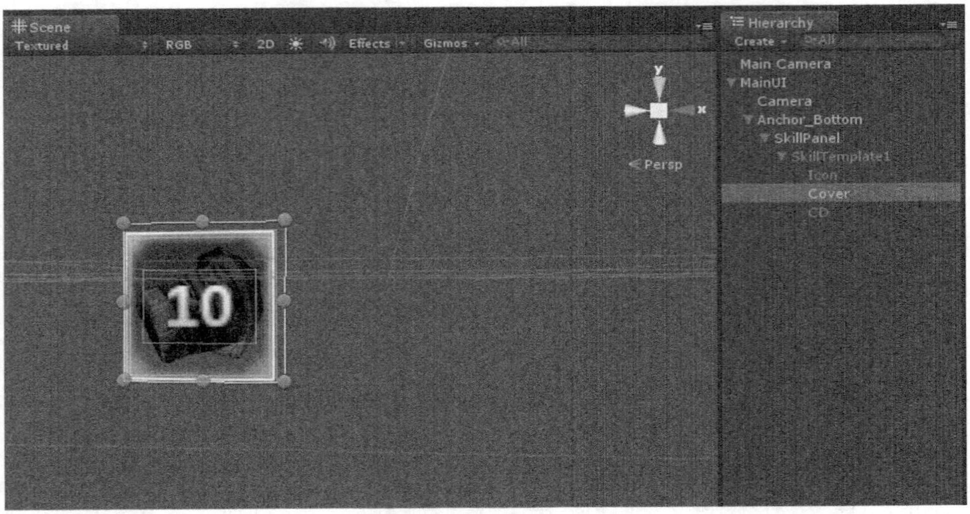

▲图 8.9

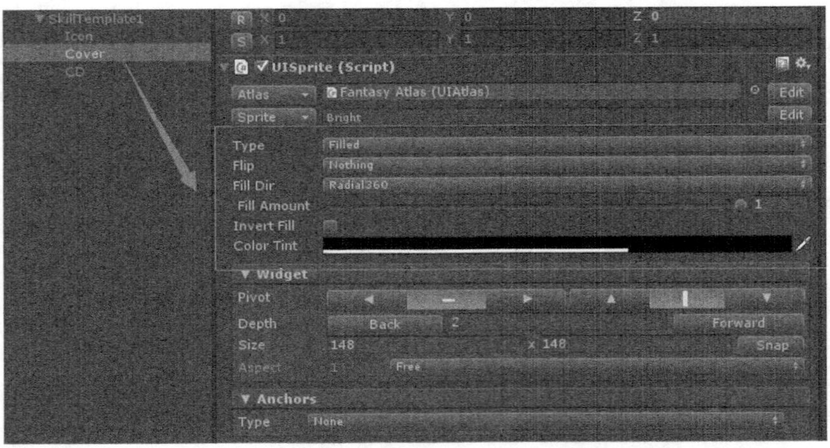

▲图 8.10

5. 利用预设，完成技能快捷栏

从案例需求分析中可以得知：每一个技能格子其实都是一模一样的。所以，这里我们就可以使用 Prefab 预设体来制作技能格子，也就是将刚才制作好的一个技能格子保存为一个预设体，然后利用复制更多预设体来完成技能快捷栏的制作。这样做除了可以更快捷、更方便外，还有一个更重要的意义：修改的时候，只需要修改一个技能格子，然后在 Inspector 面板中 Apply 即可让修改内容应用到所有的技能格子上。如果不使用预设体，那么修改的时候，就得每个格子都修改一遍，如果游戏中有 30 个技能格子，修改任何东西都需要修改 30 遍，这是一个极不科学的设计。

我们现在将制作好的技能格子直接拖动到 Project 面板中，它就会自动保存为一个预设体，如图 8.11 所示。

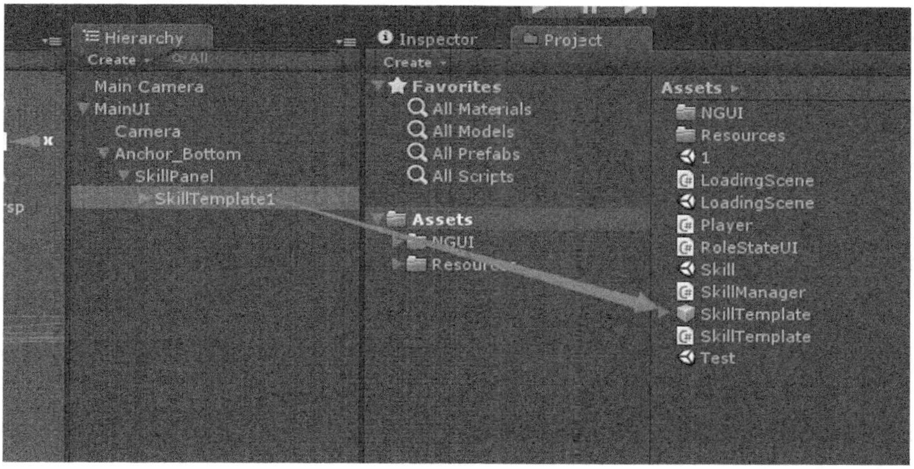

▲图 8.11

然后我们在 SkillPanel 下，再拖进去 3 个预设体，一共构成 4 个预设体，调整好这 4 个预设体的位置，就完成了技能快捷栏的制作，如图 8.12 所示。

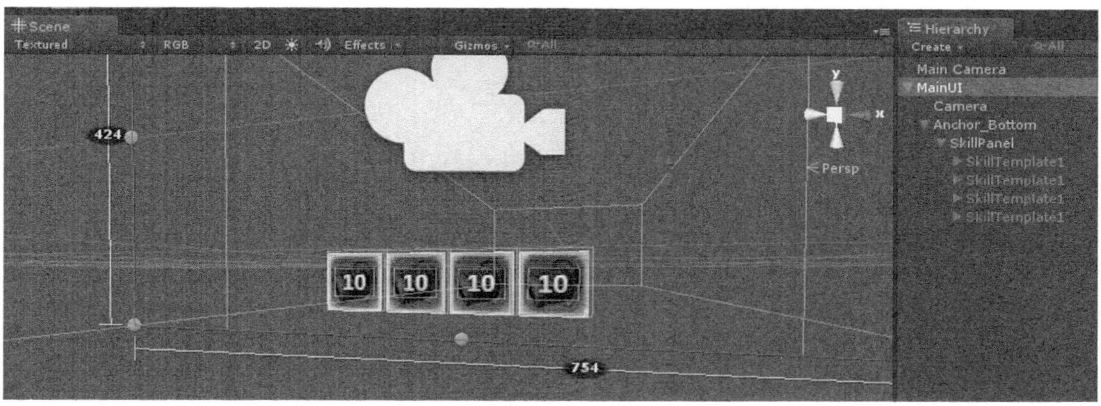

▲图 8.12

8.3.3 设计并编写代码

在开始本章节的代码讲解之前，先声明一些注意事项。

（1）在一般游戏中，技能快捷栏里面的技能数据（也就是这个技能格子代表的是哪个技能）是需要传入进去的，在这里为了方便讲解，让读者明白原理，就直接将技能数据录入到格子上。

（2）本章节的代码只负责讲明技能快捷栏 UI 的原理，所以很多东西是固定的，并不是游戏开发中的标准代码，建议大家重点学习技能 UI 的工作原理，在实际开发中以项目组的需求为准。

（3）为了方便讲解，在本章节做了一个前提假设：技能快捷栏上已经有 4 个技能了。

首先，需要创建一个 C#脚本，命名为 SkillTemplate。这个脚本的主要用途是管理单个技能格子的 UI 逻辑，我们将会把这个脚本挂到技能格子的预设上，让每一个技能格子都拥有这么个脚本。

打开 SkillTemplate 脚本，写上以下代码：

```
using UnityEngine;
using System.Collections;

public class SkillTemplate : MonoBehaviour {

    //声明技能的 CD 时长
    public float CDTime = 10.0f;



    //声明 UI 控件的引用
    UISprite icon;
    UISprite cover;
    UILabel cdLabel;

    //记录剩余 CD 时间的变量
    float leftCD = 0;
    //标示技能是否 CD 好的变量
    bool isReady = true;

    void Start () {

        //找到 UI 控件的引用
        icon = transform.FindChild("Icon").GetComponent<UISprite>();
        cover = transform.FindChild("Cover").GetComponent<UISprite>();
        cdLabel = transform.FindChild("CD").GetComponent<UILabel>();

```

```
        //引用的检查
        if (icon == null)
        {
            Debug.Log("技能图标引用丢失！");
        }
        if (cover == null)
        {
            Debug.Log("技能 CD 遮罩引用丢失！");
        }
        if (cdLabel == null)
        {
            Debug.Log("CD 文本引用丢失！");
        }

        //初始化 UI
        InitSkillUI();

    }

    //初始化这个技能格子
    void InitSkillUI()
    {
        if (isReady)
        {
            cover.fillAmount = 0;
            cdLabel.text = "";
        }
    }

    //检查技能 CD 的函数
    void CheckCD()
    {
        if (isReady == false)
        {
            if (leftCD > 0)
            {
```

```
                leftCD -= Time.deltaTime;
                cover.fillAmount = leftCD / CDTime;
                cdLabel.text = ((int)leftCD).ToString();
            }
            else
            {
                isReady = true;
                cover.fillAmount = 0;
                cdLabel.text = "";
            }
        }
    }

    //单击技能格子的触发事件
    void OnClick()
    {
        if (isReady)
        {
            isReady = false;
            leftCD = CDTime;
        }
        else
        {
            Debug.Log("技能还没有 CD 好");
        }
    }



    void Update () {

        //在 Update 中检查 CD
        CheckCD();
    }
}
```

在代码中我们可以得到以下思路。

（1）首先需要在这个技能格子类中，知道这个格子代表的技能是什么，这样才能知道它的一些与 UI 有关的关键属性，比如 CD 时间。在本章中，为了演示方便，直接声明了一个公共变量 CDTime 来表示技能的 CD 时间。

（2）因为技能格子的 UI 全部都是这个格子的子物体，所以，没有必要去声明 Public 的 UI 组件引用然后去拖动，可以很方便地直接在代码中使用 transform.FindChild 的方法来找到这些 UI 组件的引用。

（3）在脚本运行时，要先初始化这个技能，让它显示出正常的状态。

（4）我们需要写一个使用技能的方法，单击技能格子就会调用这个方法，可以为技能格子添加一个 UIButton 组件，并在 Button 里面设置单击的回调事件，但是，这样做很麻烦。所以，直接在技能脚本中使用了事件监听方法： void OnClick()。只要技能格子被单击了，就会调用这个格子身上的脚本中的 OnClick 方法。

（5）单击技能格子后，技能的 isReady 变为了 false，于是技能开始进入了 CD 状态。

（6）Update 函数中加入了 CD 的检测，如果技能进入了 CD，立即开始执行走 CD 时间的逻辑，并实时、正确地显示在 UI 上。

我们将脚本挂到技能格子 SkillTemplate 的预设体上，单击 Apply 按钮，让每一个技能格子都拥有了这个脚本，可以在这个脚本的组件中去修改它的 CD 时间，如图 8.13 所示。

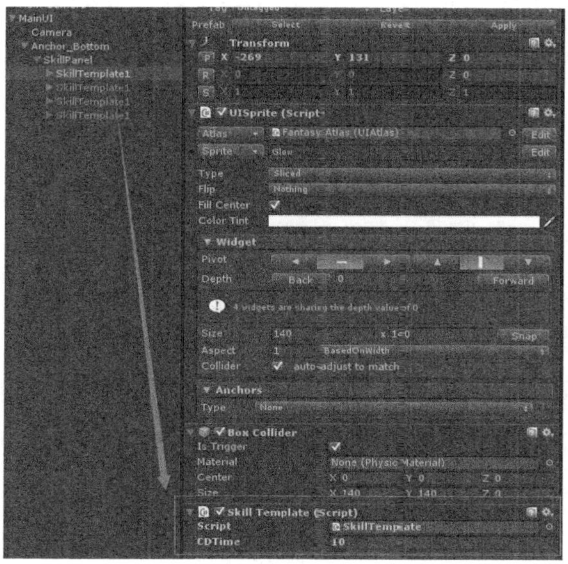

▲图 8.13

然后运行游戏，就可以看到 4 个技能格子已经处于准备好的状态，单击格子之后，技能遮罩开始转圈，CD 文本实时地显示着技能还有多少秒就 CD 完成，并且在 CD 过程中再次单击技能，会在控制台打印出一句话：技能还没有 CD 好。当技能 CD 完成之后，技能又回到了初始状态。

8.4 角色头顶血条的跟随

8.4.1 角色头顶血条的跟随分析

在很多 RPG 游戏或者竞技游戏中，在玩游戏中操控着一个角色进行游戏，这个角色头顶一般都跟着一个血条，不管角色跑到什么地方，这个血条在视觉上，看上去就好像永远都处于角色的头顶上方一样。这就是常见的角色头顶血条跟随。

我们知道，要让一个物体相对于另一个物体永远都保持相对位置不变，最简单的做法就是：让这两个物体形成父子物体关系，这样子物体将永远和父物体保持相对的位置不会改变。但是，如果头顶的血条当作角色的子物体来做有几个问题。

（1）角色是会转换方向的，这会导致血条也跟着旋转。

（2）在 3D 游戏中，角色是有透视关系的，而血条作为 UI 一般都是没有透视关系的。也就是说，人物跑远了会变小，但是血条作为承载着重要信息的 UI 并不会随着人物跑远而变小。

当然，如果项目的需求很简单，可以使用父子物体的方法解决固然更好。如果不能简单地通过父子物体来解决，可以用以下思路来制作：让血条在 UI 摄像机中实时地和角色的屏幕坐标进行同步。

8.4.2 制作血条的 UI

血条的 UI 很简单，就是一个 UISlider，我们在第一个案例中就已经专门讲过 Slider 的做法，这里就不多描述制作过程了。

需要注意的是，很可能在很多角色上都使用这个血条，比如角色头顶有血条，各种各样的怪物 NPC 头顶也可能会有血条，所以，我们需要将这个血条保存为一个 Prefab 预设体。

我们创建一个新场景，创建一个 2DUI，将 UIRoot 命名为 MainUI 之后，在 MainUI 下面制作好一个血条，将它保存为一个预设，命名为 BloodBar。然后我们即将来学习一下怎样让它跟随角色的头顶。

注意：

（1）血条如果需要动态加载或者多人共用，一定要做成预设。

（2）血条不能放在任何一个 Anchor 下面，因为血条不能根据屏幕进行适配，它只能和目标角色保持相对位置不变。

图 8.14 表示了一个做好的血条。

8.4.3 设计并编写代码

首先，我们在场景中创建一个 Plane 平面和一个 Cube 立方体（创建方式为 Unity 顶部菜单，依次选择 GameObject→ CreatOther → Cube/Plane），这个平面表示地面，这个立方体表示角色，然后调整好相机角度，创建一个平行光，如图 8.15 所示。

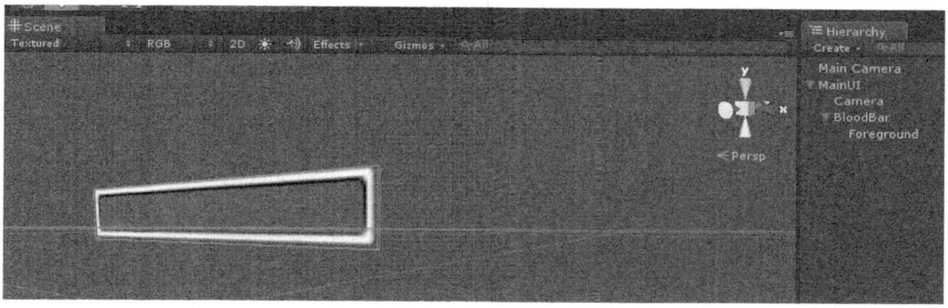

▲图 8.14

▲图 8.15

我们创建一个 C#脚本，命名为 RoleControl。将会用这个脚本来控制角色移动，并让 UI 跟随角色并进行绑定。

具体代码如下：

```
using UnityEngine;
using System.Collections;
```

```
public class RoleControl : MonoBehaviour {

    //声明血条的引用
    public GameObject bloodUI;

    //声明角色移动的速度
    float speed = 5.0f;

    void Start () {

        //检查引用的正确性
        if (bloodUI == null)
        {
            Debug.Log("血条引用丢失了！ ");
        }

    }

    void Update () {

        //用 WASD 来控制角色
        if (Input.GetKey(KeyCode.W))
        {
            transform.position += Vector3.forward * Time.deltaTime * speed;
        }
        if (Input.GetKey(KeyCode.A))
        {
            transform.position += Vector3.left * Time.deltaTime * speed;
        }
        if (Input.GetKey(KeyCode.S))
        {
            transform.position += Vector3.back * Time.deltaTime * speed;
        }
        if (Input.GetKey(KeyCode.D))
        {
```

```
            transform.position += Vector3.right * Time.deltaTime * speed;
        }
    }

    void LateUpdate()
    {
        //每一帧渲染完成后，实时更新血条的位置

        //得到主摄像机中人物头顶 1 米处在屏幕上的坐标
        Vector3 pt = Camera.main.WorldToScreenPoint(new Vector3(this.transform.position.x,
this.transform.position.y + 1, this.transform.position.z));

        //然后将它转换为 NGUI 摄像机的坐标
        bloodUI.transform.position                                                    =
UICamera.FindCameraForLayer(bloodUI.layer).camera.ScreenToWorldPoint(new Vector3(pt.x,
pt.y, 1));
    }
}
```

将脚本挂到 Cube 上去，然后将血条 UI 拖到 RoleControl 组件的引用上，如图 8.16 所示。

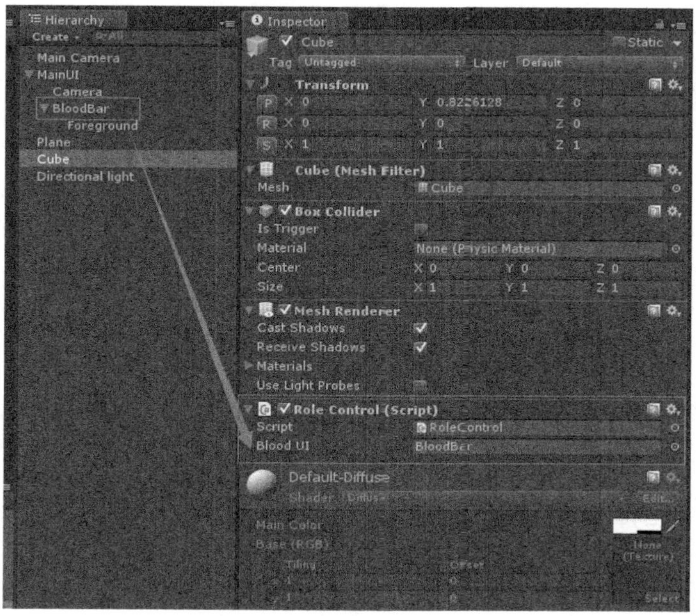

▲图 8.16

然后运行游戏，按下键盘上的 WASD 可以控制这个立方体前后左右移动，可以看到血条也会跟随这个立方体移动，并永远处于立方体头顶跟随，并且 UI 的大小永远不会改变，如图 8.17 所示。

核心原理就是先将角色头顶 1 米处的坐标转换为屏幕坐标，将这个屏幕坐标转换为 UI 相机的世界坐标，然后将这个坐标实时赋予 UI，视觉上就达到了跟随的效果。

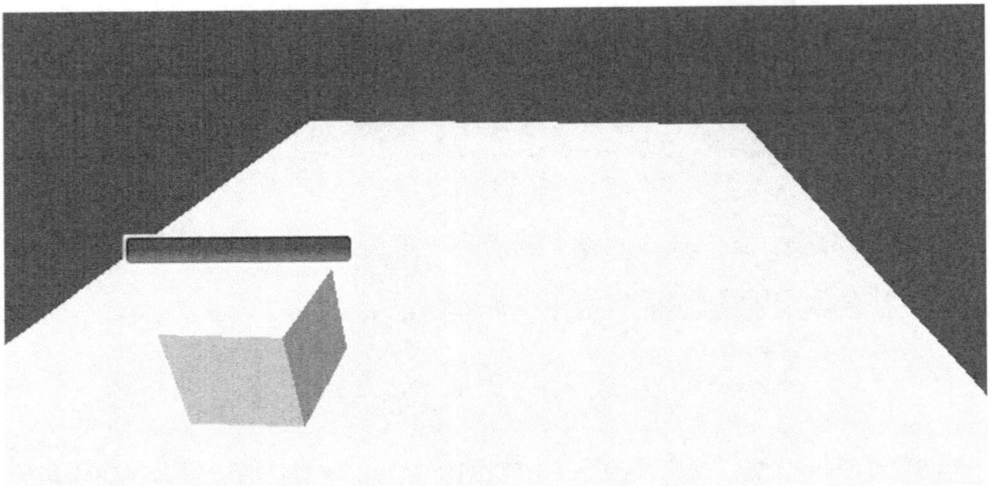

▲图 8.17

8.5 NGUI 多语言切换的实现

8.5.1 什么是本地化

所谓的本地化，可以理解为游戏的多语言切换管理。因为游戏可能销往世界各地，而世界各地的语言又不尽相同，我们希望玩家能够根据自己的母语来选择语言，例如，美国玩家选择英文进行游戏、中国大陆玩家选择简体中文进行游戏，这就是本地化。

本地化并不是指制作多个游戏包发往不同的地方，而是所有人用的都是同一个游戏，然后在里面可以自由地选择语言种类。

NGUI 自带的本地化系统目前支持所有 UILabel 的文本进行语言切换。

8.5.2 NGUI 本地化的原理

旧版本的 NGUI 可能需要 Localization 对象来设置不同的语言文件。而在新版本的 NGUI

中，进一步简化了本地化的操作。现在以 NGUI 3.7.2 版本为例进行讲解。

NGUI 的本地化系统，需要用到 3 个东西：语言选择组件、文本读取组件、语言配置文件。

1. LanguageSelection 组件

这个组件的路径为：AddComponent → NGUI → Interaction → LanguageSelection。

这个组件附加到一个 UI 控件上之后，会自动在该控件上生成一个 UIPopupList 组件用来选择语言。当运行游戏时，这个 PopupList 会被 LanguageSelection 组件应用，自动读取语言配置文件，从而变成一个语言选择的 PopupList。

图 8.18 演示了 NGUI 的 LanguageSelection 语言选择控件的组件结构，它必须包含：一个 Sprite、一个 BoxCollider、一个 LanguageSelection、一个 PopupList（会被 LanguageSelection 自动生成，也可以手动添加）。

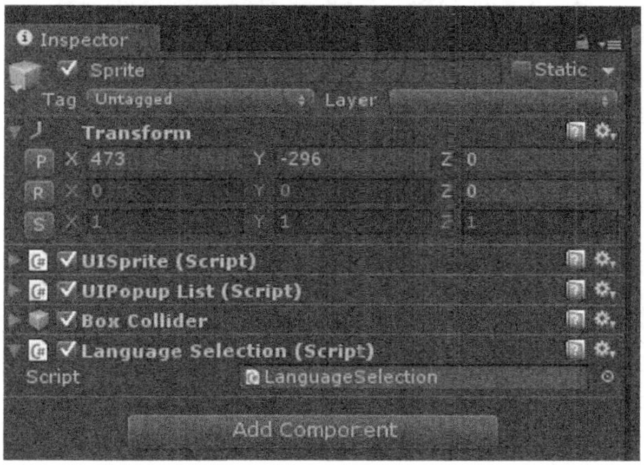

▲图 8.18

值得注意的是，如果 UIPopupList 和 LanguageSelection 组件一起存在于控件上，那么这个 PopupList 控件将会强制变成一个语言选择的下拉菜单。也就是说，此种情况下，UIPopupList 中录入的各种选项都将无效，在游戏运行时，里面的选项会自动变成语言配置文件中的语言选项。

2. UILocalize 组件

任何一个需要语言切换的 UILabel，都必须附加上这个组件，如图 8.19 所示。

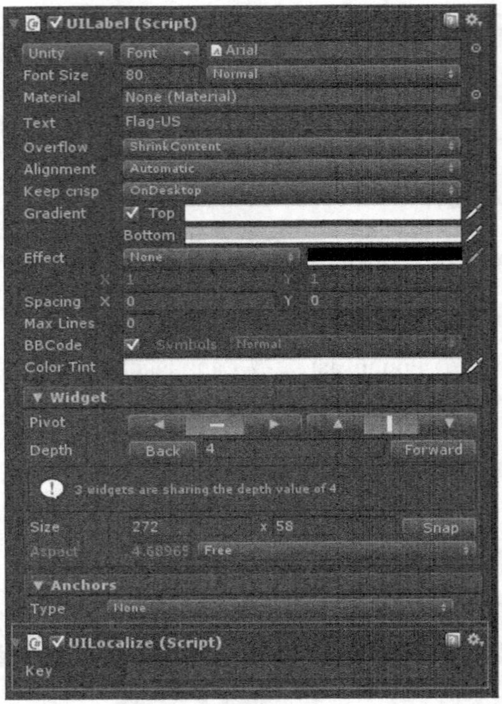

▲图 8.19

这个组件需要填入一个“Key”，这个 Key 就是这个 Label 在不同语言中的索引。我们会有一个语言配置文件，它的结构如表 8.1 所示。

表 8.1

Key	中文	英文
NameLabel	名称	Name
Label2	这是一个新文本	This is a new label
Label3	专为中文使用	For English

然后在 UILabel 控件上挂上 UILocalize 之后，填入 Key，例如填入 Key 为 Label2，那么当切换到中文时，这个 UILabel 会根据 Key 从刚才的表格中寻找显示的值，会显示“这是一个新文本”；切换到英文之后，UILabel 会显示“This is a new label”。

3. Localization.txt 文本文件

这个文本文件就是刚才提到的语言配置文件，NGUI 中有一个供调用的文本文件，我们只需要修改它即可，路径为：Assets/NGUI/Examples/Resources/Localization。注意，这是一个 txt 文件，路径如图 8.20 所示。

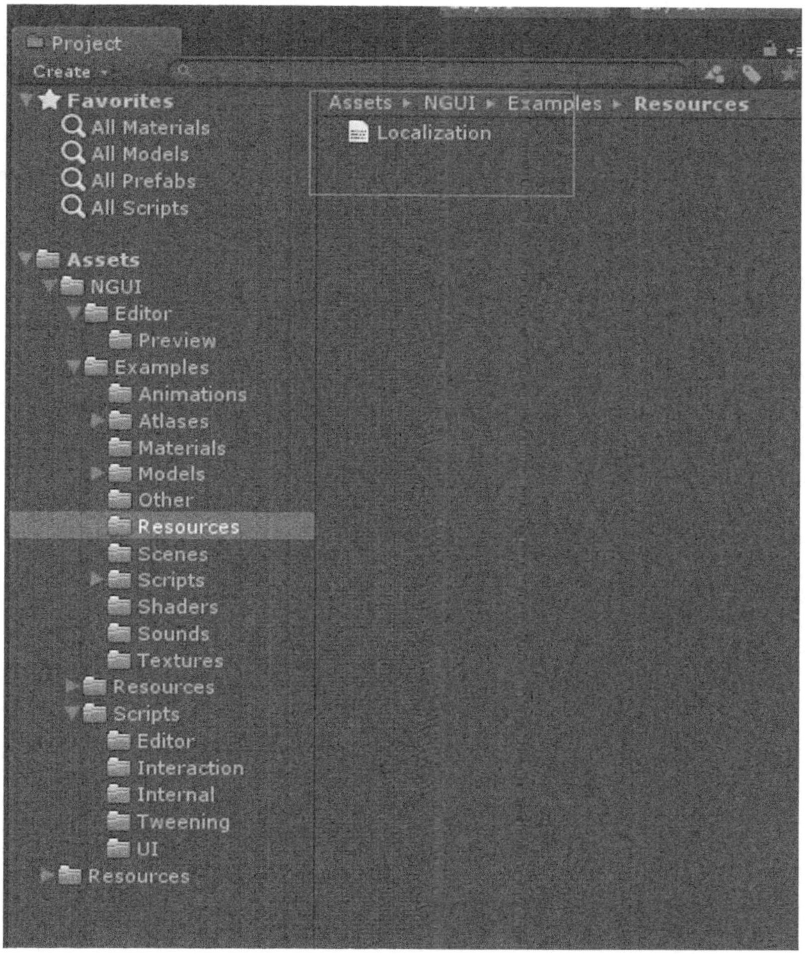

▲图 8.20

我们打开这个文件之后，看到如图 8.21 所示的内容。

```
KEY,English,Français
Flag,Flag-US,Flag-FR
Language,English,Français
Info,Localization example,Par exemple la localisation
Sound,Sound,Son
Music,Music,Musique
Desc,English localization,La localisation française
```

▲图 8.21

这个文本文档其实和刚才讲的表 8.1 是一模一样的结构，只不过它是用逗号（一定要是英文输入法下的逗号）隔开的，可以将这个文件中 NGUI 目前自己写的范例部分翻译成一个表格，可以更容易理解，如表 8.2 所示。

表 8.2

Key	English	Français
Flag	Flag-US	Flag-FR
Language	English	Français
Info	Localization example	Par exemple la localisation

这样就可以很清晰看到这个文本文档其实就是一个表格格式。凡是带有 UILacolize 组件的 UILabel 都将会从语言配置文件中，根据 Key 值寻找当前选择的语言模式下应该显示的文本内容。

这 3 个元素之间的关系如图 8.22 所示。

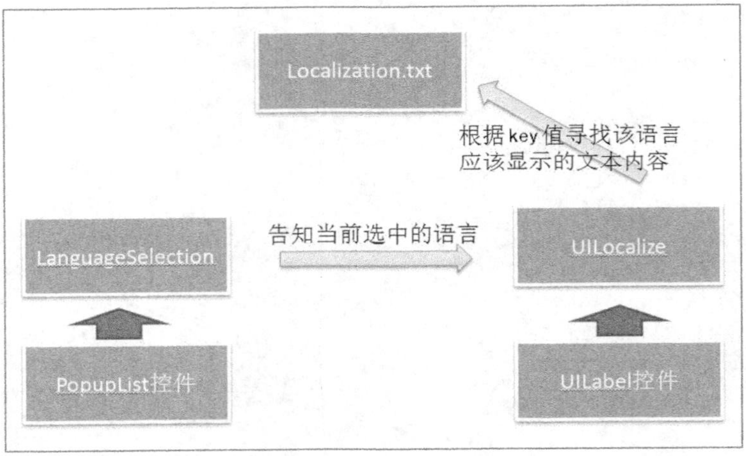

▲图 8.22

8.5.3　本地化案例演示

我们新创建一个场景，来进行一个本地化案例的演示。

首先，归纳好需要多语言切换的 Label 有哪些，然后完善 Localization.txt 配置文件，我们从 Assets/NGUI/Examples/Resources/Localization 中打开这个文件，将里面的内容改为图 8.23 所示的内容。

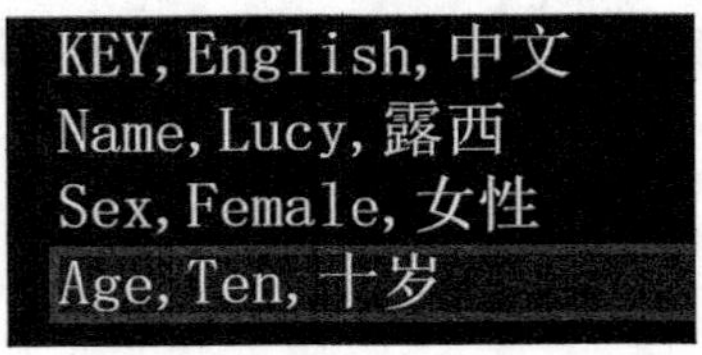
KEY,English,中文
Name,Lucy,露西
Sex,Female,女性
Age,Ten,十岁

▲图 8.23

然后在场景中创建一个 Sprite 控件，为它 Attach 一个 BoxCollider 组件。并且为它添加一个 LanguageSelection 组件（会自动生成 UIPopupList 组件），然后在自动生成的 PopupList 组件中设置好 Background 和 Highlight 的图片。我们在这个 PopupList 物体下创建一个 Label 子物体，并拖动到 PopupList 的 OnValueChange 事件回调中，让它实时显示这个 PopupList 当前选中的选项。PopupList 的选项内容不需要录入，因为它在游戏运行时会自动被 LanguageSelection 组件设置好，如图 8.24 所示。

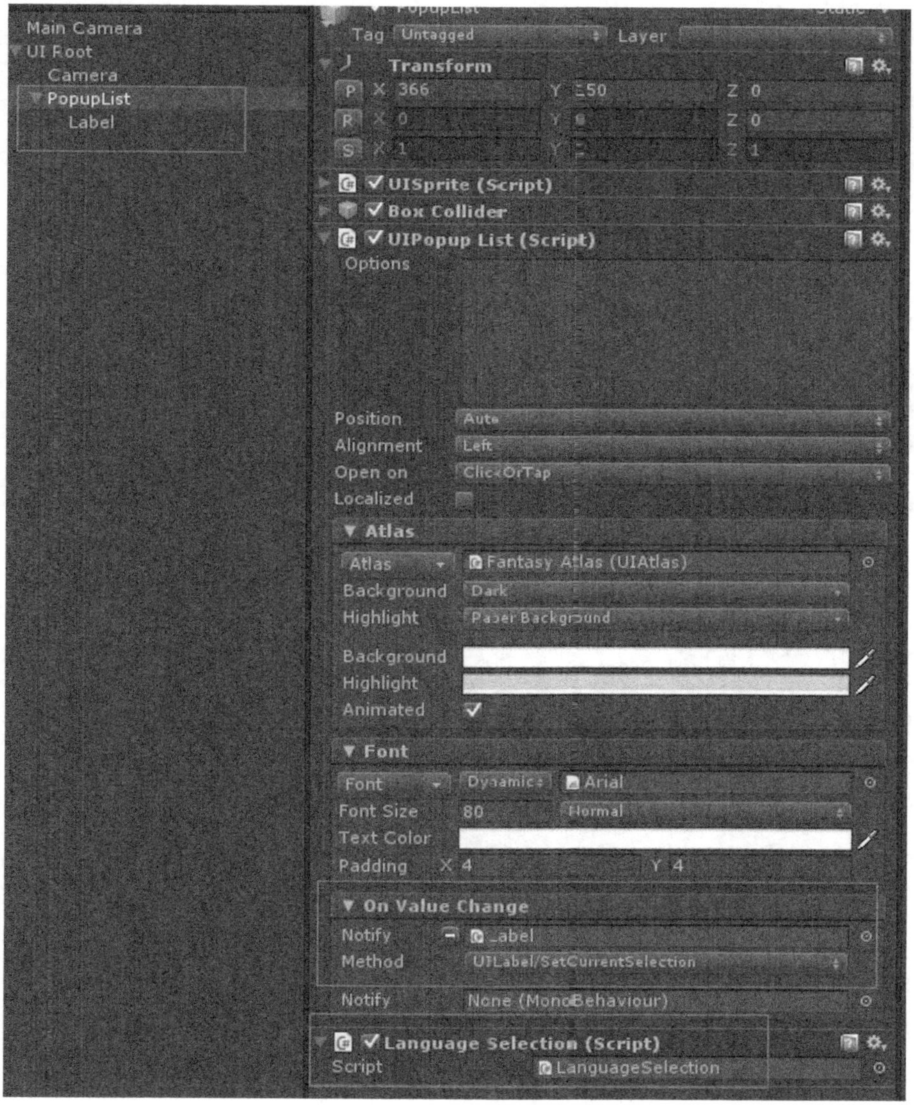

▲图 8.24

其次我们在场景中制作 3 个 Label，如图 8.25 所示。

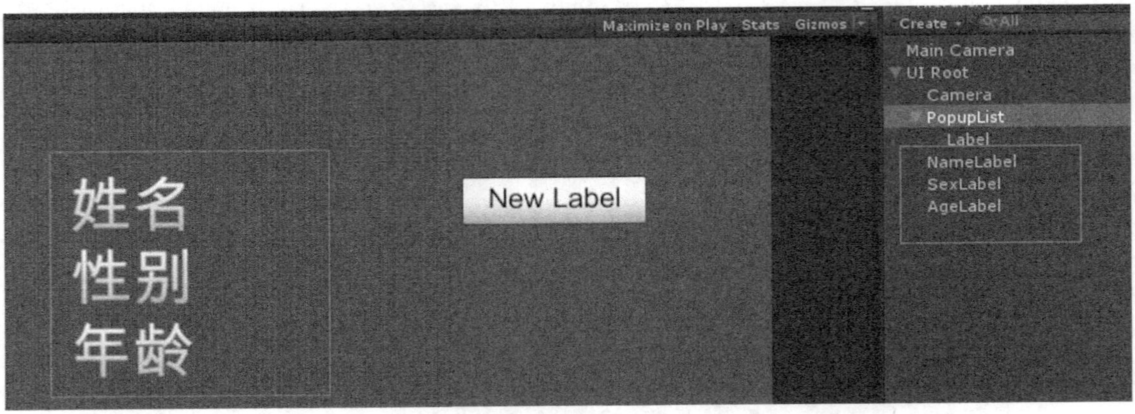

▲图 8.25

我们为这 3 个 Label 分别添加一个 UILocalize 组件，它们的 Key 值分别设置为图 8.23 中我们填写的 Key 值：Name、Sex、Age，如图 8.26 所示。

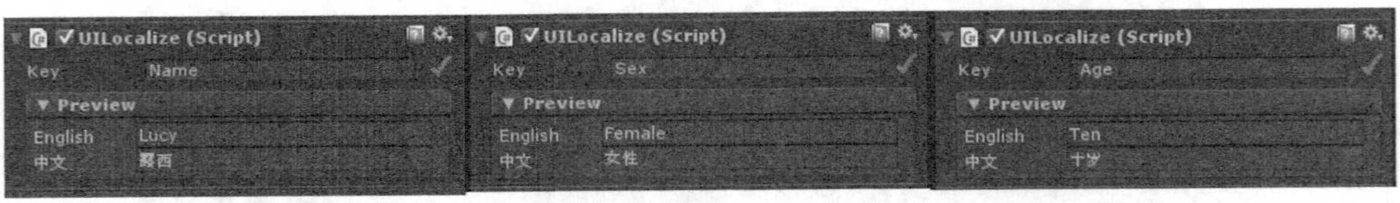

▲图 8.26

我们运行游戏，可以看到图 8.27 所示的画面。

▲图 8.27

单击选择语言的 PopupList 会出现图 8.28 所示的画面。

▲图 8.28

我们从语言选择中选中中文，会出现图 8.29 所示的画面。

▲图 8.29

第 9 章　常见疑难问题解答

9.1 关于 NGUI 版本问题

NGUI 作为世界上最流行的 Unity 界面制作插件，一直以来都更新迭代非常频繁，也许很多人对 NGUI 的版本很困扰，下面我们就来统一了解一下与版本有关的一些问题。

（1）我们可以在 Project 窗口中选中 NGUI 文件夹，可以看到有一个 ReadMe 的版本说明文件，这个文件标明了该 NGUI 是哪个版本，打开之后里面写了 NGUI 最近几次版本更新的内容。

（2）NGUI 的版本，只有过一次革命性的更新，就是从 NGUI 2.X 版本更新到 NGUI 3.X 版本，NGUI 3.0 以后的版本只要版本号相差不远，功能几乎都一样。比如说 NGUI 3.6.0 及以后的版本，区别都很小。需要特别说明的是，NGUI 的版本不管怎么更新，它的知识点都大同小异，不用为版本担心。

（3）NGUI 版本更新之后，如果要使用新版本的 NGUI，可以将旧版本的 NGUI 删掉，导入新版本 NGUI，然后检查一下已经做好的 UI 有没有组件丢失的情况，如果有重新赋值一下组件。

9.2 导入 NGUI 资源包出错

（1）如果已经导入了 NGUI 的一个版本的资源包了，此时再次导入 NGUI 的资源包会有什么结果？

答：会根据路径替换掉同名文件，并额外导入新的文件。

（2）导入解压后，并没有弹出资源包内容预览窗口，而是在 Unity 编辑器窗口底部报出了一行如图 9.1 所示的错误，怎么办？

▲图 9.1

答：这是因为将 NGUI 资源包放在了一个带有中文名称的文件夹路径下，Unity 导入任何带有中文路径的资源包时，都会弹出这个错误导致无法导入。请将要导入的资源包放在一个没有任何中文的路径下再进行导入。

9.3 如何创建两个 UIRoot

NGUI 中严格意义上是不能直接创建两套 UI 的，如果已经创建了一个 UI，不管是 3D 还是 2D 的 UI，那么，Unity 顶部 NGUI 菜单中创建 UI 的选项都会变灰无法再创建。

但是，也许会碰到需要两套 UI 的情况，这时可以把场景中已有的 UI 的 UIRoot 组件关闭（也就是把组件激活的勾去掉），然后再进行创建即可。

9.4 如何让粒子在界面上正确显示

NGUI 中，渲染的层级关系是由 Depth 决定的，但是，最本质的还是由渲染的 Render Queue 决定的，这是一个 Shader 中常见的参数。在 NGUI 中，每一个 Panel 上也有一个 RenderQ 的设置项，RenderQ 越高的将会越上层显示。

粒子系统的 RenderQ 一般是 3000，所以，如果我们希望粒子处于两个 Panel 之间，只需要将其中一个 Panel 的 RenderQ 改为 StartAt 模式，将值设为 3000 以下的值，然后将另一个 Panel 的 RenderQ 设为 3000 以上的值，就可以让粒子在两个 Panel 之间显示了。

当然，如果只需要让粒子显示在最上层，最简单的办法就是加入一个摄像机，给这个粒子设置一个单独的 Layer，让新加入的摄像机只渲染粒子所在的 Layer，将这个摄像机的 Clear Flags 设为 Depth Only，然后将渲染的 Depth 值设为最高的即可。

9.5 为什么在父物体上增加透明度动画，子物体没有跟着变化

也许有时候我们会这样做：用一个父物体来管理 N 多个子物体控件，比如让 5 个 Sprite 都处于同一个父物体下，这样就可以通过对父物体进行位移实现所有控件一起位移等效果。

在这种情况下，我们让父物体位移动画、放缩动画等都能带着子物体一起运动。但是，透明度动画却有时候不会带着子物体一起变得透明，这是为什么呢？

因为透明度，可以理解为属于颜色的一种（RGBA4 种），它是 NGUI 中继承了 Widget 的控件类才有的属性，如 Sprite、Texture、Label。如果父物体身上没有任何组件继承 Widget，则改变透明度不会影响到子物体。在这种情况下，如果我们又不能故意为父物体赋予一个 Sprite、Texture、Label 等组件，可以给父物体增加一个 Widget 组件，增加方式为：在 Inspector 面板上，依次单击 AddComponent → NGUI → UI → NGUI Widget。然后父物体身上的透明度动画就会带着子物体一起变化了。

9.6 为什么动画播放一遍之后无法再次正常播放

Tween 动画播放如果是 Once 类型的，那么它播放一遍之后，这个动画就永久结束了，它的信息就永远是终点信息了。不管怎样去关闭再激活这个动画组件，它都无法再次进行播放。

如果要多次播放动画，可以实现将动画组件关闭，然后在需要播放的地方使用代码去对它进行手动播放。操作方法见 7.6 节。

我们也许还需要对动画进行复位操作，复位操作也可以在 7.6 节中看到。

在项目开发中如果要使用 Tween 动画，如果这个动画是 Once 类型并且需要多次调用，那么最好是事先将动画组件关闭禁用，然后手动使用代码调用它的播放函数进行播放，这样可以更深度地控制动画。

9.7 为什么 3DUI 模式下，UI 资源的尺寸 Snap 后和屏幕的大小比例不一致

有时候有这么一种情况：美术切出一个资源源文件，它的大小按理说应该占屏幕十分之一的高度，但是放到 NGUI 中使用时，发现使用 Snap 还原它的原像素尺寸后，占屏幕的高度比例明显地比十分之一大或者小，这种情况有两种原因。

（1）检查 UIRoot 的缩放类型和标准分辨率设置，看是否和美术人员作图使用的分辨率是一致的。一个游戏项目中一定会有一个标准参照分辨率。

（2）在 NGUI 某些版本中的 3DUI 中，会明显地出现这个问题，在这种情况下，只需要将 NGUI 的 Camera 的 Filed Of View 设为 75 即可。

9.8 为什么 UI 不受灯光影响

有时候我们希望 NGUI 的控件能够受灯光影响，比如我们希望界面能反光。但是，无论怎么调整灯光的位置和 Layer，都无法影响到 NGUI 的控件，这是因为图片的 Shader 导致的，比如我们在制作图集的时候，生成的图集的材质球的默认 Shader 是不受光照影响的。

我们以 Sprite 精灵图片为例，如果希望它受光照影响，那么制作图集的时候，在生成图集的材质球（制作图集会生成 3 个文件，材质球是其中一个）之后，将图集的材质球的 Shader 更换为一个可以反光的 Shader，如 Reflective 等。

9.9 为什么 3D 模型放到 UIRoot 下就变得看不见了

图片的单位是像素，而 Unity 是个 3D 引擎，在 Unity 的世界里单位是米，而不是像素。为了让图片能在 Unity 中按照像素级别进行显示，就需要 UIRoot 这个组件来对整个 UI 进行放缩，原理就是将米转换为像素。

所以，当把一个长宽高一米的三维模型放到 UIRoot 下之后，希望它被一起渲染时，会发现放到 UIRoot 下之后它看不见了，因为它的长宽高一米被 UIRoot 变成了一个像素单位（可以理解为 1 米变成了 1 像素），所以看不见了。这个时候可以修改模型的 Scale 缩放比例来让它显示出足够的大小来。

9.10 为什么 UI 单击后无法播放音效

这种情况，检查 4 个问题。

（1）播放声音的组件或者逻辑是否正确。

（2）使用设备（如计算机或者手机）的声音是否已经打开。

（3）场景中是否有一个物体具有 AudioListner 组件（也就是 MainCamera 身上那个组件），如果没有这个组件，场景中所有的声音都听不见。可以在任何一个物体身上添加 AudioListner 组件。

（4）检查声音的多普勒效应。在使用 3D 声音的情况下，音源离 AudioListner 所在的物体越远，声音会越小，受多普勒效应的影响。

9.11 为什么 Depth 更大的图片反而被 Depth 小的图片遮住

在 NGUI 中，如果显示顺序与自己预想的不一样，那么检查以下两点。

（1）这两个图片是否属于不同的 Panel？如果是，那么不论这两个图片的 Depth 怎么设置，具有更高 Depth 的 Panel 的子物体，会永远遮挡更低 Depth 的 Panel 的子物体。

（2）如果 Panel 的 Depth 和图片本身的 Depth 的关系都没有问题，那么检查 Panel 的 RenderQ 的值。

普遍来说，第一种情况占大多数。

9.12 怎样判断点中的东西是 UI

有时候我们在玩游戏时，单击行为除了操作 UI 以外，还有一些其他的游戏逻辑，例如，单击地面时移动角色等。在这种情况，我们也许会碰到一些事件击穿的问题，例如，单击了一个按钮，按钮的单击事件触发了，但是角色也跟着一起移动了。

这种情况下，我们也许需要在逻辑的某些地方判断一下单击的地方是否是 UI 所处的地方。例如，我们可以在玩家单击屏幕移动角色时，加入以下判断即可：

```
if(UICamera.IsOverUI)
{
    //此时鼠标光标正在 UI 上，不能移动角色
}
else
{
    //鼠标光标不在 UI 上，点中的是地面，可以移动角色
}
```

或者使用 UICamera.IsPressed(GameObject go)方法判断是否正点住了某一个物体。

9.13 为什么 Label 的文字始终不够清晰、明亮

有时候我们使用 Label 时，发现文字不论调多大都不够清晰、明亮，有以下可能性。

（1）使用的静态字体。我们知道静态字体是一张预先制作好的图片，调用静态字体就像调用 Sprite 一样，所以当字体太大时，就相当于把图片放大了。自然会模糊。改成动态字体或者重做分辨率更高的静态字体可以获得更好的效果。

（2）一般来说 NGUI 中创建出来的新 Label 默认是勾选上了 Gradient 渐变的，并且默认的渐变色是从上往下、从白到灰色渐变，把这个勾选取消，字体也会显得更明亮。

（3）如果项目质量（Quality 设置）过低也可能导致 UI 模糊，不仅是 Label 模糊。我们可以在 Unity 顶部 Edit 菜单中，选择 ProjectSetting，选择 Quality 设置（操作方法如图 9.2 所示），然后将会在 Inspector 面板中显示图 9.3 所示的质量设置面板，在其中将质量调高即可。

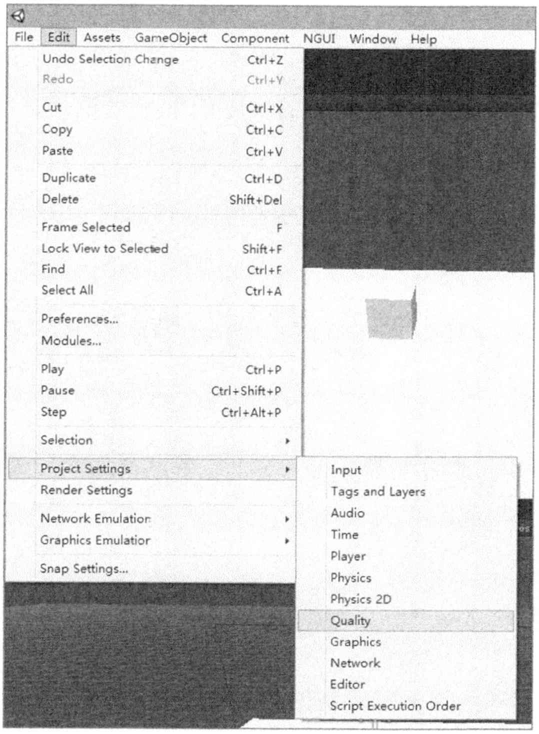

▲图 9.2

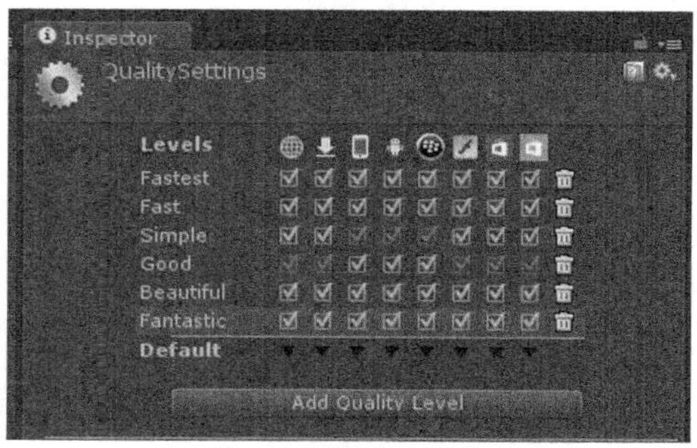

▲图 9.3

9.14 为什么创建的物体有 BoxCollider 却无法接收事件

我们都知道 NGUI 接收用户的操作事件几乎全部都依赖 BoxCollider，但是，如果创建的物体有 BoxCollider，却无法接收到用户的操作事件，例如单击、拖动等，可以从以下几个方面检查。

（1）检查这个物体的 Layer 是否被 UICamera 所在的相机渲染到。

（2）检查这个物体的 Layer 在 UICamera 组件中的 EventMask 中是否被屏蔽了。

（3）检查这个物体上层是否有另一个具有 BoxCollider 的控件给挡住了。

（4）检查我们的事件监听逻辑是否写得正确。

9.15 为什么改变了控件的父物体，导致了显示层级错乱

这是一个比较令人头疼的问题。例如，有两个 Panel，分别为 PA 和 PB，其中 PA 的 Depth 是 1、PB 的 Depth 是 2。有一个控件 X，它是 PA 的子物体，深度为 10；有另一个控件 Y，它是 PB 的子物体，深度为 8。

在正常情况下，因为 PB 的深度大于 PA 的深度，所以，即使 Y 的深度低于 X 的深度，依靠 Y 所在的 Panel 的深度更高，Y 会显示在 X 上层。

这个时候，如果在游戏运行过程中，使用代码动态地去改变 X 的父物体，例如：

```
X.transform.parent = PB.transform;
```

这个时候，X 确实处于 PB 下面作为子物体了，而且 Depth 也依然是 10，问题来了：此时 X 和 Y 都处于同一个 Panel 下，并且 X 的 Depth 为 10 高于 Y 的 Depth=8，但是 X 很有可能依然像原来一样显示在 Y 的下层。

这种情况是因为在代码动态修改之后，NGUI 没有刷新渲染信息导致的，要解决这个问题，可以通过手动刷新解决：

```
X.GetComponent<UISprite>().RemoveFromPanel();
X.transform.parent = PB.transform;
PB.GetComponent<UIPanel>().RebuildAllDrawCalls();
```

这样，就相当于手动将 X 从原来的 Panel 上移除，为它赋予新的 Panel 父物体，然后刷新这个新的 Panel 组件，让它重新构建一次 DrawCall。

9.16 关于 ScrollView 滑动的问题

ScrollView 的用法因为涉及多个组件，所以，也是经常遇到问题的地方，下面就来了解一下 ScrollView 的一些常见问题的检查。

1. 滑动不了 ScrollView 了

如果出现这种情况，从以下几点开始检查。

- ScrollView 下包含的内容是否有 BoxCollider 并能够正常接收事件（如单击等）。如果没有 BoxCollider 或者 BoxCollider 不能正常接收事件（如物体的 Layer 不对、被其他的 BoxCollider 遮挡等），则无法拖动 ScrollView 下的内容来滚动浏览。

- 检查 ScrollView 下包含的内容是否有 DragScrollView 组件，ScrollView 要正常工作，必须要内容物体上有这个组件，这个组件和 BoxCollider 缺一不可。

2. ScrollView 的滑动效果不是自己想要的

比如我们滑动时，希望它不要弹一下，或者到合适的程度就不能滑动了等，可以在 Scroll View 组件中进行设置。具体参看第 3 章中对 ScrollView 的讲解。

笔记栏

笔记栏

笔记栏